EINSTEIN NO
ESPAÇO-TEMPO

SAMUEL GRAYDON

EINSTEIN NO ESPAÇO-TEMPO

A VIDA DE UM GÊNIO EM 99 PARTÍCULAS

Traduzido por André Fontenelle

SEXTANTE

Título original: *Einstein in Time and Space*

Copyright © 2023 por Samuel Graydon
Copyright da tradução © 2024 por GMT Editores Ltda.
Publicado originalmente em inglês pela John Murray Press.

Todos os direitos reservados. Nenhuma parte deste livro pode ser utilizada ou reproduzida sob quaisquer meios existentes sem autorização por escrito dos editores.

coordenação editorial: Sibelle Pedral
produção editorial: Guilherme Bernardo
preparo de originais: Karina Danza e Patrícia Vilar | Ab Aeterno
revisão: Ana Grillo e Ana Tereza Clemente
projeto gráfico e diagramação: Guilherme Lima e Natali Nabekura
capa: Brenda Conway | BenLab
imagens de capa: Keystone | Getty Images
adaptação de capa: Natali Nabekura
impressão e acabamento: Ipsis Gráfica e Editora

CIP-BRASIL. CATALOGAÇÃO NA PUBLICAÇÃO
SINDICATO NACIONAL DOS EDITORES DE LIVROS, RJ

G82e

Graydon, Samuel, 1994-
  Einstein no espaço-tempo / Samuel Graydon ; tradução André Fontenelle. - 1. ed. - Rio de Janeiro : Sextante, 2024.
   304 p. ; 23 cm.

  Tradução de: Einstein in time and space
  ISBN 978-65-5564-857-7

  1. Einstein, Albert, 1879-1955. 2. Físicos - Alemanha - Biografia. I. Fontenelle, André. II. Título.

24-91309
CDD: 530.092
CDU: 929:53

Meri Gleice Rodrigues de Souza - Bibliotecária - CRB-7/6439

Todos os direitos reservados, no Brasil, por
GMT Editores Ltda.
Rua Voluntários da Pátria, 45 – 14º andar – Botafogo
22270-000 – Rio de Janeiro – RJ
Tel.: (21) 2538-4100
E-mail: atendimento@sextante.com.br
www.sextante.com.br

SUMÁRIO

Introdução · 7

Partículas 1-99 · 16

Fontes e agradecimentos · 280

Créditos · 286

Citações / Notas · 289

INTRODUÇÃO

Em 29 de maio de 1919, no céu sobre a Ilha do Príncipe, a Lua passou na frente do Sol e o mundo mergulhou nas trevas. A fase do eclipse total havia começado. À espera daquele momento preciso, um cientista inglês deu uma espiada por uma câmera astrográfica para tirar fotos do evento. Na cidade de Sobral, no Brasil, outro cientista fez o mesmo, clicando apressadamente o máximo de fotografias que aqueles poucos minutos de obscuridade permitiram. Ambos agiam na esperança de conseguir registrar a curvatura da luz de uma estrela. E conseguiram.

Os resultados foram anunciados alguns meses depois, na Burlington House, em Londres, sede da Royal Society, esfacelando o conhecimento que se tinha até então a respeito da gravidade. As fotografias obtidas pelas equipes expedicionárias mostraram que a luz de estrelas a 153 anos-luz, no centro da constelação de Touro, mudou sua trajetória ao se aproximar do Sol. Sendo assim, essas estrelas não mais apareciam em suas posições de costume no céu. Só havia uma explicação que desse conta do fenômeno com exatidão: o próprio espaço tinha sido distorcido pela presença do Sol. A teoria da relatividade acabava de ser confirmada. Isaac Newton, o gigante da física, acabava de ser rebaixado e substituído por Albert Einstein, um cientista pouco conhecido fora da Alemanha.

Einstein tinha 40 anos na época, as têmporas apenas começando a ficar grisalhas, e vivia em Berlim. Ele soube dos resultados da expedição do eclipse pouco antes do horário que havia marcado para encontrar sua aluna Ilse Schneider. Durante a conversa, ele mostrou a Ilse o telegrama que tinha recebido informando-o do êxito de sua teoria. Ela ficou compreensivelmente entusiasmada e cobriu-o de elogios, reconhecendo a mudança profunda que precisaria fazer em sua compreensão do Universo e suas leis. Einstein respondeu calmamente: "Eu *sabia* que a teoria estava certa."[1]

Mas e se os observadores do eclipse não tivessem constatado a curvatura da luz?, perguntou ela. Ou se tivessem visto a luz se curvar, mas não no grau previsto por Einstein em sua teoria? "Então eu sentiria muitíssimo por Deus", respondeu ele. "A teoria está certa."

Dois anos depois, Einstein percorreu os Estados Unidos em uma campanha de arrecadação de fundos para a causa sionista, cuja meta era criar um Estado judeu na Palestina. Àquela altura, ele era uma grande celebridade. Em cada cidade por onde passava, milhares e milhares de pessoas lotavam as ruas para vê-lo. Uma multidão de admiradores ergueu-o nos ombros, o presidente americano o recebeu e o Senado realizou até um debate sobre a dificuldade para compreender a relatividade.

Passado um ano, Einstein foi agraciado com o Prêmio Nobel de Física e deu uma série de conferências na Ásia. Quando estava no Japão, foi recebido pelo casal imperial, e uma multidão esperou a noite inteira em frente ao seu hotel, na esperança de que o grande homem aparecesse na varanda. Em Tóquio, fez uma palestra de quatro horas, traduzida por um intérprete. Sentindo-se um pouco culpado por submeter a plateia a tamanho suplício, deu um jeito de encurtar sua fala no evento seguinte para menos de três horas. Porém, durante a viagem de trem para mais uma cidade, percebeu que seus anfitriões estavam um pouco estranhos. Ele perguntou se havia algo errado. Sim, foi a resposta: Einstein havia insultado os organizadores da segunda palestra ao torná-la mais curta que a primeira. Assim, pelo restante da viagem, tomou o cuidado de não apressar suas explicações, e as plateias escutaram satisfeitas.

A fama de Einstein veio com tanta rapidez e tanta força que, mais ou menos nessa mesma época, dois estudantes americanos fizeram uma aposta e enviaram pelo correio um envelope endereçado simplesmente para "Professor Albert Einstein, Europa". A correspondência chegou às mãos do físico, e sem muita demora. "Como o serviço postal é excelente!", foi tudo que Einstein comentou.[2]

* * *

Vinte anos antes disso, em 1902, Albert tinha acabado de se mudar para Berna, na Suíça. Com 23 anos e fisionomia de menino, ele emanava uma energia incansável, uma intensidade serena. Um amigo que o conheceu nessa época ficou imediatamente impressionado pelo "brilho de seus grandes olhos".[3] Ele estava à espera de um emprego no Escritório de Patentes da Suíça – graças à ajuda de um amigo, a vaga foi praticamente criada para ele. Porém sua situação não era das mais fáceis. Com pouquíssimo dinheiro, havia publicado anúncios no jornal local oferecendo-se como professor particular de física e matemática, mas os alunos eram raros e a atividade lhe rendia pouco. Ele se alimentava mal e queixava-se de que seria mais fácil ganhar a vida tocando violino nas ruas. Além disso, sua namorada, Mileva Marić, dera à luz a filha deles pouco menos de um mês antes de Einstein seguir para Berna. Caso alguém descobrisse a existência de uma criança gerada fora do matrimônio, ele poderia dizer adeus ao cargo no Escritório de Patentes. O casal vinha fazendo de tudo para guardar o segredo de todo mundo, inclusive da família dele. Einstein sabia que precisaria se casar – achava até que queria isso –, mas ainda não se decidira. Fazia tempo que os pais dele haviam deixado bem claro seu desagrado em relação a Mileva, por isso ele sabia que certamente não abençoariam aquela união.

Embora o cargo no Escritório de Patentes fosse extremamente bem-vindo, ao aceitá-lo Einstein estaria, de certa forma, aceitando também o fracasso. Nos dois anos desde que terminara a universidade, ele havia se candidatado a postos acadêmicos em toda a Europa, tendo sido rejeitado por todos eles. O trabalho burocrático era uma necessidade, mas selava seu fracasso acadêmico, sua incapacidade de seguir aquilo que amava e a prevalência de suas obrigações.

Einstein continuaria se candidatando a postos acadêmicos por mais cinco anos, até finalmente conseguir, no degrau mais baixo da carreira. Em certo momento dessa degradante busca por emprego, abatido pela rejeição frequente, ele reviu suas ambições e candidatou-se a professor do ensino médio. A documentação enviada por ele incluía cópias de seus trabalhos científicos, inclusive sua tese de doutorado, e artigos sobre os quanta de luz e a relatividade especial. Havia 21 candidatos. Einstein não ficou nem entre os três finalistas.

* * *

É fácil enxergar a vida de Einstein bifurcando-se em duas metades: antes e depois da confirmação da relatividade geral, o que equivale a dizer antes e depois da fama. Na juventude, de acordo com essa narrativa, ele era subestimado, apesar de brilhante, enquanto na velhice era valorizado porém medíocre. Em parte, é verdade. Os melhores trabalhos de Einstein foram produzidos antes de ele se tornar famoso, e durante boa parte da juventude ele foi uma figura relativamente obscura. Levou nove anos para conseguir um cargo de professor assistente e nem foi a primeira escolha para a vaga.

Também é verdade que depois da fama ele produziu poucos artigos dignos de nota. Aquela que talvez tenha sido a última obra verdadeiramente importante de Einstein foi escrita vinte anos antes de sua morte. E não trazia o espírito desbravador dos trabalhos anteriores – não tentava explicar algo desconhecido, por exemplo, ou revolucionar algum campo de pesquisa. Era, isso sim, reacionária, criada por desconfiança da inovadora física da mecânica quântica. Nela, Einstein buscou desacreditar o *quantum* esboçando o "entrelaçamento", fenômeno que em tese poderia ocorrer, segundo as regras da mecânica quântica, mas que ele considerava impossível na prática. Um dos hábitos mais notáveis de Einstein era estar certo mesmo quando estava errado. Nesse caso, o entrelaçamento viria a ser demonstrado como uma das verdades fundamentais do Universo.

Durante a maior parte dos seus últimos trinta anos de vida, ele se dedicou a desenvolver uma "teoria do campo unificado" – uma teoria de tudo, que englobaria todas as leis da natureza, dos movimentos dos corpos celestes ao magnetismo, passando pelo que ocorre dentro do átomo. Seus colegas cientistas o ignoravam cada vez mais, encarando-o como uma espécie de relíquia com baixíssima probabilidade de êxito.

No entanto, Einstein não pode ser definido de forma tão simplista. Ele é muito mais interessante do que pressupõe essa narrativa de uma vida coberta de louros seguidos de estagnação. Ela esconde confortavelmente fatos que não se encaixam, como o reconhecimento profissional e o êxito que ele alcançou na Alemanha antes mesmo de publicar qualquer coisa sobre a relatividade geral. Também ignora seu apoio ao povo judeu e ao pacifismo. Durante a escalada para a Segunda Guerra Mundial, essas outras facetas de sua personalidade ficaram tudo, menos estagnadas. Ele gastou boa parte de seu dinheiro ajudando judeus a fugir da Alemanha e emigrar para os Estados Unidos, assim como na fundação da organização que viria a se tornar o Comitê Internacional de Resgate.

A fama de Einstein pode atrapalhar uma análise objetiva de sua vida. Ao criar uma expectativa de algo extraordinário, torna-se fácil desconsiderar a existência impressionante de Einstein. Ele teve um grau de êxito concreto quase impensável. Em um ano – na verdade, em metade de um ano, entre março e setembro de 1905 –, ele defendeu sua tese de doutorado; provou matematicamente a existência do átomo; conjecturou a ideia moderna da luz como um fluxo de partículas (e, ao fazer isso, estabeleceu a base da mecânica quântica); e propôs a Teoria da Relatividade Restrita – livrando-se de centenas de anos de ortodoxia científica. Foi assim que, quase por acaso, descobriu a equivalência entre energia e matéria, hoje imortalizada na equação $E = mc^2$. Fez tudo isso em seu tempo livre, enquanto trabalhava seis dias por semana como escrivão de patentes, sem acesso a uma biblioteca e com uma filha de 1 ano em casa.

Como se não bastasse, dez anos depois ele apresentou a Teoria da Relatividade Geral, capaz de, em um único conjunto de equações com um incrível grau de precisão, determinar as leis que governam nosso céu cravejado de estrelas. Quase sozinho, Einstein havia descoberto uma forma de conceber o espaço descrevendo com exatidão os movimentos de seus objetos: a teoria dava conta da órbita de Mercúrio, do movimento de duas estrelas orbitando uma à outra e de milhares de outras situações. A relatividade geral foi tão bem-sucedida na descrição das engrenagens do Universo que antecipava verdades em que nem mesmo Einstein era capaz de acreditar. Ele achava que o Universo era estático, mas sua teoria exigia que ele estivesse em expansão: a teoria estava certa. A relatividade insistia na existência de objetos estranhos no espaço, tão densos que nada podia escapar de sua gravidade. Einstein achou que fosse um erro matemático, que podia ser ignorado. Eram, na verdade, os buracos negros, de existência mais que real.

Não apenas na juventude, mas também na velhice, Einstein passou por dificuldades quase tão dramáticas quanto seus feitos. Ele e Mileva acabaram abrindo mão da filha, episódio inexplicado até hoje que afetou profundamente a relação entre eles. Mais tarde, o divórcio conflituoso levou a uma relação complicada, triste e desagradável com seus outros dois filhos, Hans Albert e Eduard. As coisas degringolaram, sobretudo, com Eduard, que aos 20 anos ameaçou se matar e passaria boa parte da vida internado em hospitais psiquiátricos em tratamentos para a esquizofrenia. Em duas ocasiões Einstein foi alvo de atentados em potencial e, depois da ascensão do Partido Nazista, naquela que foi a expressão mais radical de antissemitismo que sofreu em toda a sua vida, teve que se exilar, deixando para trás a Alemanha, sua casa, seus bens e seus amigos.

* * *

Apesar de tudo isso, Einstein era, em muitos aspectos, uma pessoa bastante normal. A fantasiosa ideia de que gênio e loucura são duas faces da mesma moeda não se aplica a ele. Não era um homem recluso: tinha facilidade em fazer amigos e lidava sem problemas com esses relacionamentos. Longe de ser monomaníaco, interessava-se por música, arte e psicologia e participava de forma ativa da política de seu tempo. Em ocasiões distintas, foi fundador da organização pacifista Liga da Nova Pátria, atuou no Comitê de Cooperação Intelectual da Liga das Nações e foi secretário adjunto da Cruzada Americana pelo Fim dos Linchamentos. Também não era uma pessoa estoica, como foi dito muitas vezes. Quando sua obra era atacada, respondia de maneira acalorada, às vezes publicamente e, em geral, deixando de lado o bom senso.

Além disso, a genialidade de Einstein não era tão mística quanto se pode imaginar. Ele era um gênio – dono de uma das melhores mentes científicas da história. Diante de sua obra, é impossível afirmar o contrário – um de seus feitos secundários, por exemplo, é ter teorizado o processo da "emissão estimulada", que viria a ser a base da invenção dos lasers –, mas ele não correspondia ao estereótipo do gênio inspirado e transcendental, cujo intelecto de alguma forma se dissocia do mundo. Uma das características mais constantes e atraentes de Einstein era sua capacidade de trabalho – de *se esforçar* de verdade, pra valer, para realizar alguma coisa.

Certo dia, quando era professor assistente em Zurique, seu aluno Hans Tanner foi até a casa dele. Encontrou Einstein no escritório, debruçado sobre uma bagunça de papéis, trabalhando em equações. Escrevia com a mão direita e embalava Eduard no braço esquerdo. Enquanto isso, Hans Albert brincava alegremente no chão, tentando atrair a atenção do pai. "Só um minuto, estou quase acabando", disse Einstein, entregando Eduard a Tanner e voltando às equações.[4] Hans Albert contou, tempos depois, que o choro de um bebê nunca distraía Einstein. O trabalho parecia trazer-lhe tanto propósito quanto paz de espírito. Depois de sua primeira decepção amorosa, ele escreveu que o "esforço intelectual exaustivo" e o ato de estudar a natureza, em conjunto, o ajudavam a superar dificuldades e a levar a vida adiante.[5] Em outros momentos de sofrimento extremo – após a morte da segunda esposa, Elsa, ou enquanto acompanhava a batalha de Eduard contra a depressão –, ele diria mais ou menos a mesma coisa: o trabalho era a única coisa que conferia significado à sua existência.

Ainda em vida, Einstein testemunhou avaliações públicas a seu respeito, tais como a percepção de que era uma figura quase santa, com uma superioridade moral não corrompida pela fama. Essa ideia também foi incentivada, depois de sua morte, por Helen Dukas, sua secretária por muitos anos e inventariante de seu espólio, e persiste inabalável. Há, porém, muito a lastimar em Einstein. Como revela seu diário de viagem de 1922, ele nutria opiniões racistas em relação a muitas pessoas que encontrou pela Ásia, assim como quando excursionou pela América do Sul em 1925. E menosprezava as mulheres. Na vida pessoal, tinha modos claramente desagradáveis: foi cruel com a primeira esposa, distante como pai e adúltero inveterado. Também queria tudo do jeito dele. Certa vez cancelou uma viagem com o filho adolescente só porque o garoto ousou dizer algo que o desagradou. Era capaz de tratar com ódio e maldade gratuita qualquer coisa ou pessoa que, a seu ver, tolhesse seu senso de liberdade.

Mesmo assim, Einstein é um personagem simpático, em parte devido a seu lado alegre, divertido e irreverente. Nas férias, ele acelerava sua lancha ao encontro de outros navegadores, desviando no último instante, gargalhando por ter evitado por muito pouco uma colisão – isso sem nunca ter aprendido a nadar. Chamava suas *Notas autobiográficas* – o mais próximo a que chegou de escrever algo abrangente sobre a própria vida – de seu "próprio obituário" e mesmo nelas raramente mencionava a si mesmo.[6] Quando o médico o proibiu de fumar, convenceu-se de que, desde que outra pessoa comprasse os maços, não estaria fazendo nada de errado, por isso passou a filar fumo de qualquer fonte a seu alcance, fosse a caixinha de tabaco de um colega ou um cigarro achado na rua.

É provável que Einstein consiga passar a imagem de simpático simplesmente por ter sido muito amistoso. Ele não era apenas sorridente e agradável com estranhos, mas também leal, carinhoso e franco com aqueles de quem gostava. Por isso, é difícil achar – fora de sua família, convém observar – alguém, entre aqueles que o conheceram, que não se referisse a ele de maneira gentil. Na autobiografia de Charlie Chaplin ou em uma entrevista com um Bertrand Russell já idoso; no diário de um conde alemão ou nas cartas de uma rainha da Bélgica; mesmo nas reminiscências dos colegas em todos os lugares onde trabalhou, constantemente se encontra a mesma sensação de felicidade por ter conhecido Einstein. Diante de tanta afeição, é quase irresistível tratá-lo como um amigo: com o prazer de estar em sua companhia e certa disposição a ponderar os erros e defeitos com complacência e até indulgência.

* * *

Este livro é uma biografia-mosaico. É composto de capítulos breves e de estilos variados que revelam momentos ou aspectos específicos da vida de Einstein – um pode ser uma anedota, outro, a discussão de uma obra científica, e um terceiro, uma troca de cartas. A intenção dessas pequenas peças isoladas é formar um quadro tão representativo de seu objeto quanto o retrato criado por uma biografia tradicional. Ao montar esse mosaico, não me proponho a "redimir" Einstein ou a fazer a defesa desta ou daquela característica de sua personalidade. Para mim, mais fascinantes são as incoerências de sua existência, as motivações inexplicáveis, incompatíveis e insanas que pontuaram os dias e os anos do físico genial.

Hoje em dia, Einstein é um personagem, tanto quanto um homem. Simboliza coisas maiores que ele próprio: o progresso científico, a prodigiosa mente humana, uma era. É visto como alguém dotado de um intelecto excepcional, como se representasse tudo aquilo de que somos capazes – imagem reforçada pela sua justiça franca, por seu desprezo pelo exibicionismo, pela aparência ou pelas premiações, por sua indiferença por aquilo que pensavam dele e por sua busca resoluta pela verdade e pela paz. Ele é, resumindo, um personagem do bem.

Analisando sua vida, porém, nota-se que sua genialidade não ofuscou seu lado humano e que ele não tinha um lado B terrivelmente decepcionante. Quando, em 1929, publicou mais uma tentativa de chegar a uma teoria do campo unificado, igrejas por todo o território norte-americano debateram o que ela representava para a teologia, e o *The New York Times* enviou repórteres a congregações por toda Nova York. O reverendo Henry Howard, pastor da igreja presbiteriana da Quinta Avenida, comparou a nova teoria de Einstein aos sermões de Paulo sobre a unidade da natureza. Mas o fato é que a teoria não era um texto sagrado, produto de uma inteligência semidivina: estava completamente errada. Einstein acabaria por abandoná-la e não voltaria a trabalhar em outras tentativas de uma teoria do campo unificado.

Einstein nos lembra de que, para sermos a melhor versão de nós mesmos, não precisamos ter uma pureza acima de qualquer suspeita. Sua bondade não era uma condição do ser, um aspecto de sua genialidade – era, em vez disso, uma busca. E, por isso mesmo, ainda mais notável.

1

*Ilustração da Avenue de l'Opéra, Paris, 1894,
iluminada por velas elétricas Yablochkov.*

AS LUZES ESTAVAM SE ACENDENDO. Em junho de 1878, um interruptor foi ligado em Paris. A Avenue de l'Opéra – a grande via com enormes paralelepípedos que conduz o olhar para o prédio da ópera – iluminou-se subitamente. Uma luz intensa e incomum fez rebrilharem as fachadas de arquitetura haussmanniana, lançando uma sombra sobre os andares superiores. A multidão ali reunida ficou pasma. A Avenue de l'Opéra era a primeira rua do mundo a ser iluminada por postes elétricos.

Até o fim daquele ano, essas lâmpadas, conhecidas como "velas Yablochkov", foram instaladas nas margens do Tâmisa, em Londres, em postes cujas bases eram decoradas com peixes recurvos e monstruosos. Em pouco tempo seu brilho trêmulo e sobrenatural seria visto em várias grandes cidades dos Estados Unidos.

Por mais maravilhosas que fossem, as velas Yablochkov eram brilhantes demais para iluminar interiores. Havia um grande esforço para criar uma lâmpada elétrica adequada para escritórios, comércios e residências. Em janeiro de 1879, em uma palestra em Newcastle, o químico britânico Joseph Swan demonstrou, com êxito, uma lâmpada funcional. Naquele mesmo ano, em Menlo Park, no estado americano de Nova Jersey, Thomas Edison se propôs a elaborar sua versão. Edison dispunha de sua própria fábrica doméstica de vidro soprado para abastecê-lo com um fluxo quase permanente de lâmpadas. Ele precisava disso. Naquele ano, testou mais de 6 mil materiais como possíveis filamentos, o que exigiu carbonizar quase toda planta concebível – bambu, buxo, cedro, linho, loureiro, nogueira. Em 22 de outubro de 1879, aplicou voltagem a um fio queimado de algodão, enrolado dentro de uma lâmpada. O fio emitiu uma luz suave e alaranjada que durou várias horas. O projeto de Edison tinha dado certo.

Foi nesse mundo novo, cada vez mais iluminado, que Albert Einstein nasceu, em 14 de março de 1879, um pouco depois do meio-dia.

Ele nasceu em Ulm, uma antiga cidade da Suábia, no sudoeste da Alemanha, debruçada sobre o Danúbio. O lema da cidade, que remonta a centenas de anos, é *Ulmenses sunt mathematici*: "Os ulmenses são matemáticos". Em 1805, a cidade foi o palco da derrota do exército austríaco diante de Napoleão. Na época em que os pais de Einstein ali viveram, operários estavam construindo uma torre para a catedral, onde certa vez Mozart apresentou-se ao órgão. Ao ser terminada, era a igreja mais alta do mundo.

Pauline Einstein, 11 anos mais jovem que o marido, Hermann, vinha de uma família abastada. O pai, Julius Koch, administrava um comércio de grãos e havia conseguido se tornar o "fornecedor da corte real württemberguiana". Ela era refinada e bem-educada, mas não era vista como esnobe. Versada em literatura alemã, também tinha apreço pela música e tocava piano com talento e gosto. Dizia-se que era prática, eficiente e de caráter forte, conhecida por um humor aguçado e sarcástico que podia tanto fazer rir quanto magoar.

Assim como a esposa, Hermann descendia de comerciantes e mercadores judeus. Havia séculos que os Einsteins ganhavam a vida na Suábia rural, e a cada geração mais se assimilavam à sociedade alemã, a ponto de Hermann e Pauline se considerarem tão suábios quanto judeus. Na verdade, os pais de Einstein se interessavam pouco pela religião judaica.

Hermann contrastava favoravelmente com a esposa. Simpático, dócil até, tinha gostos mais simples. Gostava de se cercar dos prazeres da vida; parar em um bar, comer linguiça com rabanete e tomar cerveja. Usava bigodão, tinha o queixo quadrado e um corpanzil que transmitia confiança. No ensino médio, mostrou certa aptidão matemática e, mesmo sem ter tido condições de entrar na universidade, instruiu-se o suficiente para angariar o acesso a uma classe social superior. O filho recordava-se dele como sensato e amigável. Também era um otimista imperturbável, embora muitas vezes seus sonhos se revelassem inviáveis.

No verão de 1880, quando Albert tinha 1 ano, Hermann foi convencido pelo irmão mais novo, Jakob, a mudar-se com a família para Munique e tornar-se sócio de sua empresa de engenharia, a Jakob Einstein & Cie. Ao se mudar, a família Einstein trocou um lugar quase pastoril, onde as vacas ainda passeavam pela praça principal, por outro de agitação urbana. A capital da Baviera era uma cidade de 300 mil habitantes. Tinha uma universidade, um palácio real e um mercado de arte em expansão.

No começo, os irmãos lidaram com água, gás e fabricação de caldeiras, mas em pouco tempo foram parar na engenharia elétrica. Em 1882, participaram da Exposição Eletrotécnica Internacional de Munique, em que demonstraram dínamos, lâmpadas a arco e lâmpadas incandescentes – e um telefone. Três anos depois, iluminaram a Oktoberfest de Munique com luz elétrica pela primeira vez. Para o jovem Albert, portanto, a luz elétrica não era uma abstração que sugeria uma revolução tecnológica muito distante. Era algo real, imediato e compreensível. Jakob e Hermann começaram a ensinar o negócio ao menino. Ele aprendeu as minúcias dos motores, as questões práticas da eletricidade e da luz e as leis da física que as governavam.

Depois de investir muito dinheiro da família de Pauline, a empresa prosperou, obtendo contratos de iluminação de rua em outras cidades da Alemanha e do norte da Itália. Com Jakob como detentor de importantes patentes, a empresa, em seu auge, empregava duzentas pessoas e chegou a competir com Siemens, AEG e similares. Porém, em 1893, quando Einstein era adolescente, a sorte da empresa mudou, após perder uma série de licitações para levar a luz elétrica a localidades de Munique. A Einstein & Cie era a única empresa com sede na cidade a concorrer aos contratos, mas também era a única empresa judaica e isso pode ter pesado. A empresa quebrou e a casa de Hermann e Pauline foi confiscada. Expulsos do próprio lar, decidiram começar de novo na Itália, onde as perspectivas empresariais eram melhores.

A luz elétrica cercava o jovem Einstein – estava na vanguarda da tecnologia moderna e no âmago do negócio da família. Porém, embora os cientistas soubessem iluminar as ruas da cidade e fazer com que filamentos à base de fibras vegetais brilhassem como ouro por horas a fio, a luz propriamente dita ainda era, em grande parte, um mistério. Isso não tardaria a mudar.

2

Albert e Maja Einstein, 1885.

Einstein tinha uma irmã. Dois anos e meio mais jovem que ele, nasceu em Munique em 18 de novembro de 1881. O nome dela era Maria, embora tenha usado o diminutivo Maja a vida inteira. Quando soube que teria uma irmãzinha com quem brincar, Albert imaginou algo mais parecido com um brinquedo – e não a criatura estranha que encontrou. Ao vê-la pela primeira vez, ele perguntou aos pais: "Cadê as rodinhas?" Ficou muito decepcionado.[1]

Entretanto, os dois logo se tornaram melhores amigos, e assim permaneceram pelo restante de suas vidas. A relação de Einstein com Maja foi uma das mais sólidas e amorosas que ele vivenciou. De modo geral, eles tiveram uma infância confortável: burguesa, tranquila e feliz. Mas Hermann e Pauline também eram partidários da autonomia, tanto em pensamento quanto em atos. Por isso, quando Einstein tinha 3 ou 4 anos, seus pais o deixaram caminhar sozinho pelas ruas movimentadas de Munique. Já tinham lhe ensinado o trajeto e agora esperavam que ele se virasse – ainda que seguido secretamente por ambos, nervosos e prontos a intervir se algo desse errado. No fim das contas, não havia motivo para preocupação. Quando chegou a um cruzamento, Albert olhou para os dois lados e atravessou a rua, sem demonstrar qualquer receio.

À noite, ele e Maja só recebiam permissão para qualquer brincadeira depois de terminar o dever de casa. O pequeno Albert passava o tempo, então, resolvendo quebra-cabeças e jogos de construção, ou talhando a madeira. Seu passatempo preferido era construir castelos de cartas, o que ele fazia muito bem, chegando a 14 "andares".

Os inúmeros primos de Einstein vinham constantemente brincar no bagunçado quintal dos fundos de sua casa, mas ele raramente participava. Quando o fazia, era considerado a autoridade máxima – "o árbitro natural de todas as brigas", na recordação de Maja.[2] Em geral, porém, ele preferia a própria companhia, era cuidadoso e meticuloso e fazia tudo com muita calma. Seu desenvolvimento tinha sido lento e ele demorou tanto para aprender a falar que os pais, preocupados, consultaram um médico. Durante boa parte da infância teve uma dificuldade específica: sempre que queria dizer alguma coisa, primeiro sussurrava as palavras para si mesmo. Fazia isso antes de qualquer verbalização, por mais banal que fosse, o que levou a empregada da família a apelidá-lo de *Deppert*, "Bobo".[3] Preocupados com o filho, os pais de Einstein tentaram contratar uma governanta, que acabou apelidando o garoto de *Pater Langweil*: "Pai Chato".[4] Somente aos 7 anos ele abandonou o vício dos sussurros.

Irmão e irmã brigavam e se provocavam, como é normal, e às vezes iam um pouco além. Albert, principalmente, tinha crises violentas de raiva na juventude, durante as quais, na lembrança de Maja, ficava com o rosto amarelado e a ponta do nariz branca e perdia totalmente o autocontrole. Certa vez, depois que passou a estudar em casa, Einstein ficou tão irritado com a infeliz professora que pegou uma cadeira e bateu nela. Ela fugiu e nunca mais apareceu.

"Em outra ocasião, ele jogou uma bola de boliche na cabeça de sua irmã", escreveu Maja cerca de quarenta anos depois, evidentemente sem tê-lo de todo perdoado.[5] Ela também relatou um episódio em que ele a agrediu na cabeça com um ancinho. "Isso bastaria para demonstrar que é preciso ter um crânio duro para ser irmã de um intelectual."[6]

3

Certa vez, quando tinha 4 ou 5 anos, Albert adoeceu e ficou de cama. O pai veio vê-lo e lhe deu uma bússola de bolso para brincar. Empolgado, ele não se cansava de estudá-la. A agulha o fascinava, porque ele não conseguia compreendê-la. Sabia que o contato físico gerava movimento – o que era parte da vida cotidiana –, mas a agulha estava dentro do vidro, protegida e fora de alcance. Nada podia tocá-la e, mesmo assim, ela se mexia como se estivesse entre os dedos de alguém.

Naquela idade, ele já tinha se acostumado com fenômenos como o vento, a chuva e o fato de que a Lua ficava pendurada no céu, sem cair. Tudo isso era explicável e conhecido: estava diante de seus olhos desde que era bebê. Mas a invariabilidade da agulha, que apontava sempre para o norte, era um espanto.

Observando a agulha retornar à sua posição, Einstein se deu conta de que era algo que estava além de sua compreensão do mundo. Ele nada sabia sobre os campos magnéticos da Terra, mas tinha a impressão de que a agulha devia ser influenciada por alguma força misteriosa. Como contou mais de sessenta anos depois, recordando esse episódio, ele se deu conta de que "devia haver algo profundamente oculto por trás das coisas".[1] E ele queria tentar compreender o quê.

"Mesmo sendo muito novo, a recordação desse evento nunca saiu da minha cabeça."[2]

4

HERMANN EINSTEIN ORGULHAVA-SE de não praticar em sua casa os ritos judaicos, por considerá-los ultrapassados, remanescentes de "antigas superstições".[1] Na família, apenas um tio frequentava a sinagoga, e mesmo assim só porque, como costumava dizer, "nunca se sabe".[2]

Por isso, quando Albert fez 6 anos, os pais se contentaram em mandá-lo para a Petersschule, a escola primária católica da região. Em uma classe de setenta alunos, ele era o único judeu. Recebeu a educação católica tradicional, aprendendo trechos do catecismo, histórias do Antigo e do Novo Testamento e os sacramentos. Ele gostava dessas aulas e até se destacava, a ponto de ajudar os colegas nos deveres.

Einstein não sofreu discriminação dos professores por suas origens. Sofreu, porém, bullying dos colegas, que o xingavam e batiam nele no caminho a pé de volta da escola.

Mandar o filho para a escola católica era uma coisa; deixá-lo sob influência exclusiva do catolicismo era outra. Por isso, os pais de Albert contrataram um parente distante para ensinar-lhe os valores do judaísmo, como contrapeso. Einstein, porém, levou a coisa muito além. Em 1888, aos 9 anos, tornou-se subitamente um fervoroso judeu. Por vontade própria, aderiu rigorosamente ao dogma, obedecendo as Escrituras em relação ao sabá e às leis kashrut de consumo de alimentos. Chegou a compor seus próprios hinos, que cantava no caminho de volta da escola. Enquanto isso, a família continuava com sua vida secular.

Essa mudança coincidiu com a transferência de Albert para o ginásio Luitpold, perto do centro de Munique. Além de dar mais ênfase à matemática e à ciência, juntamente com os mais tradicionais latim e grego, a nova escola também empregava professores que ministravam ensino religioso para os alunos judeus.

Anos depois, Einstein relembraria uma espécie de êxtase edênico que sentia no jardim em volta da casa da família nessa época. Ali ele era feliz, livre para dedicar-se à contemplação. O ar impregnado do aroma dos brotos, da seiva e das pétalas recém-desabrochadas fortalecia sua fé. Ele também passara a ter consciência daquilo que chamava de "vazio da labuta e da esperança que persegue a maioria dos homens a vida inteira, sem repouso".[3]

Ele se referia a esse período de sua vida como um "paraíso religioso".[4] Porém, isso terminou tão repentinamente quanto começou. Quando ele tinha 12 anos, perdeu todo o interesse pela religião. Era a idade em que deveria estar se preparando para o bar mitzvá, assumindo um compromisso formal com o judaísmo, e talvez isso tenha, em si, influenciado a perda de sua fé. Einstein teve, no entanto, o cuidado de atribuí-la à influência daquilo que pode ser chamado de pensamento científico.

Havia um costume judaico que a família Einstein respeitava, ainda que de uma forma modificada. Era comum que as famílias judaicas acolhessem estudantes religiosos pobres para a refeição do sabá. Os Einsteins hospedavam um estudante de medicina às quintas-feiras. Max Talmud tinha 21 anos quando começou a frequentar a casa deles. Albert tinha 10, mas os dois logo ficaram amigos. Ao ver o interesse dele por essas matérias, Talmud trazia livros de ciência e matemática para Einstein, e toda semana Albert mostrava a ele, animado, os problemas em que estava trabalhando. Embora no início Talmud o auxiliasse, não demorou para que Einstein o suplantasse.

Isso teve um efeito profundo sobre o jovem Einstein. "Por meio da leitura de livros científicos, adquiri rapidamente a convicção de que muita coisa nas histórias da Bíblia não podia ser verdade", lembraria ele anos depois.[5] "A consequência foi um [festival de] livre pensar fanático, combinado à impressão de que a juventude é propositalmente enganada pelo Estado, por meio de mentiras. Foi uma impressão esmagadora."

E foi uma impressão da qual ele nunca se livrou. Pelo resto da vida seria avesso à ortodoxia e aos rituais religiosos e hostil a todo tipo de autoridade e dogma. Uma consequência imediata dessa nova atitude foi que, ao fim de três anos, na hora da decisão, ele se recusou a dar andamento ao bar mitzvá.

5

A RELIGIÃO NÃO FOI A ÚNICA COISA à qual Einstein adquiriu aversão. Soldados alemães atravessavam Munique de vez em quando, batendo ritmadamente seus tambores ou tocando flautas, despertando um entusiasmo geral ao passar. As janelas tremiam quando eles passavam em marcha militar, e as crianças corriam para as ruas para marchar, brincando de soldado. Quando Einstein viu uma dessas exibições, sua reação foi cair em lágrimas. "Quando eu crescer", explicou aos pais, "não quero ser um desses pobres coitados."[1]

Esse espírito militar também influenciou sua educação. No ginásio Luitpold, como na maioria das escolas alemãs da época, o estilo de ensino dava ênfase à memória, à disciplina e à sistemática. Questionamentos não eram incentivados – estava-se lá para aprender e regurgitar o aprendido. O professor era em grande medida o centro da autoridade e do conhecimento, enquanto o aluno não passava de um receptáculo desse conhecimento, um discípulo da autoridade. Einstein tirava boas notas, mas estava longe de ser um bom aluno. Não escondia seu desprezo pelo sistema escolar, pelo ginásio e por seus professores em particular, aos quais, na velhice, ele chamou de "tenentes".

Em certa ocasião, um dos professores chegou a dizer que Einstein não era bem-vindo em sala de aula. Ele respondeu que não tinha feito nada de errado. "Sim, é verdade", disse o professor, "mas você fica sentado aí na fileira do fundo sorrindo e sua mera presença aqui prejudica o respeito da classe por mim."[2] Esse mesmo professor disse ainda que gostaria que Einstein abandonasse de vez a escola.

Aos 15 anos, Albert viu-se, na prática, sozinho em Munique, obrigado a morar com parentes distantes. Depois da derrocada da empresa do pai, o restante da família mudou-se para a Itália, deixando-o para trás para terminar os estudos. Ele ficou tão triste que convenceu o médico da família (irmão mais velho de Max Talmud) a redigir um atestado declarando que ele estava sofrendo de "exaustão neurológica" e afirmando que precisaria suspender os estudos. Em seguida, procurou o professor de matemática e pediu uma confirmação por escrito de que dominava a matéria e era um matemático notável. Pouco antes das férias de Natal de 1894, ele fez as malas, comprou uma passagem de trem e apareceu, sem avisar, na casa dos pais em Milão. Hermann e Pauline ficaram chocados, mas, apesar de toda a veemência com que protestaram, Albert bateu o pé dizendo que não voltaria para Munique.

Ele prometeu que iria estudar de maneira independente, preparando-se para o vestibular da Politécnica de Zurique – a instituição que desejava frequentar no ensino superior. Apesar de todas as dúvidas e receios, no fim das contas os pais fizeram tudo o que puderam para ajudar no plano de Einstein. Quando se deram conta de que a Politécnica exigia que os candidatos tivessem pelo menos 18 anos, Hermann e Pauline convenceram um amigo da família a intervir em nome do filho e pedir que fosse aberta uma exceção. O amigo, evidentemente, levou a sério o pedido, pois recomendou Albert, então com 16 anos, com as palavras mais exageradamente elogiosas que pôde imaginar. O diretor da Politécnica, Albin Herzog, respondeu:

> Pela minha experiência, não é aconselhável retirar um aluno da instituição onde iniciou os estudos, mesmo que seja uma suposta "criança-prodígio" [...] Caso o senhor, ou os pais do jovem em questão, não compartilhe da minha opinião, autorizarei – sob dispensa excepcional da exigência etária – que se submeta a um exame de admissão em nossa instituição.[3]

O exame começou em 8 de outubro de 1895 e durou vários dias. Ele não passou. Embora tenha se saído bem na parte específica do campo de estudos que escolheu, englobando matemática e física, ele se deu mal em praticamente todo o resto – a parte geral incluía história da literatura, política e ciências naturais. Einstein não era arrogante nem estúpido o bastante para achar que a experiência foi positiva. Ele deve ter se dado conta das lacunas evidentes em seu conhecimento ao sofrer para responder uma pergunta sobre zoologia. "Meu fracasso", lembraria Einstein anos depois, "parecia completamente justificado."[4]

Mesmo assim, graças a seu desempenho mais que impressionante na parte técnica, ele recebeu incentivo da Politécnica, em vez de uma rejeição pura e simples. O professor-chefe de física, Heinrich Weber, convidou Albert a assistir suas palestras, algo que era contra o regulamento. Ao mesmo tempo, Herzog recomendou que Einstein completasse o último ano de curso preparatório em uma escola secundária da região e se candidatasse de novo no ano seguinte. Caso conseguisse ali o diploma, Einstein seria admitido, embora ainda estivesse seis meses abaixo da exigência de idade da Politécnica.

Foi assim que no dia 26 de outubro Einstein inscreveu-se na escola cantonal de Aarau, uma bela cidade a 40 quilômetros de Zurique. A escola tinha boa reputação como uma instituição de pensamento avançado. Além do currículo tradicional, dava ênfase ao ensino de línguas modernas e ciência, dispondo inclusive de um laboratório magnificamente equipado. Também incentivava um estilo de ensino aberto e positivo. Evitava-se a decoreba e os alunos eram tratados como indivíduos. Havia um incentivo especial ao uso de imagens e de experiências mentais como forma de apreender conceitos.

Nas palavras de Einstein, os professores tinham "uma seriedade simples".[5] Não eram figuras autoritárias, mas pessoas distintas, com quem dava para conversar e se relacionar. "Foi uma escola que deixou impressões inesquecíveis em mim", escreveu ele.[6] "A comparação com seis anos de escolaridade em um autoritário ginásio alemão me fez perceber com clareza o quanto uma educação voltada para o agir livre e a responsabilidade pessoal é superior em relação a uma educação baseada na autoridade exterior e na ambição. A verdadeira democracia não é uma ilusão vazia."

Em Aarau, Einstein morou com um dos professores da escola. Jost Winteler, a esposa, Rosa, e os sete filhos se tornaram algo parecido com uma família e não demorou muito para ele se referir a Jost e Rosa como "papai" e "mamãe". Na maioria das noites, ele ficava sentado à mesa de jantar com o casal, conversando e rindo.

Homem admirável, com uma barba cheia e pontuda, cabeleira espessa e óculos pequenos, Winteler era filólogo, jornalista, poeta e ornitólogo, responsável pelo ensino de latim e grego na escola. Generoso com o próprio tempo, aberto a ideias e suave ao ensinar, ele tinha um pensamento liberal, com uma integridade ligeiramente agressiva: apoiava a liberdade de expressão e nutria um profundo desprezo por toda forma de nacionalismo. Einstein não tardou a adotar muitas das crenças de Winteler, principalmente seu compromisso com o internacionalismo.

O gosto recém-adquirido de Einstein pela política, junto ao seu desdém pelo militarismo alemão, levou-o a querer renunciar à nacionalidade e ele pediu ao pai que o ajudasse no processo. Sua decisão também foi quase com certeza influenciada por uma preocupação de ordem mais prática: se ele completasse 17 anos ainda como cidadão alemão, teria de se alistar no Exército.

A carta declarando Einstein oficialmente apátrida chegou seis semanas antes de seu décimo sétimo aniversário.

6

MARIE ERA A FILHA MAIS NOVA dos Wintelers. Na época em que Einstein foi morar com a família, ela vivia com os pais e esperava começar a trabalhar no primeiro emprego, tendo terminado pouco antes a escola normal. Em breve faria 18 anos; Einstein tinha 16. Extremamente alegre e sem muita autoconfiança, ela também tinha uma beleza espetacular, com cabelos escuros e ondulados. Ambos eram apaixonados por música e não raro Einstein tocava violino à noite para a família, acompanhado por Marie ao piano. Em poucos meses, no final de 1895, eles se apaixonaram.

No começo, a devoção mútua foi arrebatadora. Einstein passava noites em claro contemplando as estrelas, dizendo a si mesmo que a constelação de Órion nunca reluzira com tanta beleza antes. Em janeiro de 1896, Marie saiu de casa para começar a lecionar em um vilarejo próximo. Embora voltasse com frequência para a casa dos pais, ela e Einstein trocavam cartas de amor lamentando o tempo separados: "É belo suportar o sofrimento com você para me consolar", escreveu ele certa vez.[1]

Ele enviava obras de Mozart para ela. Também mandava linguiças, tentando fazê-la ganhar peso, iniciativa que ele batizou de "projeto rosquinha".[2] Ele tentava despertar-lhe ciúmes e fazê-la rir. "Adivinha?", escreveu em uma das cartas. "Hoje toquei com a srta. Baumann [...] moça de quem você *teria* que sentir ciúmes se a conhecesse. Para ela, nada mais fácil que entregar sua alma delicada ao instrumento, porque na verdade ela não tem alma alguma. Acha que estou sendo perverso de novo, além de compulsivamente malicioso?"[3]

O relacionamento deixou os pais de Einstein mais que satisfeitos. Pauline, em especial, fazia questão de demonstrar seu contentamento. Quando

Einstein retornou à Itália, em abril de 1896, para as férias de primavera com a família, ela fazia questão de ler as cartas que o filho enviaria para Marie. A uma das respostas de Albert, Pauline anexou o seguinte bilhete: "Sem ter lido esta carta, envio-te minhas saudações cordiais!"[4]

Mas não durou. Einstein entrou para a Politécnica de Zurique em outubro daquele ano e acostumou-se com rapidez e facilidade à vida estudantil boêmia. Ao que tudo indica, essa mudança afetou quase de imediato sua atitude em relação a Marie, embora no começo ele ainda mandasse sua roupa suja para ela lavar, o que não a deixava indiferente. Em uma carta de novembro de 1896, ela escreveu, com um misto de devoção e incômodo:

> Amado querido!
> Seu cestinho de roupas chegou hoje e foi em vão que meus olhos procuraram por um bilhetinho, ainda que a mera visão de sua caligrafia tão querida tenha bastado para me contentar [...] Domingo passado atravessei o bosque debaixo do temporal para levar seu outro cestinho ao correio, será que ele já chegou?[5]

Albert já tinha dado a entender que os dois deveriam passar a evitar escrever um para o outro. "Meu amor", foi a resposta dela, "não entendi direito um trecho da sua carta. Você escreve que não quer mais se corresponder comigo, mas por que não, amado?"[6] Como presente para ele, ela mandou uma chaleira, que ele mal agradeceu, respondendo que ela não precisava ter se preocupado. "Meu amado querido", respondeu-lhe Marie, "eu ter-lhe enviado uma estúpida chaleirinha não é uma 'questão' de agradar você, desde que ela sirva para fazer um bom chá [...] Agora, alegre-se e pare de fazer essa cara feia que fica olhando para mim de todo lado e todo canto do papel de carta."[7]

Albert parou de escrever e ela começou a questionar o relacionamento, ainda que de modo caracteristicamente invertido, dirigindo contra si própria muito de sua raiva. Ela perguntou se não estava à altura dele – ela se sentia inferior a Einstein intelectualmente e conjecturou abertamente se ele só continuava com ela por alguma obrigação e por remorso. De sua parte, Einstein parece não ter desejado infligir dor a Marie. Ele se sentia culpado e ainda nutria sentimentos amorosos por ela. Por isso, tentava apaziguá-la – e pular fora ao mesmo tempo –, em vez de assumir o que sentia.

Por fim, em maio de 1897, Einstein decidiu terminar o relacionamento. Enviou um bilhete em que implorava a Marie que não culpasse a si mesma, antes de prosseguir: "Suplico-te que pelo menos não me desprezes por causa daquilo que eu, tendo superado os piores dilemas, pude extrair da natureza infeliz dos fracos. Não fiz nada que merecesse um ódio esmagador [...], apenas o desdém."[8]

Como ele tinha viagem marcada para visitar a família Winteler dali a pouco, sentiu-se obrigado a escrever a Rosa, ou "mamãe querida", como muitas vezes se referia a ela, cancelando o passeio:

> Não poderei visitá-los na semana de Pentecostes. Seria mais que indevido da minha parte gozar de alguns dias de êxtase ao preço de um sofrimento renovado, tendo já causado mal demais a essa querida criança por minha culpa [...] O esforço intelectual desgastante e a contemplação da natureza divina são os anjos reconciliadores, fortalecedores, porém incansavelmente rigorosos que me conduzirão através de todas as vicissitudes da existência [...] E, no entanto, que modo peculiar é este de suportar as tempestades da vida – em muitos momentos de lucidez eu me sinto como um avestruz que enterra a cabeça na areia do deserto para não encarar o perigo. Criamos nosso próprio mundinho e, por mais que ele possa parecer insignificante na comparação com a grandeza em perpétua mutação da existência real, sentimo-nos milagrosamente grandiosos e importantes, assim como a toupeira no buraco por ela mesma cavado.[9]

7

Ao longo da carreira, Einstein muitas vezes recorreu a experiências mentais para descrever e fazer avançar suas ideias. Seus textos são repletos de imagens que explicam seu raciocínio, tais como trens, taludes e raios; um contêiner flutuante sem janelas; besouros cegos rastejando em galhos; um aparelho ultrassensível que libera um elétron de cada vez.

Einstein sempre aprendeu visualmente. Em uma análise do próprio processo mental, afirmou: "As palavras ou a linguagem, ditas ou escritas, não parecem desempenhar qualquer papel em meu mecanismo de raciocínio."[1] A escola cantonal de Aarau estimulava esse tipo específico de raciocínio e foi durante seu período nela, quando tinha 16 anos, que ele imaginou um roteiro que o empolgava e perturbava na mesma medida.

Einstein imaginou um único raio de luz voando através do espaço e mergulhando nas trevas. Imaginou alguém correndo ao longo desse raio, exatamente na mesma velocidade. Ele se deu conta de que, aos olhos desse observador, a luz pareceria congelada. Ela simplesmente ficaria ali, com picos e vales imóveis.

Ele percebeu, porém, que isso seria problemático. Primeiro, violaria um princípio científico aceito desde o século XVII, segundo o qual as leis da física permaneciam as mesmas quer o objeto estivesse se movendo depressa ou devagar, ou estivesse parado. Segundo essas leis, o raio de luz não poderia parecer mover-se quando observado a uma velocidade, mas dar a impressão de estar parado quando observado em outra.

A segunda dificuldade era que uma onda luminosa imóvel é uma onda luminosa que, na prática, existe independente do tempo – afinal de contas, se tudo está imóvel, como distinguir um momento de outro? "Chegaríamos a um campo de ondas independente do tempo", escreveria Einstein, anos depois, a um amigo.[2] "Mas não parece existir nada realmente assim!" Ele intuía que havia algo de errado com essa situação.

É um problema que continuaria intrigando Einstein durante muitos anos e que, no fim das contas, continha o germe de parte de seus principais pensamentos científicos. Como ele costumava dizer: "Essa foi a primeira experiência mental infantil do raciocínio sobre a teoria da relatividade restrita."[3]

8

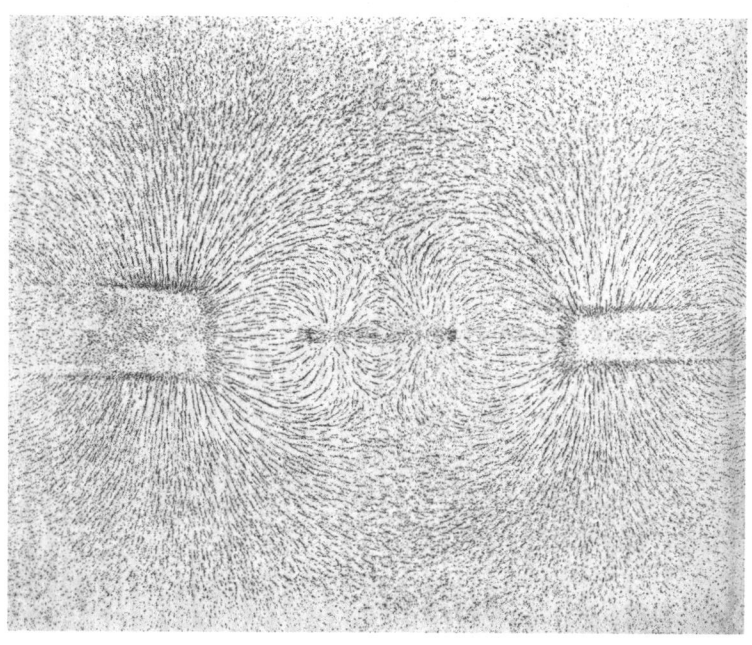

Placa fotográfica de um dos cadernos do físico britânico Michael Faraday, mostrando os resultados de uma experiência usando limalha de ferro para estudar campos magnéticos gerados por ímãs, 1851.

NAS PAREDES DE SEU ESCRITÓRIO, Einstein gostava de pendurar retratos de Isaac Newton, Michael Faraday e James Clerk Maxwell. Ao longo da vida, eles sempre foram seus ídolos da ciência – navegadores que se lançaram ao mar antes dele e mostraram a rota para chegar à terra firme.

Aquilo que viria a ser chamado de Primeira Grande Unificação da Física foi obra de Newton. Ele demonstrou, no final dos anos 1600, que o céu e a Terra estão sujeitos à mesma força gravitacional – isto é, o que faz uma maçã cair no chão é o mesmo que mantém a Lua em órbita. Isso estava longe de ser óbvio. Newton revelou de maneira convincente que reinos aparentemente separados eram uma coisa só.

A Segunda Grande Unificação da Física foi produto dos outros homens nas molduras da parede. Michael Faraday, filho de um ferreiro, nasceu em 1791. Ele descobriu que uma corrente elétrica produz um campo magnético e que, de forma similar, um campo magnético oscilante gera corrente elétrica.

Faraday também foi o primeiro a movimentar limalha de ferro com um ímã, mostrando como ela se estabilizava em um padrão recurvo que se estendia de um polo a outro. Ele então aventou a hipótese de que o ímã gerava "linhas de força", como pequenos ramos, formando o que chamou de "campo". O magnetismo não estava localizado no ímã exatamente, mas, sim, em volta dele, onde se encontravam as linhas. Ele especulou que era essa coroa estranha e invisível – o campo – que influenciava as correntes elétricas.

Para Faraday, estava claro que a eletricidade e o magnetismo estavam relacionados em um nível além do superficial. Em toda a sua obra, Faraday buscou unificar fenômenos que se acreditava serem distintos – até especulou que a luz era uma vibração de linhas de força eletromagnéticas. Infelizmente, porém, por sua falta de educação formal, ele sabia muito pouco de matemática e não foi capaz de fornecer uma justificativa teórica e rigorosa para suas ideias.

Quem era capaz de fazer isso era James Clerk Maxwell, nascido quarenta anos depois de Faraday em Edimburgo, na Escócia. Assim como Faraday, Maxwell dedicou-se a um amplo leque de problemas científicos. Foi responsável pela primeira fotografia em cores, por exemplo – de uma fita com padrão de tartã, à escocesa. Em 1859, quando tinha 28 anos, Maxwell deu uma explicação para a natureza dos anéis de Saturno, algo que incomodava a comunidade científica havia dois séculos. Eles são visíveis até mesmo com um telescópio pequeno e é evidente que são finíssimos, cosmologicamente falando. A questão era como os anéis podiam ser tão finos e continuar sólidos, em vez de se desintegrarem e voarem em direção ao Sol ou se perderem no espaço. Maxwell atacou o problema matematicamente, demonstrando que, se os anéis fossem sólidos, seriam destruídos pela gravidade. Ele sugeriu que, em vez disso, os anéis eram compostos por um enorme número de partículas diminutas, todas orbitando Saturno de forma independente, como um gigantesco rebanho. Sua solução foi considerada a palavra final sobre o assunto. Mais de cem anos depois, ela foi confirmada por fotografias tiradas pelas sondas espaciais *Voyager*.

Maxwell é mais conhecido por suas equações do eletromagnetismo. Ele conhecia o trabalho de Faraday e se dispôs a provar que este tinha razão, buscando obter uma explicação matemática para o elo entre eletricidade e magnetismo. Conseguiu, derivando quatro equações que descrevem os campos e as correntes magnéticas e elétricas. Em si, já era um feito, mas a genialidade de Maxwell foi perceber que, juntando as equações, algo novo parecia surgir. Aparentemente os campos elétricos e os campos magnéticos podiam ficar presos em um ciclo mútuo, em que uns produziam os outros. Quando um campo elétrico oscila de alguma forma, cria um campo magnético oscilante, que produz um campo elétrico oscilante e assim por diante. Isso significa que os dois estão de tal forma relacionados que são simplesmente diferentes aspectos da mesma coisa: um campo eletromagnético.

Usando suas equações, Maxwell conseguiu demonstrar que esses campos eletromagnéticos podem oscilar, criando ondas. Conseguiu até calcular a velocidade dessas ondas. Para sua surpresa, ele descobriu que elas viajavam a aproximadamente 300 mil quilômetros por segundo. Foi uma descoberta monumental, pois era exatamente a velocidade de deslocamento da luz que havia sido medida. Não podia ser mera coincidência. Maxwell foi levado a concluir que a luz era uma onda eletromagnética. Além disso, ele deduziu que a luz fazia parte de um espectro de ondas. Assim como a luz vermelha tem uma frequência menor que a luz azul, também deveriam existir ondas eletromagnéticas com frequências maiores ou menores que a luz propriamente dita. Maxwell previu a existência das ondas de rádio mais de vinte anos antes que elas fossem demonstradas.

Por mais implausível que pareça até hoje, ele havia descoberto que a luz, a eletricidade e o magnetismo são, de alguma forma, a mesma coisa. Essa foi a Segunda Grande Unificação.

Einstein nasceu no ano em que Maxwell morreu e se considerava o continuador de uma tradição. Como afirmou certa vez a um aluno em Berlim: "Devo mais a Maxwell que a qualquer outro."[1] Durante seus últimos trinta anos de vida, Einstein dedicou-se, sem êxito, a descobrir uma teoria do campo unificado – uma teoria que unisse todos os aspectos díspares e fragmentados da física em um todo harmonioso, complementando o trabalho iniciado pelos três homens na parede.

Na época em que Einstein pensou em correr ao longo de um raio de luz, as equações de Maxwell tinham trinta anos. O panorama da física ainda estava em movimento. Era uma boa época para estar cheio de ideias.

9

Einstein em Zurique, 1898.

A POLITÉCNICA DE ZURIQUE se destaca na paisagem, na parte baixa das ladeiras do arborizado Zürichberg. Em sua imponência institucional, o prédio comprido, de pedras claras cor de areia, é belo à sua maneira. Fica no largo bulevar Rämistrasse, perto da igualmente esplêndida Universidade de Zurique. Quando Einstein chegou, aos 17 anos, em 1896, as ruas pequeninas e tortuosas em volta da Politécnica eram repletas de cafés, pensões e estudantes.

Ao entrar no prédio principal, Einstein caminhou por um grandioso corredor com pé-direito de três andares. Colunas rigorosamente dispostas sustentam arcos e balcões, que, por sua vez, sustentam outras colunas, conferindo ao saguão quase o ar de um mosteiro que teria sido espremido em um espaço pequeno demais. O portão da extremidade oposta revela uma vista espetacular: uma colina pontilhada de árvores em descida rumo à cidade. Dá para ver a flecha esverdeada da igreja de Fraumünster, semelhante a uma agulha, e as torres gêmeas da Sé de Grossmünster, que Wagner comparou a dois vidros de pimenta. Na cidade antiga vislumbram-se a guilda renascentista, os bancos e os restaurantes.

Zurique era repleta de história e, ao mesmo tempo, afastada dela. De tão impecável e comprometida com o comércio, chegava a ser entediante, mas também tinha um legado democrático e de respeito pela liberdade. Na virada do século XX, tornou-se um porto seguro para intelectuais radicais. Rosa Luxemburgo, a revolucionária que viria a desempenhar um papel crucial na fundação do Partido Comunista da Alemanha, já morava ali quando Einstein chegou. Carl Jung se mudaria para lá em 1900. Durante a Primeira Guerra Mundial, seria em Zurique que James Joyce e Lênin encontrariam asilo e ali também surgiriam os dadaístas, dedicados a rejeitar as formas tradicionais de criação artística.

Einstein vivia com 100 francos por mês – fornecidos não pelo pai, novamente em apuros financeiros, mas pelos abastados parentes Koch. Ele alugou um quarto em um alojamento estudantil perto da "Poli", sobrevivia com uma dieta frugal e flanava pelas ruas usando um chapéu de feltro e fumando um cachimbo absurdamente grande. Costumava estudar sozinho e se considerava "um vagabundo e um solitário",[1] mas também apreciava a companhia de seus vários amigos e conhecidos em cafés ou em noitadas musicais, onde não raro tocava violino.

Naqueles tempos, a Politécnica era antes de tudo uma escola técnica e de formação de professores, com menos de mil alunos. Einstein matriculou-se na Seção Matemática VIA, a "escola de professores especializados em matemática e física", juntamente com outros dez primeiranistas. Entre eles estavam Louis Kollros, um filho de padeiro preparando-se para virar matemático; Jakob Ehrat, que muitas vezes se sentava ao lado de Albert, estava sempre nervoso e muitas vezes só conseguia terminar seus trabalhos depois de muita conversa para se acalmar; e Marcel Grossmann, estudante talentoso e dedicado, filho do dono de uma fábrica fora da cidade.

Não demorou muito para Grossmann contar aos pais que "um dia Einstein será um grande homem".² Einstein visitou a casa da família de Grossmann em Thalwil, no lago Zurique, e uma vez por semana ele e Marcel tomavam café gelado e fumavam no Café Metropol, onde, contemplando o cais, discutiam filosofia e os estudos. Grossmann era o tipo de amigo que vale muito a pena ter. Era querido pelos professores, não faltava a nenhuma conferência e fazia anotações meticulosas, que compartilhava satisfeito com Albert. "Daria para publicar as anotações dele", escreveria anos depois Einstein.³ "Quando chegava a época de me preparar para os exames, ele sempre me emprestava aqueles cadernos, que eram minha salvação."

Não se tratava de falsa modéstia. Ao contrário de Grossmann, Einstein não era o aluno ideal. Longe disso. Como ele próprio admitia, não tinha o dom de captar tudo com facilidade, não prestava atenção nas conferências e não era lá muito comprometido com os trabalhos a serem entregues.

Mais do que tudo, ele sofria com matemática – na maioria das aulas da matéria, ele tirava 4 de um máximo de 6, contra 5 ou 6 em física. O fato, porém, é que como jovem de opiniões fortes, ele concluíra que a matemática avançada era perda de tempo. Apreciava a matemática elementar, mas a impressão dele era de que "todo o resto envolvia sutilezas improdutivas para um físico".⁴ Era uma disciplina tão extensa, na opinião dele, que poderia consumir todo o tempo disponível, solapando toda a sua energia no estudo de uma especialidade menos crucial. Hermann Minkowski, um de seus professores de matemática cujas aulas eram particularmente densas, comentou que Einstein "nunca deu a mínima para matemática".⁵ Na verdade, Minkowski comparou-o a "um cachorro preguiçoso".

No começo, essa preguiça não se aplicava às aulas de física. Ele dedicou-se tanto às aulas teóricas quanto às práticas e apreciava e admirava o professor de física básica, Heinrich Weber – o mesmo que tinha ficado impressionado com o exame de admissão em que Einstein não passou. As conferências de Weber eram mais aguardadas por Einstein que quaisquer outras.

A admiração de Einstein não durou – no terceiro ano ele já tinha se desencantado com Weber. Em primeiro lugar, Weber era exigente demais. Certa vez, obrigou Einstein a reescrever inteiramente um trabalho só porque o papel utilizado não estava conforme as normas de tamanho. Einstein, por sua vez, era reticente a todo tipo de autoridade, sobretudo as impositivas. Passou a se dirigir a Weber como *Herr Weber*, em vez de *Herr Professor*, desrespeitando de propósito aquilo que o professor achava apropriado. Ao fim do período de Einstein na Politécnica, os dois já eram inimigos ferrenhos. "Você é um moço muito inteligente, Einstein", disse-lhe Weber certa vez. "Um moço extremamente inteligente. Mas tem um grande defeito: nunca aceita ordem alguma."[6]

A maioria das objeções de Einstein vinha da sensação de que o professor perdia tempo demais com a história da física, em vez de explorar o presente e o futuro da disciplina. Weber representava um ponto de vista que não era raro na física, no final do século XIX, segundo o qual basicamente tudo já estava resolvido. Acreditava-se que Newton tinha elucidado o modo de funcionamento elementar do mundo e que, dali em diante, a missão dos físicos na prática fosse apenas preencher lacunas nesse conhecimento, medir com precisão cada vez maior os efeitos das leis conhecidas e explicar os fenômenos por dedução matemática. Nenhuma revolução recente era discutida nas aulas de Weber. Tudo que rompia com as ideias herdadas do passado era ignorado.

Einstein ficou particularmente decepcionado quando se tornou evidente que Weber não tinha a menor intenção de discutir o trabalho de James Clerk Maxwell no detalhamento do elo entre a eletricidade, o magnetismo e a luz. Einstein não era de ocultar o que sentia e expressou sua decepção e seu desdém.

Einstein e os colegas de classe não tiveram outra escolha, senão descobrir por conta própria o que estava acontecendo na física contemporânea. Ao contrário da visão conservadora de Weber, havia cada vez mais evidências de que a disciplina avançava não para o fim, mas para uma nova era. Em 1895, Wilhelm Röntgen havia detectado os misteriosos raios X, capazes de atravessar corpos. Um ano depois, Henri Becquerel descobriu por acidente a radioatividade, enquanto J. J. Thomson descobriu um ano depois o elétron, partícula diminuta que parecia existir dentro do átomo. Heinrich Hertz havia produzido e detectado as ondas de rádio em 1888, confirmando com isso a teoria do eletromagnetismo de Maxwell. Com o novo século, Einstein e os amigos tinham certeza de que novas e maravilhosas descobertas seriam feitas. E queriam ser eles a fazê-las.

Nos horários em que deveria estar assistindo às aulas, Einstein estudava a física teórica contemporânea "com zelo divino" em seu quarto.[7] Em meio a suas fartas leituras, descobriu Ludwig Boltzmann, que, em uma época na qual ainda se questionava a existência do átomo, afirmou que pensar nos gases como aglomerados de átomos, ricocheteando uns nos outros como bolas de gude, permitia explicar as leis da termodinâmica. Einstein também leu August Föppl – que questionava a ideia do "movimento absoluto", observando que só é possível definir "movimento" em relação a algo mais – e a obra de Henri Poincaré, o grande polímata francês, conhecido como "o último universalista" da matemática. Poincaré seria responsável por várias ideias que se aproximaram muito dos conceitos de base da relatividade restrita: acreditava que, como escreveu anos depois, "o espaço absoluto, o tempo absoluto, até mesmo a geometria, não são condições que se imponham à mecânica".[8]

Weber não foi o único professor de física que se irritou com Einstein. Jean Pernet, encarregado dos trabalhos experimentais e de laboratório, também não gostava dele, e tinha bons motivos para isso. O histórico de frequência de Einstein nas aulas de Pernet era tão ruim que ele levou uma "reprimenda do diretor por falta de dedicação".[9] Einstein disse a um dos colegas que achava que o professor era demente; porém, sempre que estava no laboratório, quem criava problemas era Einstein. Certa vez, ele jogou sua folha de instruções no lixo e, de forma temerária, deu continuidade à experiência como bem entendeu. Em outra ocasião, causou uma explosão que feriu sua mão direita com tanta gravidade que ele teve de parar de tocar violino por algum tempo.

Em uma das aulas – no que poderia parecer um ato de vingança, não fosse tão justificado –, Pernet deu a Einstein a nota mais baixa possível. Sentiu-se forçado a perguntar a Einstein por que, afinal, ele estudava física e não medicina, lei ou filologia. "Porque, *Herr Professor*, eu tenho ainda menos talento nessas disciplinas. Por que não tentar a sorte na física?"[10]

Além das matérias principais, exigia-se que os alunos fizessem uma aula extra fora do próprio campo de estudo. Einstein inscreveu-se em muitas além do necessário. Suas escolhas ecléticas incluíam a geologia das cordilheiras, a pré-história, a filosofia de Immanuel Kant, a teoria do pensamento científico e um estudo das obras de Johann Wolfgang von Goethe, assim como uma série de palestras sobre economia e política – "Sistema Bancário e Negociação na Bolsa de Valores", "Estatísticas e Seguro de Vida", "Distribuição de Renda e Consequências Sociais da Livre Concorrência".

Zurique era o parque de diversões de Einstein. Ele discutia política com o amigo Friedrich Adler ou passava o tempo na Sociedade Suíça para a Cultura Ética, onde podia debater as reformas sociais ou os riscos do poderio militar. Os passeios de fim de semana o levavam muitas vezes às montanhas dos arredores, e ele também gostava de velejar no lago Zurique. Tocava música sempre que havia oportunidade. Em um dia de verão, Einstein estava em casa com a filha da senhoria quando ouviu, vindo da casa vizinha, o som de uma das sonatas de piano de Mozart. Enfiou o violino debaixo do braço e correu para a porta, sem se importar em pôr um colarinho ou uma gravata. "O senhor não pode sair assim, *Herr* Einstein!", gritou a filha da senhoria, mas ele já tinha saído.[11] Correu até a porta do vizinho, subiu apressado as escadas e deparou-se com uma senhora idosa sentada ao piano, que ficou chocada ao ver aquele jovem. "Continue tocando", foi tudo que ele disse. Em poucos instantes, Einstein a estava acompanhando com o violino.

10

É SÁBADO À NOITE, nos meses que antecedem o reinício das aulas, 1896, ou talvez 1897, e a fumaça do tabaco preenche o ar de uma festa. Em meio à multidão encontra-se um homem baixo, de 20 e poucos anos. Ele tem uma barba preta e densa, cabelos crespos e nariz pontudo. Não fosse pelo bom humor, pareceria algum profeta. Seu nome é Michele Angelo Besso.

Os músicos estão tocando Mozart e um pouco de Beethoven. Uma plateia admirada forma um pequeno círculo em torno deles. O violinista, em especial, reluz de talento. Tem, talvez, 18 anos, é com certeza um estudante, de cabelos escuros e bigode bem-feito, além de emanar energia e confiança invejáveis. Depois de sua performance, Besso percebe que algumas pessoas estão encantadas com ele. A anfitriã, ele pensa, deve estar contente; não é fácil achar um bom violinista.

Horas depois, os dois são apresentados.

– Albert Einstein – diz o violinista, sorridente, sem tirar o cachimbo da boca.

– Eu sou Besso.

Ele é a encarnação da alegria, embora o ar de zombaria distraída nunca desaparecesse completamente de seus olhos. É engraçado, espirituoso e sabe conversar. Os dois não tardam a descobrir que têm muito em comum. Einstein é aluno da Politécnica. Besso formou-se alguns anos antes e agora trabalha em uma fábrica de máquinas elétricas em Winterthur, a uns 20 quilômetros de Zurique. Ambos são judeus. Besso não abandonou o interesse pela física e está contente por poder conversar com alguém tão bem-informado e interessado no assunto. Os dois discutem se a luz é uma onda ou uma partícula.

Besso e Einstein logo se tornariam melhores amigos. Ambos nutriam certo desrespeito pela autoridade – Besso também tinha sido convidado a deixar a escola anos antes, depois de criar uma petição contra o professor de matemática –, além de também ser livre-pensador e ansiar pelas verdades mais fundamentais. "A força de Besso é sua inteligência extraordinária", escreveu Einstein em 1926, "e dedicação ilimitada a seus deveres profissionais e morais; seu ponto fraco é ser muito pouco decidido."[1]

Os dois amigos eram distraídos. Einstein tinha um costume cativante, embora incômodo, de perder as chaves, mas Besso fazia coisa bem pior. Certa vez, pediram que examinasse linhas elétricas recém-instaladas na periferia de Milão. Ele saiu de casa à noite, mas perdeu o trem. No dia seguinte, ele só se lembrou de onde precisava ir quando já era tarde demais. No terceiro dia, conseguiu chegar até a estação de energia, para só então se dar conta, horrorizado, que não se lembrava do que tinha ido fazer lá. Foi preciso mandar um cartão-postal ao serviço, pedindo que lhe enviassem um telegrama com as instruções. Nas palavras de Einstein, Michele era "um terrível *schlemiel*": um trapalhão desajeitado.[2]

Pelo resto da vida, os dois mantiveram contato e estima mútua. Em outra festa em Zurique, Einstein apresentou o amigo a Anna Winteler – irmã mais velha de sua ex-namorada, que, segundo consta, ficava espionando os beijos de Albert e Marie. Anna viria a se casar com Michele. Para Einstein, apenas outro relacionamento surgido em Zurique seria mais importante que esse com Besso.

11

Mileva Marić, 1896.

ELA DEMOROU MAIS DE UM MÊS para responder à primeira carta dele.

> Eu teria respondido de imediato, agradecendo-te o sacrifício que representa escrever quatro longas páginas, teria ainda expressado de alguma forma o contentamento que me deste em nossa viagem juntos, mas disseste que eu deveria te escrever em um dia em que o tédio sobreviesse. E eu sou muito obediente [...] e esperei e esperei que o tédio se instalasse, mas até aqui minha espera tem sido em vão.[1]

Mileva Marić era sérvia. Foi criada na província setentrional da Voivodina, que, na época de seu nascimento, em 1875, fazia parte do sul da Hungria. Na fronteira entre os impérios Habsburgo e Otomano, era uma planície majoritariamente habitada por refugiados e colonizadores. Voivodina era um espaço a desbravar, berço dos tradicionais mitos da fronteira: tinha um povo resoluto e prático, um pouco selvagem, com um certo jeito de caubóis. Em Mileva corria o sangue de bandoleiros, como o pai costumava lhe dizer e ela repetia a si mesma.

Na época em que entrou na Politécnica, como única mulher no departamento de Einstein, Mileva tinha 21 anos, mais de três anos mais velha que ele. Na infância, passou de escola de elite em escola de elite, sempre com desempenho brilhante, sobretudo em física e matemática, e sempre com o apoio do pai carinhoso e ambicioso. Graças à influência dele, tornou-se uma das primeiras moças do Império Austro-Húngaro a frequentar a escola em meio aos meninos.

Nascida com uma má-formação no quadril, ela era manca e considerada pouco atraente, de um modo geral. "Ela parece ser uma excelente moça", escreveu uma das amigas em um perfil epistolar, "muito inteligente e séria; diminuta, frágil, morena, feia."[2] Era tímida e normalmente taciturna, mas com um quê de bravura e determinação. A intensidade intelectual, às vezes, transbordava em intensidade pessoal. Se algumas vezes era meditativa e enigmática, também tinha temperamento forte.

Durante o primeiro ano em Zurique, ela e Albert, aquele jovem alemão tão seguro de si, frequentaram as mesmas aulas obrigatórias – geometria descritiva, cálculo, mecânica e assim por diante – e, em algum momento, se interessaram um pelo outro de maneira mais que fugaz. Nas férias de verão de 1897, os dois foram fazer trilha juntos.

No início do segundo ano acadêmico, porém, Mileva resolveu não voltar para Zurique e frequentar como visitante as aulas da Universidade de Heidelberg. Em parte, ela parece ter chegado a essa decisão por causa dos sentimentos que começava a nutrir por Einstein, e que a preocupavam: eram uma ameaça a seus propósitos. Albert viu a ausência de Mileva como uma oportunidade para começar a se corresponder com ela.

Depois de seis meses, Mileva retornou a Zurique. Com a desculpa de ajudá-la a recuperar o conteúdo perdido, Einstein se aproximou ainda mais dela e os dois logo viraram um casal. "Entendemos muito bem nossas almas mutuamente sombrias", escreveu ele, "e também bebemos café e comemos linguiça."[3] Os dois eram brincalhões, maliciosos e sabiam alternar uma intimidade profunda e distanciamento quando necessário.

Einstein amava Mileva pelo cérebro dela. "Que orgulho será ter uma doutorazinha como namorada", escreveu certa vez para ela.[4] O relacionamento dos dois era repleto de estudo e indissociável dele. No começo, um pegava emprestado o livro do outro, os dois liam juntos os manuais e discutiam o talento e a paixão em comum. Certa vez, Albert, tendo esquecido a chave de seu prédio de novo, simplesmente foi para o apartamento vazio de Mileva e pegou o exemplar dela do livro que estavam lendo. Deixou um bilhete de desculpas pedindo: "Não fique brava comigo."[5] Quando ele foi visitar a família nas férias de 1899, o terceiro ano de ambos na Politécnica, escreveu-lhe imaginando o dia perfeito que teriam quando ele voltasse. Subiriam uma montanha nos arredores de Zurique e lá começariam a estudar a teoria eletromagnética da luz de Hermann von Helmholtz.

Isso não quer dizer que o romance de ambos se limitasse a domínios tão abstratos – Einstein amava tanto a alma quanto o corpo dela. Ele terminou uma das cartas assinando: "Saudações amigáveis, *etc.*, e principalmente o *etc.*"[6] Também não estavam imunes aos prazeres mais mundanos da companhia mútua. Mileva gostava de cuidar de seu namorado desajeitado, e ele até que gostava das broncas que levava. Quando juntos, ele a provocava começando piadas que ele sabia que a fariam reclamar:

– Já te contei aquela da puta velha...

– Albert!

E ele começava a gargalhar.[7]

Os amigos de Einstein não a achavam tão bacana. Tinham certeza de que ele conseguiria algo melhor que uma menina feia e macambúzia, três anos mais velha e manca.

– Eu nunca teria coragem de me casar com uma mulher a menos que ela seja absolutamente saudável – disse um deles.

– Mas a voz dela é tão linda... – respondeu Albert.[8]

Os amigos de Mileva ficaram igualmente descontentes com a situação. Por mais bonitão que Einstein fosse, estava sempre desgrenhado e com as roupas furadas. Era distraído e, bem, meio esquisito. Às vezes parecia em transe, perdido em pensamentos, alheio ao mundo sem importância à sua volta. Nessas ocasiões, Mileva brigava com ele, o que só piorava as coisas.

Mas Einstein e Mileva não precisavam da opinião dos outros. Tinham a sensação de pairar acima de todos. "Vamos continuar estudantes [...] pelo resto da vida, sem dar a mínima para o mundo."[9] Ele começou a ficar cada vez mais tempo no apartamento dela, a tal ponto que a mãe dele passou a mandar os pacotes de mercadorias para o endereço de Mileva.

No último ano de faculdade, Einstein adquiriu o hábito de chamá-la pelo apelido "Doxerl" (bonequinha) e exercitava a criatividade inventando vários outros, como "minha bruxinha", "gatinha", "anjinha querida", "pretinha", "sapinha" e "meu bracinho direito". Mileva começou a chamá-lo de "Johonsel" (Joãozinho). Uma carta daquele período dizia apenas:

Meu querido Joãozinho,
    Como gosto tanto de ti e como estás tão longe que nem posso te dar um beijinho, escrevo esta carta para perguntar: gostas tanto de mim quanto eu de ti? Responde-me logo.
    Mil beijos da tua
    Bonequinha[10]

12

DEPOIS DOS EXAMES FINAIS, em julho de 1990, Einstein viajou para Melchtal, um vilarejo no centro da Suíça. Foi ali que, com a bagagem cheia de livros de física, ele passou as férias com a família.

Ao chegar ao hotel, seguiu para o quarto da mãe. A conversa teve início pelas suas notas e ele precisou admitir que se saíra mal. Na verdade, terminou como segundo pior da classe, e Mileva nem mesmo conseguiu se formar.

– Então, o que será da Bonequinha? – perguntou Pauline de forma inocente, pelo menos no tom.

– Será minha esposa – respondeu Einstein.[1]

Isso provocou a reação que ele esperava. A mãe se atirou na cama, chorando, a cabeça enterrada no travesseiro. Quando ela se recompôs, passou a lhe dar uma descompostura:

– Você está arruinando seu futuro [...] Aquela mulher não pode ser admitida em uma família decente.

E o acusou de dormir com Mileva. Einstein negou com veemência que os dois vivessem em pecado.

Ele estava a ponto de sair correndo quando uma das melhores amigas da mãe entrou no quarto. Pequenina e cheia de amor pela vida, a sra. Bär era tão querida por Einstein quanto pela mãe. A discussão e o clima tenso desapareceram instantaneamente. Os três se sentaram e tiveram uma conversa refinada e fútil: o clima estava ótimo, novos hóspedes tinham chegado ao spa, os filhos dos outros estavam se comportando mal. Todos desceram para o jantar como se nada tivesse acontecido e tocou-se um pouco de música até tarde. Porém, no finalzinho da noite, quando se viram de novo a sós, Pauline e Albert retomaram a discussão.

Os pais de Einstein nunca foram muito fãs de Mileva. A restrição deles era mais ou menos a mesma que os amigos dele faziam: ela era feia, mais velha, tristonha, sisuda e tinha uma deficiência física. No início, havia motivos para crer que o novo relacionamento de Einstein não ia durar muito – afinal de contas, ele flertava com a maioria das moças que encontrava. Durante as férias de verão da família em Mettmenstetten, em 1899, quando ele e Mileva já eram praticamente um casal, ele chegou a convidar outra aluna de Zurique para a viagem. E, durante a estadia no hotel Paradies, teve um namorico com Anna Schmid, cunhada de 17 anos do proprietário, tendo dado a ela um poema de amor em que propunha um beijo.

Ao longo dos dias seguintes em Melchtal, Pauline voltou ao assunto:

– Quando você tiver 30 anos, ela vai estar acabada [...] Ela é dos livros, como você, mas você precisa é de uma esposa.

Quando ficou claro que Einstein não se deixaria influenciar e que a tática não estava fazendo efeito, a civilidade se reinstalou.

Albert contou esses fatos alegremente a Mileva em uma carta, sem poupar detalhe algum. O que ele queria mostrar é que estava tudo bem: tinha desafiado a mãe. Era a *ela* que tinha escolhido.

13

Einstein começou a procurar emprego. Primeiro, ele tentou na Politécnica de Zurique, na esperança de se tornar assistente de um professor. Não raro, os formandos obtinham cargos assim e parecia ser uma sequência de carreira lógica. Só que Einstein tinha um problema: seus dois professores de física lembravam-se dele como um aluno irreverente e com uma incômoda independência. Seu antigo hábito de matar aula também não contribuía. Não havia como conseguir um cargo com Weber e Pernet, e um dos professores de matemática também o rejeitou. Na verdade, da sua turma na Politécnica, ele foi o único a quem não foi oferecido emprego.

Durante os dois anos seguintes, enquanto ganhava a vida como professor substituto ou dando aulas particulares, ele mandou cartas para todo lado. "Em breve terei honrado todos os físicos do mar do Norte ao extremo sul da Itália com minha candidatura", ele escreveu para Mileva.[1] Em abril de 1901, já estava até incluindo um postal pré-pago nos envelopes para facilitar uma resposta, que raramente vinha.

Uma dessas candidaturas aleatórias foi enviada a Wilhelm Ostwald, em Leipzig. Ostwald era um dos maiores cientistas de sua geração e receberia o Prêmio Nobel de Química em 1909.

19 de março de 1901

Estimado *Herr Professor*!

Como seu trabalho em química geral inspirou-me a redigir o artigo anexo, tomo a liberdade de enviar-lhe uma cópia. Aproveito a oportunidade para indagar se o senhor teria interesse em um físico matemático versado em medições absolutas. Se me permito fazer tal pedido, é porque careço de recursos e apenas um posto do gênero me ofereceria a possibilidade de continuar minha educação.[2]

Não tendo recebido resposta, ele escreveu de novo:

3 de abril de 1901

Estimado *Herr Professor*!
 Algumas semanas atrás tomei a liberdade de enviar-lhe, de Zurique, um pequeno artigo que publiquei nos *Wiedemann's Annalen*.
 Sendo seu juízo de grande valor para mim e incerto de ter incluído meu endereço na carta, tomo a liberdade de enviar-lhe com esta meu endereço.[3]

Einstein *tinha* posto o endereço na carta anterior, é claro; era um truque relativamente óbvio. Ele estava desesperado e desanimado, como qualquer outra pessoa em busca de emprego. Quando escreveu para Ostwald, estava morando com o pai, em Milão. Silencioso e afetuoso, Hermann Einstein estava preocupado com o filho a tal ponto que acabou resolvendo escrever para Ostwald também.
 Embora Ostwald não tenha respondido a nenhuma dessas cartas, nove anos depois foi a primeira pessoa a propor o nome de Einstein para o Prêmio Nobel.

14

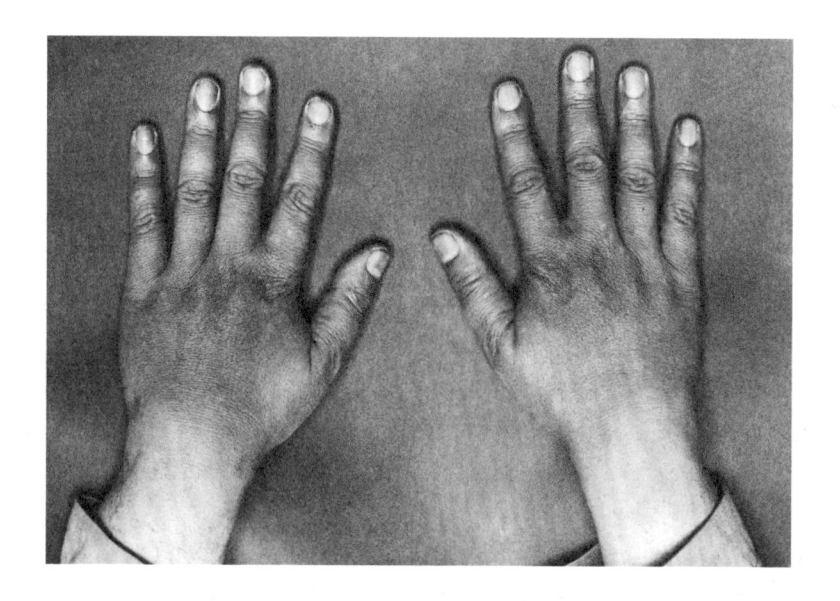

As mãos de Einstein, 1927.

DEPOIS DE SE TORNAR CIDADÃO SUÍÇO, em fevereiro de 1901, Einstein se apresentou para o serviço militar obrigatório. Seu histórico mostra o seguinte resultado do exame de saúde:

Altura	1,75 m
Circunferência torácica	87 cm
Circunferência do braço	28 cm
Enfermidades ou defeitos	*Varices* [varizes], *Pes planus* [pé chato], *Hyperidrosis ped.* [excesso de transpiração nos pés].[1]

Ele foi considerado incapacitado para o serviço militar.

15

Precisas tanto vir me ver em Como, doce bruxinha [...] Vem até mim em Como e traz meu robe azul, para nos enrolarmos nele [...] Vem com o coraçãozinho leve e alegre e a cabeça fresca. Prometo-te a viagem mais maravilhosa que já fizeste.[1]

Mileva hesitou por um instante, antes de aceitar com entusiasmo. Marcaram a data para 5 de maio de 1901, e mal podiam aguentar a espera.

Hoje à noite fiquei duas horas sentado à janela pensando sobre como determinar a lei de interação das forças moleculares. Tive uma ótima ideia...
 Ah, como é chato escrever. No domingo vou beijar-te pessoalmente. Ao feliz reencontro! Saudações e abraços do teu
 Albert
 P.S.: Amor![2]

Quando Mileva chegou à estação ferroviária de Como, na extremidade sul do lago italiano, Albert a esperava com "os braços abertos e o coração disparado".[3] Passaram o dia ali perto, passeando pelas praças da antiga cidade murada, admirando a catedral gótica e a prefeitura medieval. De lá, tomaram um barco a vapor que ia parando pelos vilarejos, rumo à margem norte do lago.
 No dia seguinte, decidiram atravessar a passagem de Splügen, nas montanhas entre a Itália e a Suíça. Nas palavras de Mileva, porém, o caminho estava coberto de neve, em alguns pontos com mais de 6 metros de altura:

Por isso alugamos um trenó bem pequeno, do tipo que se usa aqui, com espaço apenas para duas pessoas apaixonadas. O cocheiro foi em cima de uma pranchinha na parte de trás, tagarelando o tempo todo, chamando-me de *signora* – dá para imaginar algo mais bonito? [...] Não parava de nevar e passamos primeiro por longos trechos afunilados e, depois, pela estrada aberta, onde não havia nada além de mais e mais neve, até onde a vista alcançava. Tamanha infinidade de branco e frio me deu calafrios e abracei com força meu amado debaixo dos casacos e xales com os quais nos cobríamos.[4]

Eles desceram a pé, divertindo-se tanto que não sentiram o menor esforço. "Onde dava, provocamos avalanches, para deixar o mundo lá embaixo bem apavorado."

Alguns dias depois Einstein escreveu a Mileva: "Que delícia foi a última vez, quando eu pude apertar tua querida pessoinha contra mim, do jeito que a natureza criou. Deixa-me beijar-te apaixonadamente por isso, minha querida e boa alma!"[5]

Quando as férias terminaram, Mileva estava grávida.

16

Faltavam apenas alguns meses para Mileva refazer seus exames na Politécnica. Sozinha em Zurique, era de esperar que se apavorasse com as consequências de sua situação. Einstein, ela pensou, mal conseguia cuidar de si próprio, que dirá sustentá-la.

A carta em que Albert tratava das preocupações dela começa com um banho de paixão e deleite – a respeito, porém, de um artigo de física que ele tinha acabado de ler, sobre os raios catódicos: "Sob a influência dessa bela obra, sinto-me repleto de felicidade e contentamento."[1] Tendo dito isso, ele garantiu a Mileva que não ia abandoná-la, como ela temia, mas, sim, consertar as coisas. Iria procurar emprego, disse a ela, qualquer emprego – mesmo que fosse em uma corretora de seguros – e, assim que estivesse empregado, os dois se casariam.

Mileva queria ter uma menina e começou a chamar o futuro bebê de Lieserl, diminutivo de Elizabeth. Como Einstein queria um menino, de vez em quando, em uma rivalidade de mentirinha, ele o chamava de Hanserl. Na maior parte do tempo, porém, Einstein não deu muita atenção à gravidez. Nas cartas, ele falava como, depois do parto, ele e Mileva voltariam a se isolar do mundo e deliciar-se com os estudos. "Como estão nosso filhinho e sua tese de doutorado?", escreveu para ela certa vez.[2]

Nem era preciso dizer que os dois não podiam mais ser vistos em público a partir do momento em que a gravidez de Mileva ficou evidente, mas Einstein parece ter se esforçado ainda mais para não vê-la. Quando ela o convidou a visitá-la em Zurique, ele preferiu fazer uma viagem de férias com a mãe e a irmã. Em julho de 1901, Mileva foi reprovada pela segunda vez nos exames. Alguns meses depois, ela foi morar em um vilarejo perto de Schaffhausen, na Suíça, onde Einstein estava trabalhando como professor particular, mas ele parece ter ido visitá-la com pouquíssima frequência, chegando a cancelar visitas sob o pretexto de não ter dinheiro suficiente para fazer o curto deslocamento.

Lieserl nasceu no final de janeiro de 1902, na cidade natal de Mileva, Novi Sad, na Sérvia. Foi um parto difícil e Mileva passou bastante tempo adoentada depois. Einstein se animou. "No fim acabou sendo uma Lieserl, como você queria!", escreveu ele. "Ela é saudável e chora direitinho? Como são os olhinhos dela? Com qual de nós dois se parece mais? [...] Ela sente fome? [...] Amo-a tanto e nem a conheço ainda!"[3]

Mas não foi visitar a filha recém-nascida.

Àquela altura, Albert sabia que seria preciso superar alguns problemas, entre eles o fato de que em breve deveria começar a trabalhar na cidade de Berna. Marcel Grossmann havia convencido o pai a interceder pelo desempregado Albert. O velho Grossmann conhecia o diretor do Escritório de Patentes da Suíça e ficou sabendo da existência de uma possível vaga. Passou essa dica preciosa a Einstein. Quando foi publicado o anúncio de "Expert Técnico de Terceira Classe", as especificações da vaga haviam sido feitas sob medida para Einstein. Ele era, o diretor escreveu-lhe dizendo, o principal candidato.

Em junho de 1902, o Conselho Suíço nomeou-o formalmente para o cargo, com um salário de 3.500 francos, mas era improvável que ele sobrevivesse ao estágio probatório se aparecesse com uma filha ilegítima nos braços. Por isso, manteve a filha em segredo de todos os amigos, novos e antigos, e, quando Mileva voltou para a Suíça, não levou a filha com ela. Em agosto de 1903, quando Lieserl tinha um ano e sete meses, adoeceu com escarlatina. Mileva voltou correndo para o leito da filha. Existem poucas informações concretas sobre o destino de Lieserl. Pode ser que ela tenha morrido, pode ser que tenha sido entregue para adoção, mas o fato é que ela nunca mais desempenharia um papel na vida dos pais. Com incrível meticulosidade, Einstein e Mileva apagaram a filha da história. A mãe, o pai e a irmã de Einstein nunca souberam de sua existência, assim como os dois filhos que ele viria a ter. As cartas daquele período foram destruídas. E nunca mais Einstein falou de Lieserl.

17

Conrad Habicht, Maurice Solovine e Einstein, 1903.

ENQUANTO ESPERAVA QUE LHE OFERECESSEM um emprego no Escritório de Patentes, Albert mudou-se para Berna, alugando um apartamento no segundo andar de um prédio cinzento e estreito em uma via larga e inclinada, a Gerechtigkeitsgasse. Precisando ganhar algum dinheiro nesse meio-tempo, publicou um classificado no jornal local, oferecendo aulas particulares de matemática e física, ministradas por "Albert Einstein, detentor do diploma de professor da Poli".[1]

Um dia, no feriado de Páscoa de 1902, tocaram a campainha do apartamento de Einstein. "*Herein!*" (Entre!), gritou ele, antes de ir abrir a porta para ver quem estava chamando.[2] Na escuridão do corredor estava um homem de 26 anos, não muito bonito, mas bem-vestido e seguro de si, de cabelos curtos e barba à francesa. Ele se apresentou como Maurice Solovine. Explicou que estava folheando o jornal e, tendo se deparado com o anúncio de *Herr* Einstein, prontamente se dirigira ao endereço indicado. Será que Einstein poderia ensinar-lhe física teórica?

Assim começou uma amizade da vida inteira. Na primeira aula, ficaram duas horas conversando, tanto sobre filosofia quanto sobre física, e, quando Solovine foi embora, Einstein o acompanhou à rua para poderem conversar por mais meia hora, antes de marcarem um novo encontro para o dia seguinte. Na segunda aula, as lições de física foram inteiramente deixadas de lado. Na terceira, Einstein disse a ele: "Na verdade, você não precisa de aulas de física; nossa discussão dos problemas que se originam dela é muito mais interessante. Pode vir me visitar e terei prazer em recebê-lo."[3]

Os dois decidiram ler e debater os grandes pensadores e, em poucas semanas, juntou-se a eles nessa empreitada outro amigo recente de Einstein, Conrad Habicht, um filho de banqueiro. Habicht se mudara para Berna para completar os estudos e queria se tornar professor de matemática. Os três compartilhavam livros com títulos como *O que são os números?* e *Da natureza das coisas em si*. *A ciência e a hipótese*, de Henri Poincaré, fascinou o pequeno grupo durante semanas. Eles também liam peças de teatro e Charles Dickens, assim como as obras dos filósofos David Hume, Baruch Espinosa e Ernst Mach. Essas sessões, em geral, aconteciam no quarto de um deles, ou no Café Bollwerk. Seja como for, as refeições eram modelos de frugalidade. "O cardápio em geral consistia de uma fatia de mortadela, um pedaço de queijo gruyère, uma fruta, um potinho de geleia e uma ou duas xícaras de chá. Mas nossa alegria era sem limites."[4] De vez em quando, Einstein entretinha os amigos tocando violino.

Solovine batizou o pequeno clube de "Academia Olímpia", em parte por brincadeira. Einstein, apesar de ser o mais jovem, foi eleito presidente, o que lhe valeu o título de *Albert Ritter von Steissbein* (algo como "Sir Albert, Cavalheiro do Cóccix"). Confeccionaram um certificado, com o desenho de um busto de Einstein sob um cordão de linguiças. A dedicatória dizia:

> Especialista nas artes criativas, versado em todos os gêneros literários, líder de sua época nas letras, homem de perfeita e ampla eru-

dição, imbuído de conhecimento singular, sutil e elegante, imerso na ciência inaudita do Cosmos, com um conhecimento superior das coisas naturais, homem supérfluo, de suprema paz de espírito e maravilhosa virtude doméstica, jamais negligenciando os deveres cívicos, mais valoroso guia dos fabulosos ancestrais das pacientes moléculas da infalível igreja dos pobres de espírito.[5]

Eles se divertiam. Certo dia, vagando pela cidade, os três passaram por uma delicatéssen. Na vitrine, em meio a todo tipo de iguaria de aparência deliciosa, havia um pouco de caviar, cujas qualidades Solovine começou a elogiar.

"É tão bom assim?", perguntou Einstein.[6]

Quando Einstein provava uma comida estranha ou desconhecida, ficava em êxtase absoluto e começava a descrevê-la nos termos mais entusiasmados e fantasiosos – motivo de muita diversão entre os amigos. Solovine e Habicht concordaram em economizar um pouco de dinheiro para comprar caviar e oferecer a Einstein no seu aniversário, curiosos para saber o que ele diria a respeito. Quando chegou o dia 14 de março, em vez da mortadela de sempre, Solovine serviu porções de caviar. Na hora em que se sentaram à mesa, Einstein estava animado debatendo o princípio da inércia de Galileu, tão absorto pelo problema que consumiu o primeiro bocado de caviar sem fazer qualquer comentário: em vez disso, continuou falando da inércia. Habicht e Solovine mal estavam prestando atenção – ficaram se entreolhando pasmos.

Albert terminou seu prato.

– Diga – exclamou Solovine –, você sabe o que acabou de comer?

– Ah, pelo amor de Deus – respondeu ele, dando-se enfim conta do que tinha acabado de deglutir. – Era o famoso caviar.

Fez-se um silêncio de espanto.

– Não tem importância – prosseguiu Einstein. – Não há sentido em servir a um simplório os mais deliciosos pratos. Ele não saberá apreciar.[7]

Mas os amigos estavam decididos a fazê-lo apreciar o caviar. Alguns dias depois, compraram um pouco mais e, dessa vez, serviram-no a ele enquanto cantavam, na melodia da Oitava Sinfonia de Beethoven: "Estamos comendo caviar... Estamos comendo caviar..."

Solovine só faltou uma vez aos encontros. Era sua vez de ser o anfitrião, mas, tendo conseguido ingressos surpreendentemente baratos para um quarteto checo naquela noite, preferiu ir ao concerto. Como recompensa, deixou quatro ovos cozidos para seus colegas acadêmicos, sabendo que eles adoravam, além de um bilhete em latim: *Amicis carissimis ova dura salutem* ("Para os queridíssimos amigos, ovos duros e saudações").[8] Ele pediu à senhoria que avisasse a Einstein e Habicht que ele fora chamado para um compromisso urgente.

Eles não se deixaram enganar. Comeram os ovos e depois, sabendo que Solovine odiava o fumo, Einstein pegou o cachimbo, e Habicht, seus charutos grossos, e fumaram como possuídos. As pontas dos charutos e o cachimbo ainda fumegante foram deixados em um pires. Para piorar, empilharam os móveis e os objetos de Solovine em cima da cama dele, quase até o teto. *Amico carissimo fumum spissum et salutem* ("Fumaça espessa e saudações a um queridíssimo amigo") – escreveram em um pedaço de papel que pregaram na parede.

Nas noites de verão, depois de suas reuniões, às vezes eles subiam a Gurten, uma montanha ao sul da cidade. Caminhavam durante toda a noite quente, sob as estrelas, discutindo astronomia. "Chegávamos ao cume ao amanhecer, maravilhados com o sol que surgia lentamente no horizonte até aparecer em todo o seu esplendor e banhar os Alpes de um rosa místico."[9] Esperavam, iluminados pelo alaranjado leve da manhã, que o restaurante do topo abrisse e tomavam um café preto antes de começarem a descer.

Quando Albert e Mileva se casaram em Berna, em janeiro de 1903, Solovine e Habicht foram os dois únicos convidados.

18

Einstein no Escritório de Patentes de Berna, c. 1905.

Um dia de trabalho, 1904

MARIDO E MULHER DESEJAM UM BOM DIA um ao outro. O filho, Hans Albert, agora com alguns meses de idade, começa a chorar quando Einstein sai. Ele desce a escadaria estreita do prédio, rumo ao burburinho da manhã. O tempo está bom, quase como se o verão tivesse voltado. Einstein está usando um terno quadriculado de cor clara e uma gravata fina de seda. O cabelo foi domado, depois de um banho de loja, e o bigode aparado. Seu ar é tão respeitável e arrumado quanto é possível no caso dele.

Ele sai pela rua de paralelepípedos. Logo à frente, cercado pelos prédios de apartamentos todos iguais, fica a Zytglogge, a famosa torre do relógio acima do portão da cidade antiga, com seu astrolábio renascentista e o ponteiro dos minutos decorado com o rosto do sol. São quase oito. Em poucos minutos, Einstein chega a Genfergasse, perto da estação ferroviária. Ali fica o edifício da Administração dos Correios e Telégrafos, obra austera, neoclássica, com a esterilidade respeitável e pomposa da maioria dos novos prédios de escritórios. O Escritório de Patentes é no andar superior.

Ele sorri e cumprimenta os colegas, comenta como o dia está bonito. Josef Sauter já chegou, assim como Michele Besso, um de seus amigos mais íntimos dos tempos de Zurique, que já parecem tão distantes. Besso começou no escritório alguns meses antes, depois que Einstein o incentivou a se candidatar. Atravessando o comprido salão, Albert logo chega a seu banquinho, diante de uma robusta mesa de madeira.

Einstein gosta do trabalho – é diversificado e estimulante. Hoje, chegou a requisição de patente de uma máquina de escrever e outra de uma câmera. Ele rejeita quase de pronto uma terceira – de um aparelho de engenharia elétrica – por não ter sido redigida da forma correta. É função do oficial de patentes determinar se cada invenção é de fato nova, ou se infringe alguma outra patente. O registrador também precisa, o que é fundamental, discernir se a invenção realmente funciona. O chefe de Einstein, Friedrich Haller, homem taciturno, inteligente e respeitado, ensinou-lhe o jeito certo de tratar os formulários: "Quando você pegar uma requisição, suponha que tudo que o inventor escreveu esteja errado."[1] Ele aconselhou um espírito crítico vigilante, que refute todas as premissas possíveis. É um conselho que condiz com o jeito de pensar de Einstein, útil tanto para seu emprego do dia a dia quanto para o trabalho científico.

Ele almoça na própria mesa, resolvendo algum quebra-cabeça ou olhando pela janela. Sauter – que também estudou na Politécnica, alguns anos antes de Einstein – aparece para perguntar se ele vai à reunião da Sociedade na semana seguinte. Por intermédio do colega veterano, Einstein foi apresentado aos círculos científicos de Berna e costuma ir como convidado dele às reuniões da Sociedade de Ciência Natural. Chegou até a dar uma palestra na qual discutiu as ondas eletromagnéticas, antecedendo uma fala sobre medicina veterinária. Ao que tudo indica, este mês haverá algo sobre os rinocerontes. Einstein garante a Sauter que está ansioso para ir.

Pouco depois do intervalo, Einstein já terminou suas tarefas oficiais do dia. Em geral, precisa de duas ou três horas para dar conta de todos os pedidos. Isso lhe permite abrir a gaveta e tirar suas anotações de física, que esparrama às escondidas em sua mesa de trabalho. Balançando no banquinho, ele toca o próprio trabalho. Quando Haller passa, ele joga rapidinho os papéis bagunçados de volta na gaveta, fingindo estar ocupado. Educadamente, Haller finge não perceber – afinal de contas, *Herr* Einstein é competente no trabalho.

Não muito longe dali, o boneco mecânico sai da torre do relógio quando soa a hora inteira, assinalando o fim do expediente. Einstein espera Besso recolher suas coisas e os dois saem juntos, conversando sobre física – ou, para ser mais exato, Albert fala e Michele escuta, fazendo uma pergunta de vez em quando. Na hora de se despedirem, Einstein promete receber Besso e a esposa para jantar em breve: da última vez, a noite foi ótima, e Anna e Mileva se deram muito bem. Quando Einstein vê, o tempo passou sem ele perceber e já está em casa.

Dentro do apartamento, Hans Albert está chorando de novo – Mileva está ninando o bebê. Ela pergunta sobre o dia dele. Com um olhar distraído, Albert conta o que estava discutindo com Michele, antes de pegar no colo o filho, uma criança linda. Fica conversando um pouco com a esposa, mas em pensamento ainda está remoendo termodinâmica de pequena escala. Até os dois se estabelecerem, ele precisa realizar alguns trabalhos. Se conseguir publicar mais artigos, quem sabe comece a ganhar algum reconhecimento.

19

O PERÍODO DE EINSTEIN no Escritório de Patentes costuma ser visto como um momento áureo de incubação de suas ideias científicas. Fora do ambiente acadêmico, ele deixou de sentir a pressão para produzir artigos continuamente – não tinha que escalar a pirâmide, e suas ideias podiam crescer e se desenvolver de forma lenta e independente. Além disso, o trabalho no escritório alimentou seu espírito crítico inato, aguçando sua capacidade de extrapolar sistemas complexos a partir de deixas visuais e premissas básicas.

Porém, os anos que Einstein passou como "especialista técnico" não fizeram bem apenas ao físico teórico dentro dele; também foram satisfatórios para o engenheiro. Ele tinha sido criado em meio a novas máquinas e tecnologias – tinha trabalhado na fábrica do pai, e o tio Jakob tinha inventado e patenteado diversos aparelhos elétricos. Ao longo da vida, Einstein registrou várias patentes de sua autoria.

Certa manhã em meados da década de 1920, Einstein deparou-se com uma reportagem sobre uma família inteira que morrera durante o sono, em consequência de gases tóxicos emanados pelo refrigerador. Na época, geladeiras mecânicas eram uma novidade nos lares (a família de Einstein ainda usava uma caixa de gelo em seu apartamento), mas não havia sido inventado um gás refrigerador não tóxico. Comovido pelo caso, Einstein conjecturou se poderia criar uma alternativa mais segura.

Ele chamou Leo Szilard para ajudá-lo, um jovem e brilhante físico da Universidade de Berlim que viria a desempenhar um papel decisivo no desenvolvimento da energia atômica e seria fundamental na elaboração do Projeto Manhattan. Os dois patentearam diversos designs de refrigeradores, entre eles um que exigia apenas uma fonte de calor externa para funcionar. Como parte do sistema de resfriamento, Einstein projetou uma bomba engenhosa que funcionava por eletromagnetismo. Agia como um pistão, impulsionando um metal líquido para a frente e para trás, mesmo sem ter peças mecânicas móveis. Infelizmente, esse refrigerador não era muito eficiente e fazia um ruído que lembrava uma carpideira. O projeto, apesar de ter despertado certo interesse, nunca foi colocado em prática.

Entre outras invenções estava um aparelho auditivo, que ele projetou juntamente com o inventor alemão Rudolf Goldschmidt. O "aparelho sonoro eletromagnético" convertia um sinal acústico em um sinal elétrico, que, por sua vez, alimentava uma membrana presa ao crânio, de modo que o osso o transmitia ao ouvido. Goldschmidt e Einstein receberam a patente em 1934, mas àquela altura a ascensão do Terceiro Reich desfez a parceria e Einstein já nem vivia mais na Europa.

Um ano depois, ele estava ocupado com diversos outros projetos, em colaboração com o amigo Gustav Peter Bucky. Os dois inventaram um tecido impermeável e poroso; apresentaram, e depois retiraram, o projeto de um sobretudo feito de fios tecidos de forma muito estreita. Ao mesmo tempo, estavam ocupados criando uma câmera fotográfica que se ajustava automaticamente à luminosidade. A luz atingia uma célula fotoelétrica na câmera, conectada a uma série de telas de diferentes transparências. A intensidade da luz determinava qual tela deslizaria na frente da lente. Como era comum com as invenções de Einstein, nunca chegou a atrair interesse comercial. Dois anos depois, a Kodak lançou sua própria câmera com exposição automática.

20

No que dependesse dos físicos em 1905, a luz era uma onda. Isso era inquestionável. Era um fato, verificado experimentalmente e base de mais de um século de teoria. Quer a luz fosse emitida por uma estrela ou um vaga-lume, ela se disseminava por igual através do espaço, viajando com toda a certeza em forma de onda eletromagnética.

Em 1905, Einstein andava incrivelmente ocupado. Ainda trabalhava seis dias por semana no Escritório de Patentes, tinha um filho de 1 ano para ajudar a cuidar e escreveu 21 resenhas para uma revista acadêmica só naquele ano. Em maio, mudou de residência. Mesmo assim, conseguiu produzir cinco artigos científicos em seis meses, três dos quais viriam a revolucionar a física.

O primeiro artigo desse ano magnífico foi terminado em março e intitulado "Sobre um ponto de vista heurístico a respeito da produção e transformação da luz". Era a coisa mais revolucionária que ele já havia escrito. Propunha que a luz deveria ser considerada como um fluxo de partículas.

Ele estava atacando, de caso pensado, uma das perguntas do cerne da física moderna: fundamentalmente, o mundo é contínuo ou descontínuo? Para usar a imagem do filósofo e matemático Bertrand Russell, o mundo é um pote de melaço ou um balde de areia? No nível mais profundo da realidade, as coisas são lisas, um todo contínuo e ininterrupto, ou granulares, compostas por partículas? De acordo com um consenso cada vez maior, ainda que certamente contestado, a matéria era vista como composta por átomos. A luz, porém, continuava teimosamente indivisível. Essa disparidade era incômoda e inconveniente e, por isso, os cientistas vinham voltando suas atenções para a fronteira onde esses dois pontos de vista conflitantes se cruzavam. A esperança era de que, ao estudar a interação entre a luz e a matéria, as enigmáticas engrenagens da natureza se revelassem.

Muito esforço se fizera no exame do que era chamado de "radiação de corpo negro", um exemplo importante e promissor exatamente desse tipo de interação: coisas quentes ficam avermelhadas, ainda mais quentes ficam amarelas e quentes de verdade ficam brancas. Quando um vidro é aquecido, ele não emite um agradável brilho verde ou castanho-claro; fica vermelho, depois amarelo, depois branco. A fim de estudar essa radiação, cientistas como o físico alemão Gustav Kirchhoff construíram fornos que podiam ser aquecidos e mantidos a temperaturas precisas, de modo que medições dos diferentes comprimentos de onda da luz que emanavam de dentro pudessem ser registradas com precisão.

Descobriu-se que os comprimentos de onda eram afetados apenas pela temperatura do forno. Qualquer que fosse o material usado ou o formato em que fosse construído, a mesma cor era obtida à mesma temperatura. Quando o ferro é aquecido, por exemplo, a 700 graus, irradia exatamente o mesmo espectro de luz que qualquer outro elemento sólido a 700 graus. Eram conclusões incontestáveis, mas havia um problema. Ninguém conseguia bolar uma explicação matemática para esse comportamento. Ninguém era capaz de explicar o que de fato isso representava. Nesse caso, a luz estava em contato com átomos nas paredes do forno. Continuidade e descontinuidade permaneciam lado a lado e parecia haver alguma coisa errada.

Essa situação só foi resolvida em 1900, quando Max Planck propôs a ideia do *quantum*, colocando a física no caminho da revolução e da modernidade. Planck era um radical improvável. Descendente de uma antiga família de advogados, acadêmicos e teólogos alemães, o professor de física de 42 anos não podia ser mais diferente de Einstein nas atitudes. Tímido, formal e cortês, ele era um conservador no pensamento, amante e respeitador das tradições e patriota com orgulho. Era um garoto-propaganda do valor tanto da dedicação quanto do talento e estava sempre com uma aparência imaculada – desde a juventude, usava um refinado *pince-nez*.

O conservadorismo de Planck estendia-se a suas ideias científicas. Durante vários anos ele foi um opositor virulento do átomo e de tudo que pudesse estragar o conceito da matéria contínua. Porém, ao enfrentar o problema do corpo negro, na tentativa de progredir, Planck foi obrigado a abraçar a polêmica. Ele conseguiu – ainda que graças a alguns palpites fortuitos – pensar em uma fórmula que era compatível com os resultados experimentais. De modo estranho, porém, ela incluía uma constante matemática – o número verdadeiramente liliputiano de $6{,}626 \times 10^{-34}$ joules, ao qual se atribui hoje o símbolo h –, que no começo Planck não sabia explicar. Ele não sabia a qual processo no mundo real ela estava relacionada.

Para dar conta dela, teve que fazer uma suposição um tanto bizarra. As paredes de qualquer coisa que irradie luz e calor, argumentou, continham moléculas vibratórias, ou "osciladores harmônicos". Eram as vibrações desses osciladores que produziam a luz que vinha do forno. Para que isso dê certo, porém, os osciladores só podem emitir e absorver energia em pacotes ou volumes – que Planck batizou de *quanta*. Na prática, os osciladores só conseguiriam emitir e absorver partículas descontínuas de energia. Esses pacotes conteriam apenas quantidades determinadas e fixas de energia; não haveria um espectro. Você podia ter "um" ou "dois", mas nada entre um e dois. As energias disponíveis para os *quanta* eram determinadas pela constante de Planck.

Planck tinha certeza de que sua explicação para a absorção e emissão não se aplicava à natureza da luz em si. Considerava sua teoria uma conveniência matemática. Para os fins da radiação de corpo negro, a energia pode vir em pacotes iguais e finitos – porém, como era sabido por todos, a luz era uma onda.

Quando Einstein leu o artigo de Planck, em 1901, teve a impressão de que o chão "tinha sido tirado de baixo dele", como escreveria anos depois.[1] Porém, ao fim de quatro anos, ele se deu conta de que o artigo não tinha ido longe o bastante. Antes de tudo, ele perpetuava a divisão entre luz contínua e átomos descontínuos. Em seu artigo de março, Einstein alegou, com um raciocínio intuitivo, porém impecável, que não eram apenas as trocas de energia entre luz e matéria que funcionavam dessa forma específica, em pacotes. As ondas luminosas propriamente ditas eram compostas de partículas – o que Einstein chamou de *quanta* de luz. Hoje, são chamados de fótons.

Einstein foi em frente, mostrando a eficácia de considerar assim a luz. Ele demonstrou que a existência de *quanta* de luz podia explicar algo chamado de efeito fotoelétrico. Descobrira-se que era possível remover elétrons de uma superfície metálica com um raio de luz. A energia desses elétrons ejetados, constatou-se, dependia inteiramente da frequência (em outras palavras, da cor) da luz utilizada. Por maior que fosse a intensidade da luz, os elétrons só ganhavam energia quando a frequência era aumentada; por menor que fosse a intensidade da luz, eles só perdiam energia em consequência de uma queda da frequência. Era algo surpreendente, já que uma luz muito forte tem mais energia que uma luz fraca.

A teoria das ondas não podia explicar isso, mas Einstein pôde, com facilidade. A energia de um fóton é o produto da frequência da luz multiplicada pela constante de Planck: $E = h\nu$. Supondo, como fez Einstein, que um fóton "transfere sua energia por inteiro a um único elétron",[2] isso significa que alterar a frequência altera diretamente quanta energia o fóton pode conferir a um elétron. Aumentar o brilho da luz, sem fazer nada com a frequência, produz mais fótons e em nada altera sua energia. Em consequência, mais elétrons seriam emitidos pelo metal, mas a energia deles continuaria a mesma.

Einstein esperava uma reação significativa a seu artigo de março. Afinal de contas, ele tinha acabado de virar de cabeça para baixo um dos pilares básicos da física moderna. No entanto, quando o artigo foi publicado nos *Annalen der Physik*, foi recebido não com festa e banda de música, nem com reprovação e indignação, mas com silêncio.

21

Quase sem pausa para descanso, Einstein começou a trabalhar em um novo tema, mergulhando uma vez mais no mundo do diminuto. Seu segundo artigo de 1905 foi concluído em 30 de abril. "Uma nova determinação das dimensões moleculares" incluía uma densa análise matemática da viscosidade e do comportamento das moléculas de açúcar na água, produzindo uma forma de determinar o tamanho molecular – uma molécula de açúcar, estimou ele, teria aproximadamente um milionésimo de milímetro de diâmetro.

Por meio de seus cálculos, ele também conseguiu estimar um valor para a constante conhecida como número de Avogadro. O hidrogênio tem massa atômica 1; o hélio tem massa atômica 4; o lítio tem massa atômica 7. Se pegarmos 1 grama de hidrogênio, 4 gramas de hélio e 7 gramas de lítio, todos conteriam o mesmo número de átomos. O mesmo vale para 16 gramas de oxigênio ou 122 gramas de antimônio. Esse número de átomos é o número de Avogadro. O valor que Einstein achou era 210.000.000.000.000.000.000.000 (ou $2,1 \times 10^{23}$). É difícil explicar quão grande é esse número. E o valor atual, mais preciso, da constante de Avogadro é mais de três vezes maior que o resultado de Einstein. Na menor das gotinhas de água residem bilhões e bilhões de átomos.

Foi esse artigo de abril que Albert escolheu para enviar à Universidade de Zurique como dissertação, naquela que era a terceira tentativa de obter um doutorado. Enquanto o artigo sobre os *quanta* de luz foi o mais revolucionário de seu ano magnífico, este era o menos. Porém, para os fins de uma tese de doutorado, isso era bom – provava que ele era um cientista que respeitava a física clássica e sabia operar dentro dela. Ninguém ia franzir a testa com suas conclusões, exceto, talvez, por admiração. Naquele verão, depois de uma ligeira correção de alguns dados, sua tese foi aceita e Albert tornou-se, enfim, o doutor Einstein.

Meros nove dias depois de completar o segundo artigo, Einstein produziu uma investigação a mais dos processos do mundo oculto. Nesse artigo, ele se propunha a explicar o chamado movimento browniano, relativo ao botânico escocês Robert Brown, o primeiro a investigá-lo, em 1828. Brown estudava os grãos de pólen suspensos na água. Ao olhar no microscópio, ele percebeu um fenômeno estranho – partículas dentro dos grãos de pólen pareciam dançar em uma palpitação permanente. No começo, Brown interpretou isso como uma característica das células sexuais masculinas, uma consequência do estar vivo. Mas ele resolveu testar a teoria. Examinou grãos de pólen mortos há mais de um século e constatou o mesmo. Passou à matéria inanimada, estudando partículas de fumaça, estilhaços de vidro moído e pequeníssimas lascas de granito – por algum motivo, testou até depósitos da Grande Esfinge de Gizé – e, em todas elas, verificou que as partículas continuavam a se mexer, acotovelando-se eternamente como se tivessem vontade própria. Ao longo dos anos, diversas explicações foram propostas para esse movimento, mas nenhuma delas parecia plausível.

Graças à teoria cinética – que vinha em ascensão desde a década de 1870 e que usava o movimento aleatório das moléculas para explicar o comportamento dos fluidos –, Einstein sabia que no interior de um líquido as moléculas não se distribuíam de maneira uniforme. Em vez disso, deslocavam-se a diferentes velocidades, amontoando-se brevemente em uma área antes de se dispersar e se amontoar em outra. Com muito bom senso, Einstein raciocinou que esse movimento afetaria uma partícula suspensa em um líquido.

Até o menor grãozinho raspado de uma pedra da Grande Esfinge tem dimensões gargantuescas, se comparado a uma molécula de água – é cerca de 10 mil vezes maior. A chance de uma molécula de água movê-lo seria menor que a de uma ervilha mover o Empire State Building. Imerso em água, porém, esse grãozinho aguenta milhões de colisões por segundo. Como Einstein demonstrou, a distribuição aleatória dessas colisões produziria o efeito de acotovelamento observável ao microscópio. Em um momento, um lado da partícula pode ser mais bombardeado que o outro; no instante seguinte, pode ter mudado o lado que aguenta o tranco mais forte. Isso produziria um deslocamento aleatório, em que a partícula se moveria, dando a impressão de cambalear, embriagada, de lá para cá.

Usando parte das estatísticas que tinha elaborado para a dissertação, Albert conseguiu calcular que, com todo o seu zigue-zague, uma partícula comum, suspensa em água, poderia se deslocar 0,006 milímetro por minuto. Essa previsão, observou ele, podia ser testada. Da verificação experimental desse resultado dependia muita coisa.

Na época, átomos e moléculas nem de longe eram considerados reais. Muitos físicos e químicos acreditavam neles e, do ponto de vista teórico, o conceito se mostrara útil. Porém, ainda se conjecturava se de fato existiam, ou se eram algo parecido com a forma como Planck encarava os *quanta* – uma ficção conveniente. O valor do deslocamento previsto por Einstein era muito específico e seu método para obtê-lo tinha um elo direto com a ciência atômica. Se o resultado de Einstein fosse confirmado, átomos e moléculas existiriam; se não fosse, não existiriam.

Não faltaram respostas a esse artigo – ele atraiu atenção e correspondência tanto de teóricos quanto de experimentalistas. Uma tentativa de comprovar a previsão de Einstein foi realizada poucos meses depois e a confirmação veio ao cabo de quatro anos, com extrema precisão, graças ao físico francês Jean Perrin. Os "átomo-céticos" tiveram que ceder. O átomo passara a ser, para todos os fins, real, de forma conclusiva. Perrin viria a receber o Prêmio Nobel por seu trabalho confirmando a teoria de Einstein.

Ao fim dessa efusão produtiva inicial, Einstein tirou um tempo para escrever ao amigo Conrad Habicht, que se mudara de Berna para Schaffhausen lá pelo final de 1903. Fazia um tempo que não se correspondiam e Einstein brincou que estava quase cometendo sacrilégio ao romper esse solene silêncio com o "balbuciar inconsequente" daquela carta.[1]

"Então, o que você anda fazendo, sua baleia gelada, seu pedaço de alma defumada, seca e enlatada, ou qualquer outra coisa que eu gostaria de jogar na sua cabeça?", escreveu. "Por que ainda não me mandou sua dissertação? Não sabe que eu sou um dos um e meio sujeitos que a leriam com interesse e prazer, seu traste? Prometo-lhe quatro artigos como retribuição."[2] O primeiro, ele disse, "trata da radiação e das propriedades energéticas da luz e é muito revolucionário, como você verá se *primeiro* me mandar o seu trabalho". O segundo artigo, explicou, era "uma determinação das verdadeiras dimensões dos átomos" e o terceiro dava conta dos movimentos randômicos das moléculas no líquido.

O último artigo não estava acabado, mas ele tinha certeza de que seria de interesse especial. "O quarto artigo ainda é um esboço grosseiro e é uma eletrodinâmica dos corpos em movimento que emprega uma modificação da teoria do espaço e do tempo."

Habicht não tinha como saber, mas seu amigo estava prestes a rasgar mais um véu e criar uma nova maneira de ver o mundo.

22

IMAGINE QUE VOCÊ TENHA SE TRANCADO nos porões de um navio. Lá é possível observar algumas curiosidades: o ar está repleto de mariposas; em uma mesa, há uma enorme tigela de água com alguns peixes dentro; pendurada no teto, uma garrafa goteja seu conteúdo em um recipiente bem embaixo dela. O navio ainda está ancorado no porto, em repouso, de modo que você vê as mariposas voando em todas as direções, todas à mesma velocidade; os peixinhos nadando de lá para cá; e as gotas caindo da garrafa no recipiente. Agora imagine que o navio içou velas e está singrando águas incrivelmente calmas a uma velocidade constante. Você não seria capaz de perceber a diferença. Nada mudaria.

Essa experiência mental foi descrita por Galileu em 1612. Ele a utilizou para defender dos detratores a visão copernicana do sistema solar; segundo esses críticos, se a Terra girasse em torno do Sol daria para sentir. O navio de Galileu é um exemplo daquilo que é chamado de caso restrito, ou especial, da relatividade. O princípio geral da relatividade postula que as leis da física não se alteram qualquer que seja o seu movimento, o que é fácil de entender, mas difícil de aceitar. A relatividade restrita, por sua vez, só diz respeito a referenciais a velocidade constante, ou seja, refere-se a coisas em repouso ou em movimento a velocidade e direção constantes. Na relatividade restrita, a aceleração não é levada em conta.

Embora o caso restrito pareça artificial por causa desse limite rigoroso, ele é muito mais fácil de dominar como conceito porque vivenciamos seus efeitos na vida cotidiana. No trem-bala japonês Shinkansen, por exemplo, os passageiros não saem voando janela afora a 320 km/h, mas ficam confortavelmente sentados. Eles podem disputar um torneio de arco e flecha, assar um bolo ou transmitir ondas de rádio, que as leis da física continuarão funcionando exatamente como se eles estivessem sentados no chão.

A ideia de que um referencial não prevalece sobre outro é intrínseca à relatividade. Se alguém na plataforma da estação vir o trem passar, terá, logicamente, a impressão de que o trem e os passageiros estão se movendo em uma determinada direção. No entanto, para quem está no trem, a impressão é de que *a estação* está passando no sentido oposto. Ambas as interpretações são, na verdade, válidas. Não existe uma forma de distinguir qual é a "correta". Como as leis da física operam exatamente do mesmo jeito tanto para quem está no trem quanto para a pessoa na estação, nenhuma experiência pode determinar quem está *verdadeiramente* em repouso ou em movimento. Tudo depende do seu referencial.

Em 1905, o princípio da relatividade era uma parte da física aceita de longa data. Einstein não inventou essa ideia. O que distinguia sua teoria da relatividade restrita do navio de Galileu era a forma como considerava a luz.

As ondas sonoras não existiriam sem algo através do qual pudessem oscilar, como o ar ou um pedaço de madeira. As ondas aquáticas não existem sem água. Para os físicos do início do século XX, uma onda, por definição, era uma perturbação propagando-se por algum meio. Embora Newton tenha cogitado que a luz fosse composta de partículas, no final do século XIX ela era mais considerada como uma onda. James Clerk Maxwell havia brilhantemente demonstrado que a luz era parte de um amplo espectro de ondas eletromagnéticas, que combinava os campos elétrico e magnético. Além disso, a luz agia de modo constante como onda nas experiências – ela se dividia, se refletia e tinha frequência mensurável. Supunha-se, portanto, que a luz devia estar se propagando por algum meio, como todas as outras ondas. Esse meio desconhecido foi chamado de éter.

Para que o éter fosse compatível com a realidade observável, teria que ser algo um tanto estranho. Antes de tudo, teria que perpassar o Universo inteiro; do contrário, a luz das estrelas não teria como chegar à Terra. Também teria de ser tão fino e espectral que não teria impacto em nada que estivesse contido nele e, ao mesmo tempo, tão rígido que permitisse à luz viajar a uma enorme velocidade. Grande parte da física do século XIX preocupou-se com a busca desse éter, que se mostrava totalmente fugidio.

Acreditou-se ser possível descobrir o éter detectando variações na velocidade da luz. Supôs-se que a Terra, ao se deslocar através do éter, criaria um "vento etéreo" soprando na direção oposta ao movimento terrestre, assim como aconteceria se o planeta se movesse através do ar ou da água. A luz, conjecturou-se, teria mais dificuldade para viajar contra esse vento etéreo do que a favor dele. Em 1887, os físicos americanos Albert Michelson e Edward Morley realizaram uma famosa experiência baseada nessa ideia e dividiram um raio de luz em dois, de modo que metade viajasse com o movimento da Terra e a outra metade viajasse na direção transversal desse movimento. Por mais que tenham tentado, não conseguiram detectar a menor diferença entre as velocidades dos dois raios de luz.

De todas as diversas experiências realizadas a fim de evidenciar o éter, nenhuma teve êxito. Era óbvio que algo estava errado. No entanto, para os cientistas do final do século XIX e começo do século XX, o éter continuava *real* – tão real quanto o ar. A ideia de que a luz podia se propagar sem um meio, através do nada, era considerada absurda.

Em 1905, Einstein já se tornara cético em relação à existência do éter. Em seu artigo de junho, "Sobre a eletrodinâmica dos corpos em movimento", ele o descartava praticamente sem olhar para trás. "A introdução de um 'éter luminoso' se mostrará supérflua", escreveu,[1] livrando-se de dois séculos de ideias científicas preconcebidas como quem tira um casaco velho.

O artigo de Einstein se baseava em apenas dois princípios. Todo o restante da teoria derivava diretamente dessas verdades imutáveis. O primeiro era o princípio da relatividade: as leis da física são as mesmas em todos os referenciais sem aceleração. O segundo princípio era que a velocidade da luz, viajando no espaço vazio, é constante. A luz viaja a 299.792.458 m/s, 1.079.252.849 km/h, ou, se você preferir, 1 ano-luz por ano. Uma aproximação bastante precisa dessa velocidade já era conhecida no final do século XIX. Einstein ousou propor que essa velocidade permanecia a mesma, qualquer que fosse o movimento da fonte de luz. Em outras palavras, a velocidade da luz era constante em todos os referenciais.

Voltando ao nosso trem que se desloca em velocidade constante, se você jogar uma bola no corredor do vagão, na direção do movimento do trem, verá a bola deslocar-se na mesma velocidade em que a atirou. No entanto, uma pessoa de pé na estação ferroviária, espiando seu arremesso pela janela na hora em que o trem passasse, veria algo diferente. Veria a bola viajando na velocidade do trem mais a velocidade do seu arremesso. O mesmo valeria se você atirasse um pedaço da Grande Esfinge, ou até se falasse – as ondas sonoras produzidas pareceriam, à pessoa na plataforma da estação, deslocar-se à velocidade do trem mais a velocidade do som.

Antes de Einstein, supunha-se que a luz se comportava igual a todo o resto. Se você apontasse um laser trem afora, ou segurasse um lampião, acreditava-se que, no seu referencial, a luz emitida viajaria à velocidade da luz, mas para a pessoa na estação a luz viajaria à velocidade do trem somada à velocidade da luz.

Einstein considerou uma lei da natureza que a luz – ao contrário de todo o resto – viajava à mesma velocidade tanto para a pessoa no trem quanto para a pessoa na estação. Ele tinha certeza de que esse era o certo. Tinha certeza, da mesma forma, de que o princípio da relatividade estava correto e que, para elaborar sua teoria, ela teria que avançar a partir desses dois postulados.

Ele tinha chegado a essa conclusão um pouco antes de 1905. Infelizmente para ele, porém, como admitiu no artigo de junho, esses dois princípios seriam aparentemente incompatíveis[2] e, em consequência, tinha passado "quase um ano pensando infrutiferamente a respeito".[3] Então, um belo dia em Berna, ele foi visitar seu grande amigo Michele Besso e comentou o problema. "Vou desistir", disse.[4] Mas os amigos debateram a questão e, de repente, foi como se um véu caísse e Einstein entendesse. Já no dia seguinte Einstein voltou à casa de Besso e, sem nem mesmo dar bom-dia, disse: "Obrigado. Resolvi completamente meu problema."[5]

E resolveu mesmo. Cinco semanas depois, no final de junho, Einstein entregou seu artigo. O que ele compreendeu na conversa com Michele foi que um evento que é simultâneo em um referencial não precisa ser simultâneo em outro. Se uma pessoa vê dois raios caírem simultaneamente significa, na prática, que ela está a meio caminho entre eles e que a luz de cada um deles chega a ela ao mesmo tempo. Mas se a pessoa estiver na mesma posição, só que em um trem deslocando-se em direção a um dos raios, a luz desse raio chegará a ela antes da luz do outro. Um raio teria acontecido antes. Sob o princípio da relatividade, os dois pontos de vista são igualmente válidos. A *verdadeira* simultaneidade não existe. Pode-se afirmar que a simultaneidade é um conceito relativo.

E o que isso significa, como percebeu Einstein, é que não existe tempo absoluto. Como ele afirmaria posteriormente, "não existe tique-taque audível no mundo".[6] Todo referencial tem seu próprio tempo. Foi esse conceito novo de tempo que permitiu a Einstein reconciliar seus dois princípios, o que tinha algumas consequências estranhas.

Einstein apontou que, se o tempo é relativo, o espaço também é. Imagine duas pessoas, com seus relógios sincronizados – uma no trem, outra na estação. Imagine que o passageiro do trem carrega com ele um bastão de ouro brilhante. Para medir o comprimento desse bastão hipotético, o passageiro precisaria usar apenas uma régua. Para a pessoa em repouso, porém, o bastão está em movimento. Para ser capaz de medir seu comprimento, é necessário um processo mais complicado. Primeiro é preciso determinar onde as duas extremidades do bastão se encontram em um momento específico do tempo. Uma vez conhecida a posição das partes inferior e superior do bastão, podemos marcar esses pontos com bandeiras e medir a distância entre eles. O senso comum nos diz que os dois comprimentos seriam iguais. Não são. O bastão dourado parece mais curto para a pessoa em repouso que para a pessoa deslocando-se com ele. O motivo disso é que a pessoa na estação tem uma noção de simultaneidade diferente da do passageiro do trem. O passageiro diria que a pessoa em repouso marcou as duas extremidades do bastão em momentos diferentes e não no mesmo instante. Esse fenômeno é conhecido como contração do comprimento.

A outra consequência paradoxal da relatividade restrita é chamada de dilatação do tempo. Imagine agora que a pessoa no trem jogou fora o bastão e trocou-o por dois espelhos. Um espelho está preso no chão do vagão, o outro no teto. Um raio de luz quica entre um e outro. Para o passageiro do trem, a luz ricocheteia em linha reta, para cima e para baixo. Mas para a pessoa na estação a luz viaja em zigue-zague. Ela tem a impressão de que a luz sobe em diagonal do chão para o espelho do teto, que se deslocou ligeiramente para a frente com o trem, e cai em diagonal até atingir o espelho do chão, que, por sua vez, também se deslocou para a frente. Para a pessoa na estação, portanto, a luz parece ter viajado uma distância maior que para a pessoa no trem. Mas a velocidade da luz – como basicamente pressupõe a relatividade de Einstein – viaja na mesma velocidade para ambos os observadores. A única conclusão é que, para a pessoa em repouso, passou um tempo maior do que para a pessoa no trem.

Quanto mais rápido vai o trem, maior a distância que o raio de luz precisa viajar do teto até o chão. Essa é outra maneira de dizer que, quanto mais rápido o trem vai, mais lentamente o tempo passa. Os passageiros envelhecem menos, as plantas levam mais tempo para germinar e crescer, os átomos decaem a um ritmo mais lento. Na Terra, mal se percebem todos esses efeitos – na verdade, os efeitos da relatividade só começam a ficar interessantes a velocidades altíssimas.

O artigo de Einstein de junho não apenas era incomum por suas bizarrices profundas e inéditas, mas também pelo fato mais mundano de que não continha citação alguma. Muitas das ideias do artigo já pairavam no ar da ciência daquele tempo. Tanto George F. Fitzgerald quanto Hendrik Lorentz, por exemplo, tinham elaborado de forma independente o conceito da contração do comprimento, enquanto Henri Poincaré tinha questionado o conceito de tempo absoluto. Mas todos tinham feito isso para remediar os problemas do éter. Einstein chegou a essa incrível visão do mundo sozinho – ou quase totalmente sozinho. "Em conclusão", escreveu, "permitam-me observar que o sr. Besso, meu amigo e colega, lealmente apoiou-me no trabalho sobre o problema aqui tratado e que lhe sou devedor por várias sugestões preciosas."[7]

Tendo terminado seu artigo, Einstein passou duas semanas descansando, enquanto Mileva conferia o texto vezes sem fim.

23

Como parte de seu requerimento de cidadania suíça, Einstein declarou-se oficialmente abstêmio. Como regra, ele não ingeria álcool. Não gostava. Certa vez, quando lhe ofereceram uma taça de champanhe, ele contentou-se em cheirar o líquido dourado e borbulhante. "Não preciso de vinho", disse, "porque meu cérebro é dotado de embriaguez intelectual."[1]

Depois que Albert terminou seu artigo sobre a relatividade restrita, porém, ele e Mileva comemoraram. Durante as festividades, enviaram um cartão-postal ao amigo Conrad Habicht, cuja íntegra dizia:

Ambos, ai de nós, bêbados de cair embaixo da mesa. Seus pobres Cóccix e esposa[2]

Alguns meses depois, Einstein mandou outra carta para Habicht. Um resultado extraordinário de sua teoria, e dos mais inesperados, viera à sua mente. Aparentemente massa e energia estavam, de alguma maneira, conectadas. "É uma ideia curiosa e sedutora", contou a Habicht, "mas, até onde sei, Deus Todo-Poderoso deve estar rindo disso tudo e me levando no bico."[3]

Em setembro, Albert rabiscou uma continuação do seu artigo de junho, de apenas três páginas. Ao considerar um corpo emissor de radiação primeiro a partir de um referencial em repouso e depois a partir de um referencial em movimento uniforme, ele conseguiu elaborar equações relacionando velocidade e massa e rapidamente chegou a seu teorema: "Quando um corpo libera a energia L em forma de radiação, sua massa decresce para *L/V*2."⁴ Isso significa que "a massa de um corpo é a medida de seu conteúdo energético". Energia e massa são, na verdade, a mesma coisa, sob diferentes máscaras.

Portanto, atualizando os símbolos de Einstein e mantendo tudo sob a forma mais simples, o que a teoria da relatividade restrita dava a entender era a equação $E = mc^2$. A mais famosa de todas as equações científicas simplesmente decorreu do trabalho de Einstein, um adendo a seu ano já então magnífico.

24

Mileva Marić, Hans Albert Einstein e Albert Einstein, c. 1904-1905.

EM ABRIL DE 1906, Einstein foi promovido a Especialista Técnico de Segunda Classe e seu salário foi aumentado para 4,5 mil francos. Ele tinha mais que demonstrado ser um burocrata competente e examinador de patentes talentoso. Além disso, como observou seu chefe ao recomendar a promoção, Einstein agora era *Herr Doktor*.

A família mudou-se de novo, alugando a cobertura de uma casa na arborizada Aegertenstrasse, onde tinham a própria mobília e a vista das montanhas do Oberland de Berna. Einstein tinha 27 anos e agora era um digno trabalhador. Devido à mudança, ele e Besso deixaram de voltar para casa juntos a pé. Habicht e Solovine tinham se mudado muito tempo antes. Os dias de farra eram coisa do passado e ele sentia falta. Mileva e ele só saíam de casa no domingo.

"Estou bem", ele escreveu a um amigo. "Sou um respeitável barnabé federal, com um salário razoável."[1]

Ele tinha bastante tempo para praticar violino e se dedicar um pouco à física, embora as duas atividades fossem realizadas em meio às restrições impostas pelo filho de 2 anos. Não que Einstein se incomodasse com a tirania do filho. Hans Albert tinha se tornado um "sujeito um tanto impositivo e impertinente"[2] e Mileva e Albert frequentemente tinham de segurar o riso diante de suas trapalhadas. Ele era tão mandão que os pais só se comunicavam com ele imitando a fala de bebê, a tal ponto que só aos 5 anos de idade Hans Albert começou a falar alemão direito.

Quando Einstein não estava ajudando nas tarefas domésticas – cortando lenha, carregando carvão e coisas desse tipo –, passava boa parte do tempo se divertindo com o filho pequeno. No fim de semana, passeava com ele em um carrinho antiquado. Brincava de cavalinho enquanto trabalhava, fazendo seus cálculos sabe-se lá como, e tocava violino para niná-lo e ensinar-lhe a importância da música.

Também comprava brinquedos para ele. Certa vez, fez uma miniatura de teleférico com caixas de fósforos. "Foi um dos melhores brinquedos que eu tive", diria, anos depois, Hans Albert. "Com um pedacinho de barbante, caixas de fósforos e coisas assim, ele conseguia fazer as coisas mais lindas."[3]

25

Um punhado de físicos levou a sério a teoria da relatividade e o maior deles – para sorte de Einstein – era Max Planck, um dos mais respeitados da época. Assim que o artigo de Einstein foi publicado, Planck deu uma palestra sobre a nova teoria na Universidade de Berlim. A notícia espalhou-se e Einstein começou a angariar aliados – muito embora, como Planck escreveu para ele em 1907, os propositores da relatividade continuassem a representar "uma turminha pequena".[1]

Ao longo dos anos seguintes, Einstein trocou correspondências entusiasmadas com físicos de toda a Europa. Boa parte do correio que ele recebia era endereçada à Universidade de Berna, já que parecia natural a seus correspondentes que o homem por trás da relatividade pertencesse a algum tipo de instituição acadêmica. "Devo dizer-lhe, com bastante franqueza, que fiquei surpreso ao ler que o senhor precisa ficar sentado em um escritório oito horas por dia", escreveu um jovem físico que planejava uma ida a Berna para ajudar Einstein. "A história é cheia de brincadeiras de mau gosto."[2]

O primeiro a visitar Einstein foi Max von Laue, assistente de Planck, que viajou a Berna no verão de 1907. À espera de Einstein no saguão do prédio dos Correios e Telégrafos, Laue divisou um homem mal-ajambrado, de rosto redondo e perto dos 30 anos, mas o deixou passar direto, incapaz de acreditar que aquele pudesse ser o Pai da Relatividade. Quando Einstein voltou, os dois se apresentaram e saíram para uma caminhada.

Nas duas primeiras horas, Albert conseguiu subverter a maioria das leis da física e quase deixou Laue esgotado. Também deu ao visitante um charuto tão ruim que Laue deixou-o cair "acidentalmente" da ponte sobre o rio Aare. Em certo momento, enquanto os dois contemplavam a vista dos Alpes de Berna, Einstein comentou: "Não sei como é que as pessoas conseguem subir nesse negócio."[3]

26

O ANTIGO PROFESSOR DE MATEMÁTICA de Einstein na Politécnica de Zurique, Hermann Minkowski, era um homem extremamente inteligente e elegante, com um bigode comprido e ondulado. Depois de ler o artigo de Einstein sobre a relatividade, relembrou seu ex-aluno: "Ah, aquele Einstein", disse ao assistente, com uma ponta de lamento, "sempre faltando às palestras – eu nunca o teria achado capaz disso!"[1]

No entanto, inspirado por aquela física nova, Minkowski fez uma representação geométrica das equações da relatividade restrita – e, ao fazer isso, criou o conceito que hoje chamamos de espaço-tempo. Ele bolou um tipo de gráfico tetradimensional, em que o tempo atuava como a quarta dimensão. Gráficos assim hoje em dia são chamados de diagramas de espaço-tempo. Eventos nesse tipo de diagrama são representados por um conjunto de quatro coordenadas, uma para cada dimensão.

Na verdade, estamos relativamente acostumados a coordenadas tetradimensionais. Quando um amigo convida você para um jantar em sua casa, precisa lhe dar não apenas o endereço (isto é, uma posição em três dimensões), mas também a data e o horário do encontro.

Na terminologia de Minkowski, ainda hoje em uso, um evento no espaço-tempo é chamado de ponto-mundo e uma série de eventos consecutivos – o movimento de um elétron, o voo de uma borboleta, a órbita de um planeta – cria uma linha-mundo. Tudo tem a sua própria linha-mundo.

Os diagramas de espaço-tempo criados por Minkowski são, em geral, representados com o tempo no eixo vertical e apenas uma dimensão do espaço como o eixo horizontal, de modo a ficarem menos confusos.

Caso você tenha chegado à casa do seu amigo e passado o tempo todo de pé em um canto da sala, na esperança de que alguém viesse falar com você, sua linha-mundo avançaria no tempo, mas não no espaço. No diagrama de espaço-tempo, seria uma linha reta vertical. A linha-mundo de uma pessoa fugindo de você a uma velocidade constante apareceria como uma linha diagonal, deslocando-se no tempo e no espaço.

Gráficos assim proporcionam uma forma simples de visualizar a relatividade do tempo, do espaço e da simultaneidade para observadores distintos. Minkowski também inventou um jeito de "transformar" o gráfico, de modo a alternar facilmente entre os pontos de vista dos observadores. Um forte benefício do trabalho de Minkowski – de pensar em termos de espaço-tempo – foi que ele propiciou uma maneira formal, precisa e razoavelmente fácil de enxergar os efeitos da relatividade restrita.

Em 1908, Minkowski deu uma palestra sobre seu novo conceito na Universidade de Colônia. "Senhores!", principiou, com certa dose de histrionismo. "As visões de espaço e tempo que vou apresentar aos senhores brotaram do solo da física experimental e é nela que reside sua potência. Elas são radicais. Doravante, o espaço e o tempo em si estão condenados a esvair-se em meras sombras e apenas alguma forma de união entre ambos preservará a realidade independente."[2]

Falar de espaço também é falar de tempo – eles são como uma coisa só. Onde antes dava para pensar no espaço como um tecido que se estende através do Universo, o palco onde se desenrolam os acontecimentos, agora era preciso pensar nesse tecido como espaço e tempo.

Einstein não ficou impressionado quando soube da interpretação de sua teoria por Minkowski. Descreveu-a como erudição supérflua,[3] minimizando-a com o mesmo descaso com que rejeitara o éter.

Em outra ocasião, ele reclamou que, desde que os matemáticos começaram a quebrar a cabeça com sua teoria, "eu mesmo já não a entendo".[4]

27

DEPOIS DE CINCO ANOS, Einstein estava determinado a tentar retornar à academia. Aos 28 anos, ele tinha publicado alguns dos artigos mais importantes da ciência moderna e revolucionado a física clássica, mas, mesmo assim, ainda não tinha conseguido um posto acadêmico.

Em parte, era por culpa dele. Em 1907, ele se candidatou a uma vaga de início de carreira na Universidade de Berna. Como parte do processo, pedia-se aos candidatos que submetessem um artigo inédito, chamado de tese de habilitação. Essa exigência podia ser dispensada, porém, se o candidato tivesse "outras realizações notáveis". Einstein acreditava que suas realizações eram, de fato, notáveis. O comitê docente, porém, discordou, e ele não obteve o posto.

Engolindo o orgulho, ele se candidatou de novo, dessa vez apresentando a habilitação, e foi aceito. Por fim, oito anos depois de se formar, ele iniciou sua vida como acadêmico. No entanto, a vaga que conseguiu – de *privatdozent*, que consistia em dar algumas aulas cobrando honorários dos presentes – não era nem importante nem bem paga. Na verdade, era tão desimportante e mal paga que Albert não tinha condições sequer de abrir mão do emprego no Escritório de Patentes. Era só mais uma coisa para fazer.

Assim como Marcel Grossmann tinha conseguido para ele o emprego no Escritório de Patentes, outro amigo veio em seu socorro. Em 1908, uma nova vaga de professor assistente de física teórica foi criada na Universidade de Zurique. Esse assistente serviria sob as ordens do professor Alfred Kleiner, que fez uma longa campanha para a criação da vaga. Einstein era o candidato natural, mas Kleiner queria que o cargo fosse para seu assistente, Friedrich Adler, um conhecido de Einstein da época de estudante.

Reconhecendo o talento de Einstein, Adler convenceu seu superior de que Albert era muito mais preparado para o posto.

Infelizmente, quando Kleiner viajou até Berna para assistir a uma das aulas como *privatdozent*, para "avaliar a fera",[1] nas palavras de Einstein, ele não gostou do que viu. Einstein não deu uma boa palestra, em parte porque estava mal preparado, em parte porque ser avaliado o deixava nervoso. Depois da palestra, Kleiner não escondeu de Einstein que sua didática estava longe de ser boa. Einstein, aparentando calma, respondeu que considerava "um tanto desnecessária" a vaga de professor.[2]

Era uma inverdade. Pouco tempo depois dessa avaliação, ele irritou-se ao saber que a opinião negativa de Kleiner a respeito de seu talento como professor estava se espalhando por diversos departamentos de física em universidades da Suíça e da Alemanha. Einstein temia, não totalmente sem razão, que essa opinião pusesse fim a qualquer chance de encontrar um posto acadêmico decente. Ele mandou uma carta para Kleiner, interpelando-o por espalhar rumores a seu respeito. Kleiner cedeu, respondendo que, se Einstein ainda quisesse, a vaga seria sua, desde que demonstrasse um mínimo de capacidade de lecionar.

Einstein foi até Zurique apresentar outra palestra para avaliação. "Ao contrário do meu costume", como ele disse a um amigo, "dei uma boa palestra."[3] Kleiner ficou satisfeito e alguns dias depois recomendou Einstein oficialmente ao corpo docente. Mesmo assim, ainda houve certa deliberação da parte dos professores, antes de dar o emprego a Einstein. Alguns consideravam sua origem judaica um problema, como ficou registrado nas minutas de uma reunião docente:

> Entre acadêmicos, atribui-se aos israelitas (em várias situações não totalmente sem causa) todo tipo de desagradável peculiaridade de caráter, tais como indiscrição, impudência e mentalidade mercantil na percepção do posto acadêmico. Deve ser dito, porém, que também entre os israelitas existem homens que não exibem qualquer traço dessas desagradáveis qualidades e que não é apropriado, portanto, desqualificar um homem apenas por ele vir a ser judeu [...] Portanto, nem o comitê nem o corpo docente como um todo considerou compatível com sua dignidade adotar o antissemitismo como política.[4]

Depois de uma votação secreta – que terminou com dez votos a favor e uma abstenção –, o emprego foi finalmente oferecido a Einstein. Mas ele o recusou, pois o salário revelou-se menor do que o que ele recebia no Escritório de Patentes. Por fim, a oferta foi aumentada e aceita. Em 1909, Albert Einstein tornou-se, enfim, professor.

"Pois bem", como ele disse a um colega, "agora também sou um membro oficial da guilda das putas."[5]

28

No início de maio de 1909, uma dona de casa chamada Anna Meyer-Schmid, moradora da Basileia, leu em um jornal local uma nota informando a nomeação de Einstein. Isso despertou nela memórias semiapagadas de dez anos antes. Ela se lembrou de quando tinha 17 anos e passou o verão no Paradies, hotel do cunhado em Mettmenstetten. Lembrou-se de ter encontrado um estudante de física bonitão durante as férias com a mãe, de ter flertado e sorrido para ele. Lembrou-se do poema de amor que ele deixou para ela.

Anna, agora casada com um burocrata, enviou um cartão-postal ao professor Einstein, com seus parabéns. Ele respondeu de imediato, com uma carta que caminhava no fio da navalha entre a cortesia e a insinuação. "É provável que eu estime ainda mais que a senhora a memória das agradáveis semanas que pude passar em sua companhia no Paradies", escreveu. "Desejo-lhe muita felicidade de todo o meu coração e estou certo de que a senhora há de ser hoje uma mulher tão singular e alegre quanto foi uma moça adorável e jovial naquele tempo."[1] Ele fez questão de contar que acabou casando-se, no fim das contas, com a srta. Marić e que, embora seu nome agora saísse nos jornais, ele continuava o mesmo – exceto pela juventude perdida. Em um pós-escrito, pediu-lhe que o procurasse caso um dia fosse a Zurique e forneceu o endereço do trabalho.

Quaisquer que fossem as motivações de Einstein, Anna parece ter entendido a resposta dele como uma afeição renovada. Escreveu uma resposta, que, de alguma forma, foi interceptada por Mileva. Furiosa por aquela mulher escrever a Albert – e por Albert escrever em resposta àquela mulher –, Mileva enviou uma carta ao marido de Anna, afirmando não saber o que poderia tê-la levado a escrever uma segunda e inapropriada carta e acrescentando, sinceramente ou não, que Einstein se indignara com o atrevimento de Anna.

Coube a Einstein acalmar a situação. Ele escreveu a George Meyer pedindo desculpas pelo ocorrido. Admitiu que fora descuidado e que se excedera na reação ao cartão de Anna, de modo que reacendera sentimentos antigos entre os dois; sua intenção, porém, tinha sido pura. Rogou a Meyer que não quisesse mal a Anna, que, ressaltou, nada fizera de desonroso. Einstein desculpou-se, em especial, pela intromissão de Mileva: "Foi um erro da minha esposa – e perdoável apenas em virtude de um ciúme extremado – comportar-se sem meu conhecimento de tal maneira."[2]

Einstein se via como vítima e não como perpetrador do incidente e sentiu-se mal com a história toda. Ela lançou uma sombra sobre seu relacionamento com a esposa. Sua raiva e seu ciúme ficaram expostos da pior forma possível e seu instinto protetor começou a parecer sufocante.

Poucos meses depois que o caso Anna Meyer-Schmid foi resolvido, Einstein se deixou distrair por outra mulher: Marie Winteler, seu primeiro amor. Marie jamais se afastara totalmente do entorno da vida de Einstein – sua irmã, Anna, era casada com Michele Besso, e seu irmão, Paul, casaria com Maja, irmã de Einstein, em 1910 –, mas fazia uma década que os dois não se correspondiam. Certo dia ele admitiu a Mileva, com uma falta de tato ligeiramente incômoda, que "se eu visse essa moça de novo, com certeza enlouqueceria mais uma vez. Disso tenho consciência e temor como ao fogo".[3]

Ele não estava exagerando. Foi provavelmente no verão de 1909 que Einstein reencontrou Marie, ao que tudo indica, quando ela foi visitar a irmã e o cunhado em Berna. Aos 32 anos, ela era professora; Einstein tinha 30. O amor entre os dois ressurgiu em pouco tempo. Eles se encontravam nos subúrbios de Berna – no Gurten, o luxuriante morro ao sul da cidade; no bosque de Bremgarten; no vilarejo de Zollikofen – tudo isso, pelo visto, sem despertar a atenção de Mileva.

Talvez Marie estivesse acostumada à volubilidade de Einstein e não quisesse ficar à mercê dele, ou talvez ela tivesse mais pudor que ele. Seja como for, por algum motivo, ela perdeu a confiança em Einstein. Ele tentou, sem êxito, visitá-la em Zurique. Chegou a ficar esperando-a embaixo da janela e mandou várias cartas que ficaram sem resposta. Em setembro, ele escreveu:

> Continuo vivendo na memória das poucas horas em que a fortuna avara trouxe-te a mim. Fora isso, minha vida não poderia ser mais sofrida no aspecto pessoal. Só o trabalho e a reflexão exaustiva me livram da eterna saudade de ti. Por isso, diz-me ao menos qual é a tua lógica para fugir de mim como de um leproso! Só seria feliz se te visse de novo, ou recebesse uma breve carta [...] Sinto-me como morto nesta vida repleta de obrigações, sem amor e sem felicidade.[4]

Einstein passou meses infeliz, mesmo depois que a família mudou-se para Zurique e Mileva engravidou de novo. Em março de 1910, ele escreveu de novo a Marie, claramente ainda apaixonado. Garantiu a ela que "penso em ti com amor sentido a cada minuto livre e não poderia estar mais infeliz. Fracasso no amor, fracasso na vida, isso ressoa o tempo todo para mim".[5]

Marie não se comoveu. Depois de alguns meses de silêncio, escreveu a Einstein, muito provavelmente para informar-lhe de que estava noiva de um fabricante de relógios de pulso. A notícia, e a rejeição de Marie como um todo, levou Einstein a um estado de desespero mórbido. Ele só respondeu uma semana e meia depois do parto do segundo filho, Eduard, enquanto Mileva ainda estava de resguardo.

> Ao ler tua carta, tive a impressão de ver cavarem minha própria cova [...] Porém agradeço a ti, e à natureza generosa, uma vez mais por conceder a este deserdado, por teu intermédio, algumas horas de puro contentamento, quinze anos atrás e no ano passado. Hoje, és outra pessoa; digo isso referindo-me àquela que foi minha. Adeus, não pensa mais neste infeliz; antes isso que pensares em mim com ódio e amargura. Pode parecer-te que sou um traidor, mas não é verdade.[6]

29

Os alunos de Einstein na Universidade de Zurique não ficaram impressionados com o desgrenhado novo professor. Ele usava calças muito curtas, relógio com pulseira de latão e não levava anotações para a aula, apenas um pedacinho de papel do tamanho de um cartão de visitas, coberto de rabiscos e garranchos. Seu estilo de lecionar também não ajudava a angariar admiração. Einstein gaguejava durante as aulas, aparentemente pensando no que dizer à medida que avançava.

– Deve haver alguma etapa matemática idiota que agora eu não consigo encontrar – disse durante uma aula. – Algum de vocês consegue identificar?

Silêncio.

– Então pulem um quarto de página. Não vamos perder tempo com isso.

E ia em frente com o assunto. Dez minutos depois, ele se detinha subitamente no meio de outro tópico e anunciava "Lembrei", antes de preencher a etapa que faltava.[1]

Rapidamente foi conquistando os alunos, que logo se deram conta de que as sacadas estranhas dele, em relação ao método de raciocínio científico, eram muito melhores que um monólogo erudito. Era um privilégio testemunhar Einstein desenvolvendo suas ideias durante a aula. Eles podiam ver seus métodos e sua técnica de trabalho, em vez de ser apresentados a uma maravilhosa e acabada caixinha de verdades que ninguém saberia como demonstrar.

Mais do que isso, Einstein era um professor capaz de motivar seus alunos como poucos. Incentivava-os a fazerem perguntas, a avisar quando não entendessem. Fazia pausas constantes para perguntar se todos estavam acompanhando. Os alunos podiam até interrompê-lo. No intervalo das aulas, deixava se juntarem e jogarem conversa fora com ele, ou fazerem perguntas. Demorava-se respondendo-as de forma detalhada e gentil. Às vezes, quando ficava empolgado, chegava a segurar o braço do aluno para discutir um argumento.

Para Einstein, porém, o posto de professor – mesmo como assistente – mostrou-se muito mais trabalhoso do que ele imaginava e, não raro, ele reclamava de estar ocupado demais. O corpo docente lhe atribuíra uma carga de trabalho extenuante, e ele odiava, em especial, as aulas práticas. Confidenciou a um aluno que não tinha coragem de pegar nos apetrechos "por medo de que explodam".[2] Apesar disso e de sua aparência malcuidada, Einstein fazia questão de dedicar um enorme esforço voluntário ao ensino.

Quando as aulas vespertinas terminavam, ele costumava perguntar se alguém queria acompanhá-lo ao Café Terrasse. Alunos e professor davam uma escapada, atravessando a cidade a pé até o restaurante, com vista para o ponto onde o rio Limmat sai do lago Zurique. Ali, eles ficavam conversando até a hora de fechar, sobre física e matemática, mas também sobre assuntos pessoais. O clima era inegavelmente leve. De tempos em tempos, o bando de estudantes criava coragem para zoar o professor, embora com certo comedimento. Einstein podia ficar na bronca com um aluno. Quando isso acontecia, evitava-o, ou fazia cara feia – "um olhar", como relembraria um deles, que "era uma chibatada violenta", que infligia "um castigo espiritual".[3]

Mesmo depois que tudo já estava às escuras e as cadeiras empilhadas, a noitada nem sempre tinha chegado ao fim. Certa vez, ele anunciou que tinha recebido naquela manhã um trabalho do professor Planck contendo um erro. Alguém gostaria de dar uma olhada? Dois alunos curiosos acabaram indo parar na casa de Einstein para estudar o artigo.

– Vejam se conseguem achar o erro enquanto eu preparo um café para nós – disse a eles.

Por mais que tentassem, eles não conseguiram encontrar nada errado e disseram isso a ele. Com o café já coado e servido, Einstein mostrou o que eles tinham deixado passar. Devidamente espantados, os alunos sugeriram escrever a Planck, para apontar a discrepância. Era uma boa ideia, admitiu

Einstein, mas era melhor não dizerem que havia um *erro*, no caso; deviam apenas explicar gentilmente a prova correta. O resultado estava certo, disse ele aos alunos, ainda que a prova estivesse equivocada.

– O principal – garantiu a eles – é o conteúdo e não a matemática. Com matemática dá para provar qualquer coisa.[4]

30

Einstein não ficou muito tempo em Zurique. Em março de 1911, ele e Mileva se mudaram para Praga, onde um posto de professor titular lhe fora oferecido. A cidade, era preciso reconhecer, era linda, com seu estilo gótico e confuso, mas o mesmo não podia ser dito da população. Ele escreveu a Besso que "não era um povo de sentimentos naturais", queixando-se da "mistura peculiar de condescendência e servilidade de classe, sem qualquer tipo de boa vontade em relação aos concidadãos", além do "luxo ostentatório lado a lado com a miséria insidiosa nas ruas".[1]

Mesmo nesse ambiente confinado, Albert não ficou muito tempo inteiramente sem companhia. Foi logo apresentado a um salão de intelectuais, a maioria judeus, que se encontravam no sobrado da farmácia Unicorn, onde morava a anfitriã, Berta Fanta. Ali, debatiam filosofia e literatura, organizavam palestras, saraus musicais e sofisticados bailes à fantasia.

Além de Einstein, que raramente ia sem seu violino, os convidados de Berta incluíam filósofos, psicólogos, escritores, sionistas e músicos. Franz Kafka era um convidado ocasional. Em uma festa de Ano-Novo, aparentemente o grupo organizou uma peça de teatro, coescrita por ele, sobre o improvável tema da filosofia de Franz Brentano. Nem Kafka nem Einstein escreveram uma *única* palavra um sobre o outro.

Quem prestou, isso sim, mais atenção em Einstein foi um amigo íntimo de Kafka, o escritor, tradutor e compositor Max Brod. Homem magro, de óculos e semblante austero, Brod estava elaborando um romance baseado nos últimos anos de Tycho Brahe, o grande astrônomo dinamarquês que fez as observações de estrelas e planetas mais precisas de sua geração. Quando *A redenção de Tycho Brahe* foi publicado, houve quem reconhecesse a inspiração para a caracterização de Johannes Kepler – o jovem assistente de Brahe, que enxergou Deus na geometria do mundo e que viria a descobrir que as órbitas dos planetas são elípticas – feita por Brod.

O romance conta a história do esforço de Brahe para chegar a um meio-termo entre a visão ptolomaica, geocêntrica, do sistema solar e a visão copernicana, heliocêntrica, nova e radical, encarnada por Kepler. O Kepler de Brod é um homem alheio à vida como ela é; é um homem da calma, da ciência, da verdade. Conta-se que quando o químico alemão Walther Nernst leu o romance, disse a Einstein: "Esse Kepler é você."[2]

31

Primeira Conferência Solvay, em Bruxelas, 1911.
Einstein é o segundo a partir da direita.

MARIE CURIE FICOU VIÚVA em 1906, quando o marido, Pierre – com quem ela dividiu o Prêmio Nobel de Física em 1903 –, morreu em um acidente com uma carroça. Ela ficou arrasada, assim como o protegido de Pierre, Paul Langevin, físico que, entre outros feitos, elaborou uma engenhosa maneira de descrever a aceleração de uma partícula em um líquido e que viria a ser o inventor do primeiro aparelho de sonar para detecção de submarinos.

Langevin passou muito tempo preso a um casamento sem amor. Certa vez, ele chegou ao laboratório coberto de hematomas e confessou que a esposa e a sogra tinham batido nele com uma cadeira de ferro. Por causa do sofrimento mútuo, ele e Curie começaram a passar cada vez mais tempo juntos e acabaram se tornando amantes, mantendo um apartamento perto da Sorbonne para se encontrarem em segredo. Quando a esposa de Langevin descobriu o caso, contratou uma pessoa para invadir o apartamento e roubar as cartas de amor dos dois.

Mais ou menos nessa época, no final de outubro de 1911, tanto Curie quanto Langevin foram convidados à Primeira Conferência Solvay, realizada em Bruxelas. Do ponto de vista intelectual, era um encontro extraordinário. Um terço dos vinte convidados era ou viria a ser ganhador do Nobel. Curie tinha sido a primeira mulher a receber o prêmio e foi a única convidada à conferência. Pela honra de comparecer, cada cientista recebeu mil francos de Ernest Solvay, um químico e industrial belga que fez fortuna por ter inventado um processo de fabricação de carbonato de sódio. Como queria fazer bom uso do dinheiro e também por ter ideias um tanto estranhas sobre a gravidade, para as quais ele queria a atenção do público, Solvay decidiu custear um encontro das melhores mentes científicas da Europa.

Assim que a conferência teve início, a sogra de Langevin mostrou a um jornalista as cartas de amor roubadas.

"Uma história de amor" foi a manchete do *Le Journal* em 4 de novembro, quando Curie e Langevin ainda eram convidados de Solvay. "As chamas do rádio, que se irradiam tão misteriosamente [...] acabam de atear fogo ao coração de um dos cientistas que com mais devoção estudam sua ação; e a esposa e os filhos desse cientista estão em lágrimas."[1] "Um romance no laboratório", dizia a manchete de primeira página de outro jornal no dia seguinte.[2] A presença do casal na Conferência Solvay foi apresentada como uma escapada dos dois.

"Já se sabe há bastante tempo que Langevin quer se divorciar", explicou Einstein ao amigo Heinrich Zangger. "Se ele ama Madame Curie e ela o ama, não precisam de escapadas, pois dispõem de amplas oportunidades para se encontrar em Paris." Curie, prosseguiu ele, "é uma pessoa honesta e despretensiosa, que já tem responsabilidades e fardos o bastante. Sua inteligência é brilhante, mas apesar do temperamento apaixonado não é atraente o suficiente para representar perigo a ninguém".[3]

Pouco tempo depois do retorno de Curie a Paris, ela soube que tinha sido agraciada com o Prêmio Nobel de Química, por sua descoberta do rádio e do polônio. Isso fez dela a primeira pessoa a ganhar dois Prêmios Nobel. Apesar dessa validação incontestável de seu trabalho, o "caso Curie--Langevin" não foi esquecido. Um jornal chegou até a publicar as cartas de amor do casal – possivelmente adulterando-as – juntamente com uma diatribe voltada contra Curie, em que o editor, Gustave Téry, descrevia Langevin como um bruto e um covarde.[4] Langevin sentiu-se no dever de desafiar Téry para um duelo.

No fim, nenhum dos dois atirou e o caso foi resolvido, porém não sem aumentar a publicidade negativa em torno de Curie. A notícia do duelo chegou à Academia Sueca, que fez Curie saber que não era bem-vinda à cerimônia em Estocolmo e que seria melhor que ela adiasse a aceitação do Prêmio Nobel até que o processo de divórcio de Langevin se encerrasse. Também disseram a ela que não lhe teriam atribuído o prêmio se achassem que os relatos do caso dela eram autênticos, como agora temiam que fossem. Curie respondeu que não enxergava qualquer relação entre suas vidas profissional e pessoal. Como o prêmio era pelo trabalho, ela iria a Estocolmo. Naturalmente, isso insuflou ainda mais indignação na imprensa.

De Praga, Einstein escreveu uma carta de apoio a Curie, ofendido pelo tratamento que ela vinha recebendo:

> Não ria de mim por escrever-lhe sem ter nada de sensato a dizer. Mas fico *tão irritado* com a forma mesquinha com a qual o público atualmente ousa cuidar da senhora que sinto absoluta necessidade de dar vazão a esse sentimento [...] Sinto-me impelido a contar-lhe o quanto passei a admirar seu intelecto, seu ânimo e sua franqueza e considero-me felizardo por tê-la conhecido pessoalmente em Bruxelas. Qualquer um que não seja um réptil certamente sente a felicidade, agora como antes, de termos entre nós personagens como a senhora, e Langevin também, pessoas reais com quem nos sentimos privilegiados por ter contato. Se a malta continuar a se ocupar da senhora, simplesmente não leia tais disparates, deixando-os em vez disso aos répteis para os quais foram fabricados.[5]

32

Imagine uma pessoa acordando dentro de um cubículo, como um elevador, sem janelas nem portas. Não há forma de ela saber onde está. Tudo que sabe é que está flutuando no meio desse cubículo. Isso significa que ou ela está em algum lugar do espaço profundo, longe de qualquer influência gravitacional, ou na Terra, em queda livre – mas sem ter como distinguir. Cada vez que se visse nessa situação assustadora, teria exatamente a mesma sensação de falta de peso.

Em novembro de 1907, enquanto estava trabalhando no Escritório de Patentes, veio à mente de Einstein a ideia da falta de peso. Sentado à sua mesa, mas alheio à sua função, de repente lhe ocorreu que uma pessoa em queda livre não sente o próprio peso. Posteriormente ele viria a dizer que foi o pensamento mais feliz de sua vida.[1] Ficou espantado e empolgado, ao se dar conta de que era a chave para elaborar uma teoria da gravidade. Pensando de novo sobre essa infeliz pessoa em queda, ele se deu conta de outro fato simples, mas importante: quando uma pessoa cai, está em aceleração. A conclusão que Einstein tirou foi que uma pessoa em queda em um campo gravitacional e uma pessoa em aceleração na ausência de gravidade são equivalentes.

Não é uma equivalência óbvia de imediato, mas Einstein bolou outra experiência mental com uma pessoa presa em um elevador, ajudando a deixar as coisas mais claras. Dessa vez, quando ela acorda dentro do cubículo sem janelas, não está flutuando entre o chão e o teto, como um astronauta. Em vez disso, está com os pés plantados no piso. Pode ser que ela esteja na Terra, dentro do campo gravitacional do planeta, mas ainda pode ser que ela esteja no espaço. Se alguém tivesse amarrado uma corda no topo do cubículo e o puxasse "para cima" com aceleração constante, a pessoa ali dentro sentiria os pés pressionando o chão, exatamente como acontece na Terra. Não apenas ficaria em pé, como se estivesse em casa, num banco ou nos correios, mas também poderia soltar uma bala de canhão que ela cairia no chão. Einstein se deu conta de que os efeitos da aceleração e da presença em um campo gravitacional são indistinguíveis e teve a engenhosidade para deduzir disso que a gravidade e a aceleração estão, na verdade, fortemente relacionadas.

Ter chegado a esse princípio da equivalência orientou o raciocínio de Einstein sobre a gravidade e seus esforços para generalizar a teoria da relatividade restrita. Ele estava ciente de que sua teoria de 1905 estava incompleta. Era, afinal de contas, um caso limitado, relevante apenas para coisas viajando a uma velocidade constante em uma direção ou em repouso. Einstein queria, e estava certo de que existia, uma teoria mais ampla, que incluísse a aceleração. "Decidi generalizar a teoria da relatividade dos sistemas movendo-se em velocidade constante para os sistemas acelerados", resumiria posteriormente. "Eu esperava que essa generalização também me permitisse resolver o problema da gravitação."[2]

Um resultado paradoxal do princípio da equivalência é que a gravidade deveria curvar a luz. Pense em nossa pessoa no elevador, acelerando para cima. Agora, há um buraco na parede e um raio de luz o atravessa. No momento em que a luz atinge a parede oposta do elevador, este se desloca para cima e a luz está mais perto do chão do que quando passou pelo buraco. Se você desenhasse o diagrama da trajetória da luz, ela faria uma curva para baixo. Como os efeitos da gravidade e da aceleração têm de ser os mesmos, segundo o princípio da equivalência, então a luz também pareceria curvar-se em um campo gravitacional.

Em 1911, perto do fim de seu período em Praga, Einstein retornou à relatividade geral. Dois fenômenos chamaram sua atenção. O primeiro era a curvatura da luz, que ele já tinha imaginado, porém sem pensar plenamente nela. A luz, é claro, sabidamente desloca-se em linha reta, sem jamais fazer um desvio no caminho mais curto entre A e B. Todos sabiam disso. Como seria possível, então, a luz se curvar?

Uma resposta admissível seria pensar na trajetória de um raio de luz de um jeito parecido com o caminho mais curto entre dois pontos no globo terrestre, ou alguma outra superfície curva e distorcida. Nessas superfícies, a trajetória mais curta de A até B não é reta, mas curva, recebendo um nome especial: geodésica. Podia ser que o meio através do qual a luz viaja, o espaço propriamente dito, fosse curvado pela presença da gravidade. Se fosse o caso, seria mais que natural que a luz viajasse em uma curva geodésica e não na mais conhecida linha reta.

Einstein também estava ocupado em pensar no que acontece quando um disco gira. Dentro do referencial da relatividade restrita, um disco giratório causa um problema. Para quem está em um referencial que não gira com o disco, a circunferência deste vai se contrair, de um jeito bem parecido com o comprimento de um trem, que se contrai quando ele passa rapidamente por quem está na estação. É uma consequência da constância da velocidade da luz, como Einstein descobrira na relatividade restrita, e isso não é incômodo em si. O problema é que, para esse observador, o diâmetro do disco giratório não mudaria, da mesma maneira que a largura do trem, vista pela pessoa na plataforma, não mudaria mesmo com o comprimento se alterando. A contração do comprimento só ocorre na direção do movimento. Se a circunferência do disco muda e o diâmetro não, então a relação entre eles não pode ser definida por pi.

Um dos fundamentos da geometria a que estamos acostumados é que o diâmetro e a circunferência de um círculo podem ser definidos por pi. O matemático grego Euclides estabeleceu isso por volta de 300 a.C., o que se mostrou bastante útil desde então. A geometria euclidiana descreve o comportamento das formas em superfícies planas. Nesse enquadramento, cada ângulo do quadrado mede 90 graus, os ângulos do triângulo totalizam 180 graus, e assim por diante. Mas a geometria euclidiana não é capaz de descrever o que acontece com o disco giratório de Einstein. Se não podia descrever a rotação, então não podia descrever a aceleração, já que a rotação é, na verdade, um tipo de aceleração. E, pelo princípio da equivalência, se a geometria euclidiana não é capaz de descrever a aceleração, tampouco pode descrever a gravidade.

Tendo em mente a curvatura da luz e suas ideias sobre a rotação, Einstein se deu conta de que, para generalizar sua teoria da relatividade – para que ela descrevesse a aceleração e a gravidade –, ele precisaria formulá-la em uma linguagem de geometria não euclidiana, uma geometria que descrevesse o comportamento das formas em superfícies não planas, mas curvas ou distorcidas. Em um espaço não euclidiano, os ângulos do quadrado não medem 90 graus. Um triângulo desenhado na superfície da Terra, com linhas que fossem as trajetórias mais curtas entre seus pontos, parecerá ligeiramente inflado, se comparado à ideia tradicional de triângulo. Seus ângulos totalizarão mais de 180 graus.

Infelizmente para Albert, as contas exigidas eram complicadas e desconhecidas dele e, nos tempos de estudante, ele nem de longe tinha prestado atenção suficiente a elas. Mas, por acaso, ele conhecia alguém muito bom mesmo nelas.

Einstein recebeu uma oferta da universidade para uma vaga de professor e, em julho de 1912, voltou para Zurique, onde se viu novamente na companhia do velho amigo e colega de classe Marcel Grossmann, que tinha se tornado diretor do departamento de matemática da Politécnica. Grossmann sabia muito de geometria não euclidiana. Tinha sido o tema de sua dissertação e, desde então, ele publicara sete artigos sobre o tema.

Einstein entrou em contato com o amigo praticamente assim que chegou à cidade. "Grossmann", disse a ele, "você tem que me ajudar, ou vou enlouquecer!"[3] Ele explicou seu suplício, e Grossmann, cheio de entusiasmo, concordou em colaborar. Ele indicou a Einstein, especialmente, a obra de Bernhard Riemann.

Riemann foi um dos maiores matemáticos da história. O estudo da geometria não euclidiana, antes de Riemann, exigia elaborar métodos matemáticos para descrever a superfície de esferas e outros objetos curvos ligeiramente mais complicados. Riemann desenvolveu uma forma de descrever uma superfície mesmo que sua geometria mude de um ponto a outro – mesmo que seja curva aqui, depois subitamente plana ali e, de novo, distorcida de uma forma completamente estranha. Além disso, Riemann também achou uma forma de descrever a geometria do espaço tetradimensional. A ferramenta que usou para isso é chamada de tensor. E era com os tensores que Einstein teria que lidar se quisesse generalizar a relatividade.

Tensores são complicados. Eles contêm informações sobre alguma coisa. Pense em um vetor. Vetores contêm duas informações: sua direção e sua magnitude – ou seja, o quanto dessa coisa existe; quanta distância ou quanta velocidade, por exemplo. O vetor, propriamente dito, é uma combinação desses dois fatores. Quando uma bala de canhão sai da boca do canhão, tem uma determinada velocidade e uma determinada direção, sendo assim possível calcular um vetor para a bala em um dado ponto. À medida que a bala descreve um arco, a caminho do inimigo que se aproxima, sua velocidade e sua direção vão mudar constantemente, de modo que haverá um vetor para descrever cada ponto da trajetória dela. O vetor é um tipo de tensor – um tipo de agradável simplicidade. Mas existem tensores que contêm bem mais do que dois tipos de informação. E quanto mais tipos de informação os tensores contêm, mais difícil fica calculá-los. Como seria de esperar, os tensores que Einstein usou para tentar descobrir a composição do Universo continham um número terrivelmente grande de informações.

Na época em que trabalhou com Grossmann, Einstein já tinha tido uma das ideias mais profundas da história da ciência. Mais especificamente, ele tinha se dado conta de que a gravidade era geometria. A gravidade era a curvatura do espaço-tempo. O espaço-tempo é, como o nome sugere, espaço e tempo combinados – é o tecido do espaço, o meio em que tudo existe. A massa distorce o espaço-tempo; quanto maior a massa, mais o espaço-tempo se distorce. A superfície de um trampolim afunda mais sob o peso de uma bola de boliche, por exemplo, do que sob uma bola de gude. Grosso modo, é o mesmo que ocorre com o tecido do espaço. Objetos gigantescos curvam e distorcem o espaço-tempo em torno de si e, quanto mais gigantescos, mais o espaço-tempo se curva – isso é o mesmo que dizer que, quanto maior um objeto, mais forte é seu campo gravitacional.

Durante meses após o retorno a Zurique, Einstein tentou elaborar um conjunto de equações que descrevessem o espaço-tempo usando os tensores. Era um trabalho excepcionalmente difícil. Às vezes, ele tentava uma abordagem puramente matemática, certificando-se de que os tensores fizessem sentido em si mesmos; outras vezes, abordava a questão dando prioridade à física. Ele queria assegurar que suas equações tivessem uma relação concreta com o mundo e não apenas com a matemática abstrata e, ao mesmo tempo, queria garantir que as contas fossem coerentes.

Na verdade, no final de 1912, Einstein já tinha elaborado um belo conjunto de equações com tensores que era correto em linhas gerais. Três anos antes de anunciar ao mundo sua teoria, ele tinha, na prática, chegado à solução correta das engrenagens do Universo. Porém, tendo chegado a essas equações, ele parou para testá-las. Ao descrever certas circunstâncias, como aquelas que ocorrem na Terra, elas teriam de estar de acordo com a teoria de Newton. Se não estivessem, por mais bonitas que fossem, seriam imprestáveis. E, enquanto Einstein as checava, cometeu um erro. Parecia que sua solução não batia com Newton, no fim das contas. Por isso, ele a deixou de lado e passou a outra coisa.

Em 1913, Einstein e Grossmann apresentaram um artigo com parte de suas conclusões. Eles sabiam que era apenas um texto preliminar – um esboço, como eles chamaram. Mais que incompleto, porém, estava, para ser direto, errado. Um dos principais defeitos da teoria era não ser covariante geral, ou seja, as equações da teoria poderiam em tese mudar conforme o movimento da pessoa. No início, Einstein queria que as leis da sua teoria fossem imutáveis, as mesmas para todos os corpos, quer estivessem em repouso ou em aceleração, e qualquer que fosse a forma dessa aceleração. Por exemplo, a teoria não dava conta da órbita excêntrica de Mercúrio.

Desde a década de 1840, os cientistas sabiam que a órbita de Mercúrio era problemática. O periélio da órbita de um planeta é o ponto que mais se aproxima do Sol. O periélio de Mercúrio tinha mudado mais do que as leis de Newton conseguiam explicar. Um pouquinho só, bem pouco – 43 segundos de arco a cada século, para ser exato –, mas ainda assim o suficiente para exigir uma explicação. Inicialmente, acreditou-se que um planeta ainda não detectado estaria puxando Mercúrio, da mesma forma que Netuno puxa Urano. Deu-se até a esse planeta o nome de Vulcano. Porém, evidentemente, Vulcano não foi encontrado – não existia.

Se as equações de Einstein estivessem corretas, teriam que prever corretamente o desvio do periélio de Mercúrio. Einstein sabia disso e estava ansioso para tentar fazer o cálculo. Recorreu à ajuda do velho amigo Michele Besso, que foi visitá-lo no verão, para repassar os números. Infelizmente, o resultado a que chegaram nem de longe se aproximava do valor real. Ainda assim, Einstein continuava confiando que tinha razão, mesmo sem qualquer evidência que o sustentasse. Apesar disso, alguma coisa continuava a incomodá-lo – faltava algo.

"A natureza só nos mostra o rabo do leão", ele escreveu a um amigo. "Mas na minha mente não há dúvida de que é do leão, ainda que ele não possa revelar-se todo de uma vez ao olhar, por causa de suas enormes dimensões. Nós só conseguimos vê-lo como um piolho em cima dele veria."[4]

33

Elsa e Albert em Washington, D.C., 1921.

ELSA LÖWENTHAL CONHECEU EINSTEIN a vida inteira. As mães de ambos eram irmãs e os pais eram primos; ela era, portanto, prima de Einstein em primeiro e segundo graus. Eles falavam o mesmo dialeto, conheciam os mesmos lugares, tiveram acesso ao patrimônio de histórias familiares e compartilhavam memórias de infância. Tinham tido juntos o primeiro contato com as artes, na ópera de Munique. Assim como o primo, Elsa cresceu, mudou-se e casou-se. Tinha tido duas filhas com um comerciante de tecidos, que desperdiçou todo o dinheiro do casal. Depois de 12 anos de casamento, divorciaram-se em 1908, e ela voltou a morar com os pais.

Elsa tinha angariado reputação na sociedade berlinense. De vez em quando, dava recitais de poesia dramática no teatro. Era uma mulher determinada, de caráter forte e uma despudorada alpinista social. Apesar dos problemas de visão, recusava-se a usar óculos e, certa vez, em um jantar fino, começou a comer um arranjo de flores, achando que fosse uma salada.

Em abril de 1912, Einstein visitou Berlim para encontrar alguns amigos e colegas. Também fez a visita obrigatória aos tios, quando restabeleceu o contato com Elsa.

Depois do retorno de Albert a Praga, ela enviou-lhe em segredo uma carta. Ele respondeu, sem esconder a empolgação: "Nem tenho como começar a descrever-te como enamorei-me de ti nesses poucos dias [...] Vou ao sétimo céu quando penso em nossa viagem ao Wannsee. Daria tudo para repeti-la!"[1]

Decorrida uma semana, porém, ele começou a sentir que seu novo relacionamento era indevido e enviou a ela uma carta dizendo isso. Duas semanas depois, escreveu-lhe novamente tentando se convencer do que havia dito.

> Escrevo tão tardiamente porque tenho dúvidas quanto ao nosso caso. Tenho a sensação de que não será bom para nenhum de nós dois, assim como para os outros, se nos aproximarmos mais. Por isso, escrevo-te hoje pela última vez e sujeito-me de novo ao inevitável, e deves fazer o mesmo... Carrego minha cruz sem esperança.[2]

Mas ele foi incapaz de romper completamente os laços com a prima. Assim que se mudou de volta para Zurique, em julho, Einstein enviou seu novo endereço de trabalho a Elsa.

Em julho de 1913, Einstein recebeu uma generosíssima proposta de emprego, para tornar-se, de uma vez só, professor na Universidade de Berlim, diretor de um novo instituto de física e o mais jovem membro da história da Academia Prussiana de Ciências. Não exigiria nenhum compromisso letivo e envolvia uma importante soma de dinheiro. Mileva, ele contou a Elsa, estava incomodada com a ideia de mudar-se para Berlim: "Ela tem medo dos parentes, provavelmente de ti acima de tudo (com razão, espero!). Mas tu e eu podemos muito bem ser felizes mutuamente sem que ela sofra. Não podes tirar dela algo que ela não possui."[3]

Ele e Mileva vinham se afastando. "Trato minha esposa como um funcionário que não posso demitir", escreveu.[4] Ele buscava em Elsa o amor, o carinho e a proteção contra os reveses da vida cotidiana, e não em Mileva. Em outubro de 1913, ele escreveu:

> É quase vergonhoso que eu esteja de novo sentado a escrever-te, vendo que somente hoje recebi tua carta. Mas as horas passadas contigo deixaram-me tão saudoso de uma conversa agradável e do aconchego da companhia que não posso resistir a pegar no infeliz papel substituto da realidade. Soma-se a isso a situação em minha casa, que está mais terrível que nunca: um silêncio glacial.[5]

Elsa enviava-lhe comida e comprava-lhe presentes, em especial uma escova de cabelo, ou, nas palavras de Einstein, sua "namorada de cerdas".[6] Ele enviava pseudorrelatórios de acompanhamento para tranquilizá-la: "A escova vem sendo aplicada regularmente, outros produtos de limpeza também com relativa frequência. Fora isso, comportamento assim, assado. Escova de dentes aposentada."[7]

Que bom seria, ele escreveu a ela, se os dois pudessem levar uma vida sem luxo em um pequeno lar boêmio. Era esse o sonho que, quando estudante, ele compartilhara com Mileva, mas não era nem de longe o desejo de Elsa, e o asseio continuava a ser um ponto de atrito:

> Mas se eu começasse a cuidar da minha toalete, deixaria de ser eu mesmo [...] Então, que se dane. Se me achas tão repulsivo, procura então um amigo que seja mais palatável aos gostos femininos. Porém, hei de perseverar na minha indolência, que certamente tem a vantagem de me poupar de um monte de janotas que do contrário me procurariam.
>
> Então, uma obscenidade e um beijo na mão, de uma distância higiênica, do teu imundíssimo
> Albert[8]

34

"Tomei a firme decisão de me entregar à morte com um mínimo de assistência médica quando chegar minha hora e, até lá, pecar conforme o desejo do meu coração impuro", escreveu Einstein a Elsa em 1913. "Dieta: fumar como uma chaminé, trabalhar como um cavalo, comer sem pensar e escolher sair para caminhar *apenas* em companhia realmente agradável e, portanto, *só raramente* [...], dormir em horários irregulares."[1]

Ele está provocando Elsa – por preocupar-se com ele e enviar-lhe conselhos sensatos. Essa lista pode ser de brincadeira, mas é em conhecimento de causa e serve como uma descrição precisa de como Einstein vivia. Ele fumava quase o tempo todo. Fumava charutos – os mais grossos e compridos que pudesse encontrar –, mas preferia seu cachimbo. Acreditava que fumar cachimbo contribuía para um "juízo bastante sereno e objetivo de todos os assuntos humanos",[2] escreveu ao ser aceito como membro vitalício do Clube de Fumantes de Cachimbo de Montreal, em 1950.

O cachimbo era uma ferramenta para dar a partida em seu cérebro, ajudando a refletir sobre seu trabalho. Um dos vários cachimbos de Einstein – comum, maltratado, de madeira – hoje está exposto no Museu Nacional de História Americana, onde é o objeto individual mais requisitado na coleção de física moderna. Mesmo nos períodos em que tentou parar de fumar, levava-o junto para mordê-lo, a ponto de ter aberto um buraco na ponta.

Porém, Einstein não conseguia parar por muito tempo. Reagindo a um dos vários lembretes de Elsa de que fumar era ruim para sua saúde, ele apostou com ela que conseguiria ficar sem fumar do Dia de Ação de Graças, comemorado em 28 de novembro, até o Ano-Novo. Ele ganhou a aposta, mas na manhã de Ano-Novo acordou com o cachimbo na boca assim que o dia clareou e só o tirou na hora das refeições.

Sua marca de fumo preferida era Revelation, mas qualquer uma servia. Perto do fim da vida, tendo sido mais uma vez proibido de fumar pelo médico, Einstein mudou o caminho para o trabalho. Seu trajeto normal passava por um riacho verde e recortado. Só que ele descobriu que, se fosse pela calçada, toparia com uma infinidade de bitucas de cigarro e de charuto que ele podia pegar, colocar no cachimbo e fumar. Ele não queria desrespeitar o médico, comprando tabaco assumidamente. Einstein continuou fumando essas guimbas até que um amigo concordou em fornecer-lhe fumo com regularidade. Como o tabaco não era tecnicamente seu, Einstein sentia-se no direito de fumar.

35

O CASAMENTO DE EINSTEIN vinha se deteriorando havia muito tempo e a mudança para Berlim, em abril de 1914, acabou por arruiná-lo de vez. Mileva ficou deprimida e Einstein passou a enxergar a família como uma distração que atrapalhava seu trabalho. Estava apaixonado pela prima, e Mileva começou a ter seus próprios casos.

Com menos de dois meses no novo apartamento, ela pegou os filhos e mudou-se para a casa de um amigo em comum, embora ainda tivesse a esperança de que as coisas se acertassem. Pouco tempo depois, Einstein enviou a Mileva um frio memorando, estabelecendo as condições que ela teria de cumprir para que voltassem a viver juntos. Sem qualquer cortesia introdutória, dizia:

A. Cuidarás para que:
  1. Minhas roupas estejam limpas e organizadas.
  2. Eu receba minhas três refeições regularmente *no meu quarto*.
  3. Meu quarto e estúdio estejam limpos e, sobretudo, que minha mesa seja deixada *apenas para meu uso*.

B. Renunciarás a qualquer contato pessoal comigo, a não ser que absolutamente necessário por razões sociais. Especificamente, renunciarás a que eu:
  1. Sente-me contigo em casa.
  2. Saia de casa ou viaje contigo.

C. Obedecerás às seguintes instruções em tua relação comigo:

1. Não esperar qualquer intimidade da minha parte, nem me fazer qualquer recriminação.
2. Parar de falar comigo caso eu solicite.
3. Sair do meu quarto ou estúdio imediatamente, sem protestar, caso eu solicite.

D. Cuidarás para não me difamar diante de nossos filhos, seja por palavras, seja por atos.[1]

Essa lista era seguida de um pós-escrito rancoroso e um pouco obscuro, em que Einstein escreveu:

Segue teu caminho, deixa-te enganar. Não me importo mesmo. Lê isto lentamente. Há de fazer-te bem. Lê também para tua família, eles não têm mais o que fazer.

Em um recado para Hans Albert, ele acrescentou: "Desde que vieste para Berlim te tornaste um tanto preguiçoso."

Quando Mileva aceitou essas condições, Einstein escreveu de novo para ela, para garantir que ela tinha "clareza total sobre a situação".[2]

Estou pronto a retornar ao nosso apartamento, porque não quero perder as crianças e porque não quero que elas me percam, e *somente* por esse motivo. Depois de tudo que aconteceu, uma relação de camaradagem contigo está fora de questão. Ela tem que se transformar em uma relação comercial de lealdade; os aspectos pessoais devem ser reduzidos ao mínimo. Em compensação, porém, garanto-te um comportamento apropriado de minha parte, assim como eu procederia como um estranho em relação a qualquer mulher. Para isso basta minha confiança em ti, mas *apenas* por isso. Se te for impossível continuar a viver comigo nessas bases, cumpre resignar-me ao imperativo de uma separação.

Em 24 de julho de 1914, os dois se encontraram para formalizar um acordo de separação. Ele concordou em pagar a Mileva cerca de metade do salário e não pediu divórcio. Na quarta-feira seguinte, Mileva e os dois meninos deixaram Berlim, rumo a Zurique. Einstein os acompanhou até o trem matutino e, como em pouquíssimas vezes em sua vida, chorou – na verdade, chorou a tarde e a noite inteiras. A vida longe dos filhos era difícil de imaginar e essa perspectiva era esmagadora para ele.

"Eu seria um verdadeiro monstro", escreveu, "se me sentisse de qualquer outro jeito."[3]

36

Extremamente bem relacionado, o filósofo e matemático Bertrand Russell conheceu quase todas as pessoas importantes do final do século XIX e da primeira metade do século XX. Era raro quando tinha algo bom a dizer sobre qualquer uma delas.

Ficou, por exemplo, "menos impressionado com Lênin do que eu esperava".[1] Em sua opinião, Alfred, Lorde Tennyson, estava "mais para uma fraude. Eu o considerava um charlatão". Dwight D. Eisenhower era "um estúpido", enquanto George Bernard Shaw "transmitia vaidade, e é tudo o que ele era". Quanto a D. H. Lawrence, era "intolerável" e "um fascista".

Einstein, porém, que ele conheceu bastante bem, era considerado, como afirmou em 1961, um "homem amável de maneira um tanto inacreditável. Era extremamente simples, isento da menor pretensão. Se você o encontrasse dentro de um trem, não saberia que ele era tão importante. Era muito, muito simpático, de mente muito aberta. No geral, achei-o bastante agradável – acho que o grande homem mais agradável que eu já conheci. Eu não teria como querer que ele fosse diferente em nada".

37

A Europa já andava envolvida naquilo que Einstein chamou de "tinir de espadas"[1] muitos anos antes do início da Primeira Guerra Mundial, em 1914. Como muitos outros, ele achava que não daria em nada.

Seu amigo íntimo Fritz Haber, diretor do Instituto Kaiser Wilhelm de Físico-Química em Berlim, não foi para o front quando a guerra começou, mas mesmo assim se considerava um soldado. Seu rosto era marcado por cicatrizes de duelos na juventude. Depois de se candidatar para uma função de oficial, passou a vestir o uniforme militar todos os dias para ir ao trabalho e notabilizou-se por usar capacete de vez em quando.

Haber contribuiu com duas importantes inovações científicas para o esforço de guerra alemão. A primeira delas mudou até a configuração do planeta. A Grã-Bretanha implantou rapidamente um bloqueio naval da Alemanha e de seus aliados, na esperança de conter o abastecimento não apenas de alimentos, mas também, o que era fundamental, de nitrato. Os nitratos eram um ingrediente essencial na produção de fertilizantes – e um componente essencial na produção de explosivos. Sem nitratos, a guerra terminaria rapidamente para a Alemanha. Haber havia identificado esse problema em potencial antes mesmo da guerra e conseguiu bolar um método para sintetizar amônia, composto que, depois de uma reação química simples, se transforma em nitrato. Pela primeira vez na história, o ser humano foi capaz de criar fertilizantes agrícolas – assim como, é claro, bombas – sem depender de processos naturais variáveis e incertos.

A segunda contribuição de Haber para a guerra foram as armas químicas. Ele foi pioneiro tanto do uso do gás cloro – que, quando inalado, combina-se com a umidade para encher os pulmões de ácido clorídrico, criando uma sensação ao mesmo tempo de queimação e afogamento por dentro – quanto do gás mostarda, que provoca bolhas na pele e nos pulmões, além de cegueira temporária.

Durante e depois da guerra, ele e Einstein continuaram muito próximos, apesar da total incompatibilidade entre suas ações e crenças políticas. Foi com os Habers que Mileva e os filhos ficaram durante a separação. Enquanto Haber estava fazendo experiências com cloro, Albert dava aulas particulares de matemática ao filho do amigo.

Einstein era um pacifista e, quando eclodiu a guerra, admitiu que se sentia deslocado: "Em uma época como esta", escreveu a um amigo, "nos damos conta da deplorável espécie de brutos a que pertencemos. Eu [...] sinto um misto de pena e repugnância."[2]

A cidadania suíça, que ele manteve, garantia que não fosse chamado para lutar pela Alemanha, mesmo que o kaiser quisesse. Einstein não tinha pressa para oferecer voluntariamente seus talentos científicos. Em vez disso, com o avanço do conflito, ele atuou no Grande Conselho da Organização Central por uma Paz Duradoura e participou dos encontros da Sociedade Alemã pela Paz. Também foi um dos primeiros membros da Liga da Nova Pátria, que defendia a criação de uma Federação Europeia para evitar conflitos futuros, que foi proscrita pelo governo em 1916.

Quando lhe pediram uma contribuição para uma coletânea de ensaios de intelectuais em defesa do direito à guerra, seu texto denunciou a situação da época moderna e as características biologicamente "agressivas da criatura humana", qualificando a guerra de maior inimiga do desenvolvimento humano. "Mas por que tantas palavras, se eu posso dizer isso em uma frase?", concluiu, "e em uma frase muito apropriada para um judeu: honrai vosso Senhor Jesus Cristo não apenas em palavras e cânticos, mas acima de tudo por vossos atos".[3]

Em 1918, as autoridades militares finalmente decretaram a restrição da liberdade de movimento de Einstein. Decidiu-se que ele se tornara perigoso demais. Enquanto isso, por seu trabalho durante a guerra, Fritz Haber viria a receber o Prêmio Nobel de Química.

38

Em Berlim, Einstein continuava a batalha com suas equações de campo gravitacional. Não era um trabalho fácil e o esforço durou mais de um ano, principalmente porque o caminho que ele tinha seguido não era o certo. Depois que Mileva e os filhos foram embora, ele se mudou para outro apartamento, que tinha sete cômodos e nem de longe a mobília necessária para preenchê-los. Nesse apartamento, ele podia trabalhar, solitário, na hora que bem entendesse, só dormindo e se alimentando quando se lembrasse. Vagando pelos cômodos quase vazios, perdido em pensamentos, ele foi se dando conta cada vez mais dos problemas com a versão atual da relatividade geral dele e de Marcel Grossmann. Mas Einstein ainda não estava preparado para entregar os pontos.

No verão de 1915, ele viajou para Göttingen, para dar uma semana de palestras sobre seu avanço. A Universidade de Göttingen era considerada a instituição mais renomada no aspecto mais matemático da física teórica, e um dos matemáticos mais prestigiosos de seu corpo docente era David Hilbert. Einstein tinha ciência do talento de Hilbert e os dois se tornaram amigos. Maravilhado por ter enfim encontrado alguém capaz de entender o que ele estava fazendo, Einstein explicou os sofisticados detalhes de sua teoria. Hilbert ficou fascinado – tão fascinado, no caso, que se desafiou a tentar descobrir por conta própria as equações de campo corretas.

Três meses depois da visita a Göttingen, a versão "de esboço" da teoria de Einstein sofreu dois novos reveses e, àquela altura, ele já não podia mais negar seus vários buracos. Justamente quando estava prestes a devolver à gaveta anos e anos de trabalho, ele ficou sabendo dos esforços de Hilbert para chegar a um conjunto correto de equações. Então, retomou a tarefa de revisar os tensores e mexer e experimentar com as equações. Dessa vez, ele queria ter absoluta certeza de que estava produzindo equações covariantes, que as leis do Universo eram as mesmas para todos, em quaisquer circunstâncias.

Ao mesmo tempo que estava ocupado tentando formular o conjunto correto de equações para abarcar a relatividade geral, Einstein também estava dando uma série de palestras na Academia Prussiana, em que sintetizava o estado de sua teoria. Toda quinta-feira, em novembro de 1915, Einstein chegava ao salão principal da Biblioteca Real para dirigir a palavra aos pares da Academia. Na primeira palestra ele revelou o que havia feito de errado até ali, admitindo a total perda de confiança no próprio esforço e sua mudança recente de rumo.

Ao longo desse período, Einstein e Hilbert se corresponderam, cada qual tentando superar o outro. Depois da segunda palestra, Einstein recebeu uma carta preocupante. Hilbert disse que estava pronto para expor sua teoria integral, em todos os detalhes, na terça-feira seguinte e convidou Einstein para sua palestra. Este, compreensivelmente, respondeu que não poderia ir – embora tenha pedido, ansioso, uma prova do artigo de Hilbert. Ao mesmo tempo, Einstein decidiu verificar se seu novo conjunto de equações – que ele sabia não estarem totalmente acabadas – resistiria a alguns testes. Refez tanto seus cálculos antigos quanto os de Besso em relação à órbita de Mercúrio e, para sua absoluta satisfação, constatou que obtivera a resposta correta, na mosca: um desvio de 43 segundos de arco por século.

"Passei dias exultante de alegria e empolgação", escreveu.[1] Abraham Pais, amigo de Einstein, comentaria anos depois: "Essa foi, acredito, de longe a mais forte experiência emocional da vida científica de Einstein, talvez de sua vida inteira."[2]

Ele apresentou suas conclusões à Academia em 18 de novembro. No mesmo dia, recebeu a prova do artigo de Hilbert e, para sua decepção, constatou que o trabalho de Hilbert era incrivelmente parecido com o seu. Dois dias depois, Hilbert entregou o artigo a uma revista científica, sob o título um tanto pretensioso de "Os fundamentos da física".

Einstein, àquela altura exausto e sofrendo terríveis dores abdominais, conseguiu completar suas equações de campo gravitacional a tempo de sua palestra final na Biblioteca Real, em 25 de novembro. Eram covariantes, exatamente como ele sempre quis. Ele tinha sua teoria geral da relatividade. Em uma de suas variantes mais simples, que comprimem muita coisa em uma fórmula concisa, lê-se: $G\mu\nu = 8\pi T\mu\nu$.

Hilbert corrigiu seu artigo antes que ele finalmente fosse publicado, em dezembro, alterando suas equações de modo que coincidissem com as apresentadas por Einstein em sua palestra. Ele nunca reivindicou a primazia da descoberta das equações e, em pouco tempo, ele e Einstein voltaram a termos amigáveis, para grande alegria de ambos.

As equações de campo gravitacional criadas simultaneamente descreviam de forma precisa uma nova concepção do tempo, do espaço e da gravidade. Por mais complicadas que fossem, eram redutíveis a algo simples de ser dito. Elas dizem que a matéria define como o espaço-tempo pode se curvar (o que é representado pelo lado esquerdo da equação) e que o espaço-tempo curvo define como a matéria pode se movimentar (o lado direito). O Universo dança, portanto, uma maravilhosa valsa, em que cada parceiro influencia o outro e molda a dança.

As equações também atuam como uma ferramenta prática. Podem ser usadas para descrever quaisquer interações específicas entre objetos no espaço. Desde que os números corretos lhes sejam associados, elas são capazes de descrever o comportamento de um meteorito em disparada pelo vácuo, a trajetória de um planetoide em torno de uma estrela gigante, a propagação das ondas gravitacionais ou a rotação das galáxias.

39

Dezesseis anos depois, em um almoço com Charlie Chaplin na Califórnia, Elsa pintou um retrato mais simples do momento em que Einstein topou com sua teoria, fazendo ajustes na narrativa para adaptá-la a seu gosto. Não havia necessidade de incomodar Mister Chaplin com todo o sacrifício vivido por Albert tentando achar a solução, e certamente ele não precisava ficar sabendo que na época os dois não viviam juntos. Foi assim que Chaplin mais tarde descreveu a ocasião:

> No jantar, ela me contou a história da manhã em que ele concebeu a teoria da relatividade.
>
> "O doutor desceu de roupão, como de costume, para o café da manhã, mas não tocou em quase nada. Achei que havia algo errado e, por isso, perguntei o que o estava incomodando. 'Querida', disse ele, 'tive uma ideia incrível'. E, depois de tomar seu café, foi para o piano e começou a tocar. De vez em quando parava, anotava algumas coisas e, então, repetia: 'Tive uma ideia incrível, uma ideia maravilhosa!'
>
> "Eu disse: 'Então pelo amor de Deus me diga o que é, não me deixe no suspense'.
>
> "Ele respondeu: 'É complicado, ainda tenho que resolver.'"
>
> Ela me contou que ele continuou a tocar piano e fazer anotações durante meia hora e, então, subiu para o escritório, avisando que não queria ser incomodado, ficando por lá durante duas semanas. "Todo dia eu mandava levar a comida", disse ela, "e, à noite, ele saía para se exercitar caminhando um pouco, depois, voltava a trabalhar."

"Até que um dia", contou ela, "ele desceu do escritório com a aparência muito pálida. 'É isso', ele me disse, colocando cansado duas folhas de papel em cima da mesa. E era sua teoria da relatividade."[1]

40

Primeira página do Illustrierte Kronen-Zeitung, *de 22 de outubro de 1916, mostrando o assassinato de Karl von Stürgkh.*

EM VIENA, POR VOLTA DAS DUAS DA TARDE do dia 21 de outubro de 1916, Friedrich Adler, amigo de Einstein, adentrou o hotel Meissl & Schadn, onde o ministro-presidente da Áustria, o conde Karl von Stürgkh, estava almoçando. Adler aproximou-se da mesa de Stürgkh, gritou "Abaixo o absolutismo! Queremos a paz!" e atirou três vezes na cabeça dele. Adler não resistiu à prisão.

Stürgkh era o chefe do governo austríaco desde 1912 e havia estabelecido um regime militar autoritário, dissolvendo o parlamento e governando por decreto. Adler havia trocado Zurique pela Áustria naquele mesmo ano, abandonando a carreira acadêmica a fim de se tornar um político social-democrata, ao lado de seu pai. Uma manifestação marcada para a véspera do assassinato, pedindo a reabertura do parlamento, havia sido proibida por Stürgkh.

Quando Einstein leu a respeito do assassinato em um jornal de Berlim, não sabia exatamente as motivações de Adler. No entanto, tinha certeza de que precisava ajudá-lo. Antes de tudo, foi Adler quem abriu caminho para Einstein conseguir sua primeira nomeação acadêmica decente em Zurique. Albert escreveu a Kathia, esposa de Adler, ofertando seus serviços: "Ele é um dos homens mais puros e excepcionais que conheço", declarou. "Não acredito que ele agiria de forma precipitada; é escrupuloso demais para isso."[1] Albert também escreveu para Adler na prisão, oferecendo-se para depor em sua defesa. Em seguida, buscou ajuda junto aos amigos de Zurique, ex-colegas de Adler, e, graças a seus esforços, os membros da Sociedade Física de Zurique emitiram um testemunho positivo e oficial sobre o caráter de Adler.

Quando Adler foi condenado à morte, em maio de 1917, Einstein apressou-se a dar uma entrevista a um jornal, na esperança de mostrar o amigo sob uma luz mais favorável, chegando até a insinuar que Adler poderia ter feito o que fez justificadamente: "A objetividade refletida em sua obra científica", disse, "também governou seus atos."[2]

Na época do veredicto, sabia-se em certos círculos que provavelmente a vida de Adler seria poupada, em virtude do profundo respeito que existia por seu pai, líder dos sociais-democratas. Depois de recursos, a sentença de morte de Adler foi comutada para 18 anos de "detenção em fortaleza" e, depois da Primeira Guerra Mundial, lhe concederam anistia.

Até o fim da vida, Einstein elogiou os austríacos por não terem executado o amigo.

41

No FRONT RUSSO, abrigado em uma trincheira funda, está um homem de mais de 40 anos, testa alta, bigode grosso e insígnias de tenente no uniforme. Tendo sido voluntário do Exército, Karl Schwarzschild foi inicialmente enviado à Bélgica, onde cuidava da previsão do tempo. Agora, em 1916, sua missão é calcular as trajetórias das peças de artilharia, porém nesse momento ele está escrevendo uma carta para Albert Einstein. Tem notícias. Ex-professor em Göttingen e diretor do Observatório Astrofísico de Potsdam, Schwarzschild é um matemático talentoso e, apesar do frio congelante e dos terrores da guerra, de alguma forma conseguiu resolver as equações de campo de Einstein.

Nem mesmo Einstein tinha conseguido resolver as próprias equações – na verdade, no começo ele achava que elas não *podiam* ser resolvidas. Ao experimentá-las por conta própria, ele usara uma aproximação, prática perfeitamente aceitável, e acreditava ser o máximo que podia ser alcançado. Equações diferenciais não são o tipo de conta a que as pessoas estão acostumadas. Tentar resolvê-las é, no mínimo, complicado. Mas Schwarzschild conseguiu, e em apenas uma questão de meses. Fez o que Einstein não tinha feito. "A guerra tem se mostrado dócil comigo", tinha escrito a Einstein alguns meses antes, "permitindo, apesar do fogo intenso a uma distância inegavelmente terrestre, fazer esta caminhada por seu território de ideias."[1]

As equações de campo de Einstein descrevem as regras da relatividade geral, o conjunto de leis obedecidas pelo espaço-tempo. Uma solução das equações de campo descreve como o espaço-tempo atua em um conjunto específico de circunstâncias. Uma solução para as equações de Einstein seria capaz de descrever o que acontece quando duas estrelas orbitam uma à outra, enquanto outra seria capaz de descrever o que aconteceria se um planeta de grandes dimensões colidisse com duas pequenas luas, e assim por diante. Compreensivelmente, Schwarzschild facilitou a tarefa para si mesmo o máximo que pôde, atacando o caso mais simples possível: uma massa não rotativa, homogênea, esfericamente simétrica, isenta de carga elétrica – ou seja, uma bola de massa, isolada e em repouso. Sua solução descreve a forma exata que o espaço-tempo adota em torno da bola, permitindo assim que se calculem as trajetórias dos objetos que se deslocam em sua vizinhança. Tratava-se de algo bastante útil, já que a maioria dos objetos do Universo tem, basicamente, uma aparência esférica.

Como Schwarzschild escreveu, porém, parecia haver algo não muito problemático, mas um tanto incomum em sua solução. Estava inquestionavelmente certa, mas implicava que – ou insistia que – se a massa dessa bola fosse comprimida a um tamanho pequeno o bastante, os cálculos deixariam de estar certos. Se o Sol, por exemplo, fosse esmagado em um gigantesco torno cósmico, de modo que toda a sua massa coubesse em um determinado raio, ele poderia desmoronar em uma espiral matemática de infinitos. O tamanho desse raio dependeria da massa original do objeto. Ele é hoje conhecido como raio de Schwarzschild e, quanto maior o objeto original, maior o raio de Schwarzschild. O do Sol é de cerca de 3 quilômetros, de fato pequeníssimo quando comparado ao tamanho do Sol. No centro desse denso bolsão de massa, o espaço-tempo se curvaria infinitamente em si mesmo. Isso quer dizer que, dentro desse raio de 3 quilômetros, nada seria capaz de escapar, nenhum objeto, nem mesmo a luz – o objeto que o Sol passou a formar é negro. Além disso, por causa da enorme distorção do espaço-tempo dentro desse raio, o tempo daria a impressão de parar totalmente.

No fim das contas, não parecia fazer muito sentido, mas nenhum dos dois correspondentes parecia muito incomodado com isso naquela época. Sim, era estranho, mas não era importante. Einstein sempre acreditou que essa bizarrice matemática não representava de fato nada no mundo real. Mas representa. A partir dos anos 1960, esses fenômenos densamente comprimidos e matematicamente desconcertantes se tornaram conhecidos como "buracos negros" e se tornaram uma parte cada vez mais importante da astronomia. É na observação dos abismos que tudo engolem que as gerações mais jovens de físicos buscam os segredos do Universo. Em 2019, mais de cem anos depois que Schwarzschild topou com a existência deles, obteve-se a primeira fotografia de um buraco negro. Com todas as suas características paradoxais, eles são reais. Na verdade, são muito comuns, espalhados Universo afora, pequenos ou grandes, no centro de galáxias e colidindo entre si.

Schwarzschild teve pouquíssimo tempo para refletir sobre as consequências de seu achado. Durante o período no front, ele adoeceu com pênfigo, uma rara enfermidade autoimune. Morreu poucos meses depois de ter enviado a Einstein seu artigo. Um asteroide, um observatório e uma cratera no lado oculto da Lua receberam seu nome – além de, é claro, um tipo de buraco negro.

42

O CÉU NOTURNO É ESCURO. Mas *por que* ele é escuro? É coalhado de bilhões e bilhões de estrelas, na verdade tantas que em cada ponto do céu há uma que brilha. Estamos cercados de faróis de fusão nuclear e a luz que eles emitem viaja sem obstáculos durante milhões de anos no vácuo do espaço. Se existem estrelas em todas as direções, o céu noturno deveria resplandecer de branco. O que vemos, porém, são pontinhos na escuridão.

Durante milhares de anos, essa questão intrigou filósofos e físicos. Os antigos gregos pensaram nela, assim como o astrônomo alemão Johannes Kepler, no início do século XVII, e Edmond Halley, na Inglaterra, um século depois. Em 1901, o físico britânico lorde Kelvin publicou um artigo curto em busca de uma solução, mas não chegou à resposta. Para compreender, era necessário um modelo novo de Universo. A escuridão do céu noturno está estreitamente ligada a uma consequência específica da teoria geral de Einstein e com aquilo que se tornou conhecido como seu "maior erro".[1]

A relatividade geral – tal como cristalizada por Einstein em suas equações de campo em 1915 – é belíssima. Reconcebeu o Cosmos. Explicou mistérios como a órbita irregular de Mercúrio e chamou a atenção para novas formas de compreender o tempo, o espaço e a massa. Mas parecia haver algo errado com ela.

O problema era o seguinte: a matéria dentro do Universo – ou seja, a massa combinada de todas as estrelas e planetas, meteoritos e cometas, tudo – afeta o tamanho do Universo como um todo. Estudando suas equações, Einstein descobriu que, se as aplicasse ao Universo inteiro, isso significaria que o Universo não podia manter um tamanho fixo. Se o Universo fosse estático, as forças gravitacionais acabariam por sugar toda a matéria. Porém, obviamente, não era o que estava acontecendo – nada estava sendo sugado. Então, o Universo não podia ser estático. Caso até mesmo os fundamentos mais básicos da relatividade geral estivessem corretos, o Universo tinha que estar se expandindo ou encolhendo. Ou a matéria no Universo estava fazendo o tecido do espaço se estilhaçar, o que significaria que um dia as estrelas, as grandes "mansões construídas pelas *mãos* da natureza", estariam tão distantes umas das outras que a escuridão reinaria em quase toda parte. Ou ela estava fazendo o Universo desmoronar em si, de modo que um dia tudo seria sugado, encolhido e comprimido em um único ponto e no nada.

Einstein não considerava atraente nenhuma dessas possibilidades. Porém, mais importante que isso, elas não combinavam com as evidências. No início do século XX, os astrônomos não concebiam que o Universo fosse maior que a Via Láctea. E em nossa galáxia local, tudo parecia estável. A Terra girava em torno do Sol, é claro, e movimentos planetários semelhantes aconteciam em quase toda parte. Mas, no esquema geral do Cosmos, até onde era possível afirmar, as coisas estavam em seus devidos lugares, sem recuar nem avançar. O consenso entre os físicos daquela época, inclusive Einstein, era que o Cosmos era estático, sem começo nem fim.

Em vez de confiar em sua teoria, por mais estranhas que fossem suas proposições, Einstein cedeu ao senso comum e admitiu não ter razão totalmente. Estava com 40 anos, na metade da vida, nem jovem o bastante para reimaginar pela segunda vez o Universo, nem velho o bastante para achar que sabia mais que todo mundo. Era um professor reconhecido, merecidamente respeitado na comunidade científica e famoso na Alemanha. Tinha uma situação confortável e estável de – por mais que ele talvez não gostasse de admitir para si próprio – burguês. As dificuldades que teve com a relatividade geral convenceram-no do poder da matemática e fortaleceram sua confiança na intuição e na criatividade, mas ele continuava a dar valor a fatos observáveis. E, até onde os fatos mostravam, restavam-lhe poucas alternativas. Ele precisava ajustar suas equações. Se não o fizesse, a relatividade geral seria um disparate, desconectada da realidade. Para isso contribuía a crença real de Einstein em um Universo homogêneo e isotrópico – ou seja, com a mesma aparência em todas as direções e com um lugar especial para a Terra dentro dele. Também estava convicto de que o Universo era imutável e eterno, mesmo com sua teoria levando à conclusão contrária.

Em 1917, fez aquilo que chamou de "ligeira modificação" em suas equações de campo.[2] Ele acrescentou a "constante cosmológica" – a *kosmologische Glied* –, representada pela letra grega λ, lambda. Foi uma gambiarra que Einstein introduziu em suas equações para tornar o Universo matematicamente estático. Dito assim, parece trapaça, e em parte era, ainda que não tão grave. Ele não saiu pegando qualquer número genérico que resolvesse seu problema. Primeiro, o termo adicional não afetava o funcionamento correto das equações. E, o que era importante, a constante já existia em seu referencial de origem, pronta para ser usada – ele apenas supunha que esse valor era zero e podia ser deixado de fora. Agora, ao que tudo indica, já não era mais o caso.

O que a constante cosmológica fazia era proporcionar um empurrão externo para contrabalançar a atração gravitacional da matéria, estabilizando o Universo. Em uma palavra, a antigravidade. Embora Einstein tenha resolvido que λ era necessário, ainda não estava satisfeito. No artigo em que apresentava a constante, afirmou: "A fim de chegar a essa visão consistente, reconhecidamente tivemos que introduzir uma extensão das equações de campo gravitacional que não se justifica segundo nosso conhecimento atual da gravitação."[3] Seu tom é quase de desgosto.

O novo termo estragava aquilo que ele considerava como a elegância das equações originais. Era "gravemente prejudicial à beleza formal" da relatividade.[4] Era uma forçada de barra, sim, porém o mais incômodo para Einstein é que realmente *parecia* isso. Tinha cara de uma malandragem mal-ajambrada. Não apenas da parte de Einstein, mas da parte de Deus também. Einstein acreditava que o Universo não tolerava deselegância ou complexidade onde a simplicidade resolveria. As leis invioláveis que produziram o Universo não tinham nada a ver com bagunça. Nas palavras dele em uma palestra de 1933, "a natureza é a realização dos mais simples conceitos matemáticos concebíveis".[5] Mesmo assim, embora Albert nunca tenha realmente apreciado a constante cosmológica, ele se apegou ao termo com bastante rapidez, uma vez que garantia que o Universo fosse estático.

Ao longo da década seguinte, durante a qual Einstein tornou-se o cientista mais famoso desde Newton e foi agraciado com o Prêmio Nobel, a constante começou a ser contestada. Físicos que estudaram as equações de Einstein tentaram convencê-lo de que um Universo em expansão era mais que uma possibilidade. Era um resultado aceitável, até mesmo provável, de sua teoria. Einstein os desprezou, embora as evidências sugerissem que eles poderiam ter razão.

Em 1912 – antes de Einstein terminar de formular suas equações –, o astrônomo Vesto Slipher observou objetos distantes no Universo e concluiu que eles pareciam estar se afastando. Por insuficiência de seus instrumentos, ele não tinha como associar conclusivamente seus resultados a um Universo em expansão, mas na década de 1920 outras observações confirmaram as suspeitas de Slipher. Do observatório de Mount Wilson, nas montanhas de San Gabriel, perto de Pasadena – onde ficava aquele que era na época o maior telescópio do mundo –, vieram descobertas empolgantes sobre os confins do Universo conhecido. Os dados eram fragmentados, mas os astrônomos também constataram ali que aglomerados distantes de estrelas pareciam voar para longe de nós.

Àquela altura, porém, Einstein era o cientista mais ilustre do mundo e tinha passado dez anos defendendo a constante cosmológica e um Universo estático. Seria preciso algo indiscutível para fazê-lo mudar de ideia. Esse algo veio em 1929, com a publicação de um artigo do renomado astrônomo americano Edwin Hubble, o diretor de Mount Wilson. O artigo trazia evidências conclusivas de um Universo em expansão. Em 1924, Hubble havia achado uma galáxia fora da Via Láctea: Andrômeda. Em pouco tempo ele achou mais duas dezenas delas, alterando completamente nossa concepção do tamanho e das características do Universo. Não somos uma coleção única de estrelas, mas um de vários "Universos-ilhas", na expressão de Immanuel Kant, separados por imensas distâncias.

Dispondo dessas novas estrelas extragalácticas, Hubble e o colega Milton L. Humason se propuseram a medir seu desvio para o vermelho. O desvio para o vermelho está para a luz como o efeito Doppler está para o som. A frequência de uma onda se altera com o movimento em relação ao receptor. Se a sirene de uma ambulância ou o apito de um trem de carga se desloca em sua direção, as ondas sonoras produzidas se comprimem, fazendo com que tenham uma frequência maior e, por conseguinte, soem mais graves. À medida que o apito do trem se afasta de você, as ondas se alongam, a frequência fica mais baixa e por isso soa menos grave. O mesmo ocorre com a luz. À medida que uma fonte luminosa – digamos, uma estrela – se aproxima do observador, as ondas luminosas se comprimem, produzindo uma cor de frequência mais alta, desviando em direção à extremidade azulada do espectro. Quando a estrela está se afastando do observador, a frequência luminosa cai, ficando mais avermelhada.

Slipher já tinha percebido que a luz das estrelas distantes se desviava para o vermelho – assim como o padre e físico belga Georges Lemaître. Mas Hubble e Humason tinham conseguido produzir evidências substanciais – e impossíveis de ignorar – de que as estrelas em todas as direções estavam se afastando, ficando cada vez mais vermelhas. A menos que a Terra estivesse no centro de toda a Criação, isso só podia significar que o Universo estava em expansão.

A notícia viajou até Berlim, onde chegou a Einstein, que quase imediatamente deletou a constante cosmológica de seu raciocínio. Dois anos depois, em sua segunda viagem aos Estados Unidos, ele foi com Elsa até Mount Wilson. Em razão de sua fama, a visita gerou grande empolgação, a começar pelo próprio Hubble. Einstein teve direito a um tour e pôde até mexer em algumas manivelas do famoso telescópio. Quando Elsa ficou sabendo que todos aqueles poderosos instrumentos podiam determinar a forma e a extensão do Universo, ela teria retrucado: "Bem, meu marido faz isso no verso de um envelope usado."[6]

Mostraram a Einstein as placas fotográficas que serviram de base para Humason e Hubble e de cara ficou evidente que elas estavam corretas. No dia seguinte, em uma entrevista coletiva na biblioteca do observatório, Einstein abandonou formalmente a constante e reconheceu que o mais provável é que, no fim das contas, o Universo não fosse estático.

Portanto, o Universo está em expansão. Digamos que você desenhe pontinhos, a um espaçamento constante, em um balão murcho, e, em seguida, encha o balão. À medida que ele se expande, os pontinhos se espalham e você vai perceber que, quanto mais um pontinho está distante de outro, mais rapidamente se afasta dele. Ou seja, quando um pontinho já está distante, a distância quando o balão se enche será grande. Se ele estiver perto, a distância será pequena. É assim, resumidamente, o Universo em expansão, considerando o balão como o Universo em si e os pontinhos como a matéria contida nele. Isso significa que as estrelas mais distantes, à medida que vão se distanciando cada vez mais de nós, ficarão cada vez menos brilhantes, até um dia desaparecerem. Vai levar muitos e muitos anos – muito além da morte do sistema solar –, mas um dia o espaço inteiro será um oceano de estrelas órfãs, perdidas nas trevas. Pode não ser um pensamento muito alegre, mas deixou Einstein maravilhado.

Como subproduto de sua descoberta, o mistério do céu noturno foi finalmente resolvido. Um Universo em expansão desempenha dois importantes papéis na garantia de que haja escuridão assim como luz. Primeiro, como vimos, a expansão faz com que a luz emitida por uma estrela desvie-se rumo à extremidade avermelhada do espectro. Mas esse processo não se limita à luz visível. Quanto mais distante uma estrela, mais as ondas eletromagnéticas se esticam. Por meio desse processo, a luz visível se torna infravermelha, fora do alcance dos nossos olhos.

Mais importante ainda é o fato de que um Universo em expansão pressupõe um *começo*, um ponto a partir do qual a expansão se iniciou. É o que hoje conhecemos como Big Bang. Isso aconteceu há aproximadamente 13,8 bilhões de anos. E significa que esse foi todo o tempo que a luz teve para viajar. Ora, 13,8 bilhões de anos é um tempo enorme, mas como a luz não se desloca de A até B instantaneamente, mas a uma velocidade específica, para algumas estrelas esse tempo na verdade não é suficiente para a luz ter atravessado toda a distância até a Terra. Além disso, como o Universo está em expansão, a distância que a luz das estrelas precisa viajar não para de aumentar, de modo que nunca chega até nós. O céu noturno é escuro porque o Universo teve um começo.

De 1931 em diante, Einstein estava alegremente liberado da constante cosmológica e nunca mais voltou a falar dela, a não ser como troça. Ela não tinha mais utilidade. A beleza tinha sido restaurada.

Muitos anos depois, porém, descobriu-se que isso não era exatamente verdadeiro. A constante seria ressuscitada, para servir a um propósito inesperado. Desde então, ela tem se mostrado cada vez mais difícil de abandonar. Mas, pelo restante da existência de Einstein, ela continuou assim, como o grande erro.

43

Ilse Einstein tinha 21 anos. Einstein havia acabado de contratar a filha mais velha de Elsa como secretária do instituto de física dirigido por ele. Ilse era idealista, fortemente esquerdista, politicamente ativa e graciosa. Perdera a visão de um de seus olhos negros em um acidente na infância, mas isso era considerado mais como uma imperfeição charmosa, que só aumentava, em vez de diminuir, o seu carisma.

Ela estava apaixonada por Georg Nicolai, um fisiologista, antigo amigo da família, duas décadas mais velho que ela. Culto e pacifista, tendo morado tanto na Rússia quanto na França, mas com tendências egocêntricas, Nicolai era notório por seus atos temerários. Em um episódio famoso, enviado à corte marcial quando atuava como médico do Exército, ele conseguiu se apoderar de um biplano da força aérea alemã e voar até a Dinamarca. A alta ideia que fazia de si mesmo estendia-se ao apetite sexual. Em uma viagem à Rússia, ele fez um diário onde anotava as mulheres com quem fazia sexo – a conta chegou a 106, incluindo dois pares de mãe e filha.

Em maio de 1918, Ilse enviou a Nicolai uma carta longa e queixosa, acrescida da instrução "Por favor, destrua esta carta imediatamente após lê-la!".

> Ontem, levantou-se repentinamente a questão se A. queria casar-se com mamãe ou comigo. Essa pergunta, feita inicialmente meio de brincadeira, em poucos minutos tornou-se uma questão séria [...] Albert recusa-se a tomar qualquer decisão, está pronto a casar-se seja comigo, seja com mamãe. Sei que A. ama-me muito, talvez mais do que qualquer homem jamais amará, e ele próprio também me disse

isso ontem. Por um lado, ele pode até preferir-me como esposa, já que sou jovem e poderia ter filhos comigo, o que naturalmente não é de modo algum o caso de mamãe; mas ele tem decência demais e amor demais por mamãe para jamais tocar no assunto. Sabes como me sinto em relação a A. Amo-o muitíssimo; tenho o maior respeito por ele como pessoa. Se um dia houve amizade e camaradagem reais entre dois seres de tipos diferentes, é bem certo que sejam meus sentimentos por A. Nunca quis nem senti o menor desejo de estar perto dele fisicamente. Esse já não é o caso dele – pelo menos nos últimos tempos [...] A terceira pessoa a ser mencionada nesse estranho e com certeza também bastante cômico caso seria mamãe. Até agora – por não crer ainda com convicção que eu fale sério – ela me permitiu escolher com total liberdade. Se ela visse que apenas com A. eu poderia ser feliz de verdade, abriria caminho, por amar-me. Mas seria um sofrimento amargo para ela [...] Há de parecer-te peculiar que eu, uma coisinha boba de 20 anos de idade, tenha que tomar uma decisão sobre tão sério assunto; eu mesma mal posso crer e também sinto-me muito mal em fazê-lo. Ajuda-me![1]

Einstein e Mileva se divorciaram em fevereiro de 1919. Ele se casou com Elsa em junho.

44

Desde a sua chegada a Berlim, Einstein foi ficando gradualmente mais afeito, até simpático, à ideia de pertencer a um povo. Essa reconfiguração da sua herança foi, em grande parte, moldada pelos muitos judeus que ele conheceu em Berlim e que tentaram assimilá-lo à cultura alemã. A maioria dos judeus da Alemanha privilegiava essa abordagem, que buscava "superar o antissemitismo abandonando quase tudo que fosse judeu", nas palavras de Einstein.[1] Ele considerava essa tentativa de misturar-se – que ele chamava de "tergiversação"[2] – servil e estúpida e não se furtava de dizer isso na frente das pessoas.

A assimilação era mais comum na Europa Ocidental do que na Oriental e Einstein ficava insatisfeito com a forma como muitos judeus assimilados na Alemanha se consideravam mais refinados e, portanto, superiores aos judeus majoritariamente não assimilados em países como a Rússia e a Polônia. "Foi só quando, aos 35 anos, cheguei a Berlim que compreendi a comunhão de destino dos judeus e senti o dever de me opor, o quanto pudesse, à atitude indigna dos meus pares judeus."[3]

Ele não redescobriu sua fé. O judaísmo, tal como Einstein o concebia, não era uma questão de religião. Para usar uma metáfora empregada por ele: por mais que o caracol seja uma criatura que vive em uma concha, isso não serve como definição; se o caracol se livrasse de sua concha, continuaria sendo um caracol. Ele concebia o judaísmo, escreveu certa vez, como uma "comunidade de tradição".[4] Sua solidariedade com o povo judeu era, em suas palavras, uma solidariedade com seus "companheiros de tribo", mais que correligionários.

No início de 1919, foi ao sionismo que Einstein se voltou, como forma de abraçar sua "tribo". Convencido, em parte, graças aos esforços de recrutamento do líder sionista Kurt Blumenfeld, Einstein superou suas restrições instintivas ao elemento nacionalista inerente ao movimento – isto é, a criação de um Estado judeu – e foi convencido de que um lar para os judeus na Palestina propiciaria a eles uma segurança interior e uma liberdade até então desconhecidas.

Voltando a pé com Blumenfeld depois de uma palestra deste último, Einstein declarou: "Sou *contra* o nacionalismo, mas *a favor* da causa sionista. Hoje a razão disso ficou clara para mim. Quando uma pessoa tem dois braços e diz o tempo todo: 'Eu tenho o braço direito', ela é chauvinista. Quando uma pessoa não tem o braço direito, porém, precisa fazer de tudo para encontrar um substituto desse membro ausente."[5]

Depois de hipotecar seu apoio, ele nunca mais o retirou. Embora nunca tenha aderido oficialmente a nenhuma organização sionista, ele emprestou com frequência seu prestígio em prol das metas do movimento, sobretudo o estabelecimento de uma universidade judaica na Palestina. Uma pátria judaica, acreditava ele, representaria "um centro de cultura para todos os judeus, um refúgio para os mais gravosamente oprimidos, um campo de atuação para os melhores dentre nós, um ideal unificador e um meio de alcançar a saúde interior para os judeus do mundo inteiro".[6]

Quando Einstein estava se dedicando a esse senso redescoberto do judaísmo e ajudando os judeus de todas as formas a seu alcance, a Alemanha estava se tornando mais abertamente antissemita. Desde a Primeira Guerra Mundial, como reação às indenizações de guerra devastadoras impostas pelos Aliados, um mito insidioso e reconfortante vinha sendo propagado pela imprensa de direita: que a derrota se devera a uma traição interna. O Exército teria sido solapado por sentimentos pacifistas, internacionalistas e antimilitares no front interno: a população civil e seus líderes haviam negado apoio em um momento vital da guerra. Essa narrativa não tardou a se transformar em algo mais simplista e a culpa pela humilhação do país recaiu quase inteiramente sobre os ombros dos judeus do país.

Por si só, isso bastou para incentivar Einstein a abraçar e a defender seu sentimento judeu. Sua primeira tomada de posição pública contra o antissemitismo ocorreu no verão de 1920, sob a forma de uma defesa pessoal. Em

24 de agosto, uma organização nacionalista de direita, o Grupo de Trabalho dos Cientistas Alemães pela Preservação de uma Ciência Pura, realizou um comício na Filarmônica de Berlim, cujo objetivo era atacar a legitimidade da relatividade e o caráter de seu criador. O primeiro a discursar foi Paul Weyland, engenheiro que havia escrito vários artigos de natureza política, difamando a relatividade. Ele se agarrou ao fato de que o público e alguns cientistas estavam inquietos com a base abstrata, e não experimental, da teoria, a forma como ameaçava grande parte da ciência "tradicional" com o que ele considerava o "caráter judeu". A relatividade, Weyland declarou no comício, era espúria, um golpe publicitário e, pior que tudo, um plágio. O discurso seguinte foi do físico experimental Ernst Gehrcke, que disse na prática o mesmo que Weyland, só que em linguagem científica.

No meio de seu discurso, começou um burburinho no salão – "Einstein", os espectadores estavam dizendo. "Einstein, Einstein." Albert estava sentado em um dos camarotes, à vista de todos, para assistir ao espetáculo e ridicularizá-lo em público. Embora estivesse legitimamente furioso com seus detratores – a quem responderia dias depois com um artigo atacando-os e refutando seus argumentos – e seu preconceito descarado, Einstein foi só sorrisos e serenidade. Junto com o amigo Walther Nernst, pontuou os trabalhos com ruidosos ataques de riso e aplausos. Quando tudo terminou, ele declarou que o encontro tinha sido "muito divertido".[7]

45

Os poucos e inacreditáveis minutos de um eclipse total do Sol – quando a Lua passa na frente do Sol, encobrindo-o – são um claro lembrete do absurdo do Universo. Só o vivenciamos por causa de uma casualidade cósmica. O Sol é cerca de quatrocentas vezes maior que nossa Lua, mas por acaso fica cerca de quatrocentas vezes mais longe da Terra. Os dois corpos celestes, portanto, aparecem para nós com exatamente o mesmo tamanho no céu. Quando o eclipse é total, o disco negro da Lua bloqueia o Sol com uma perfeição fascinante, revelando apenas o brilho difuso e perolado da atmosfera exterior do Sol: a coroa. As estrelas aparecem no céu com mais brilho.

Em 29 de maio de 1919, um inglês bastante asseado, morrendo de calor, estava tirando fotos desse momento exato, na pequena Ilha do Príncipe, no Golfo da Guiné, costa oeste da África Equatorial. Ele mal olhou para cima para ver o acontecimento por conta própria, de tão preocupado com a colocação das grandes placas fotográficas no astrógrafo que trouxera com ele, meses antes, da Grã-Bretanha. Ele ignorou os mosquitos e a umidade do ar provocada por uma tempestade pouco antes. Tinha muitas fotos para tirar em pouco tempo.

Durante a Primeira Guerra Mundial, Arthur Stanley Eddington estava na casa dos 30 anos. Como diretor do observatório de Cambridge, caminhava para tornar-se um dos melhores astrônomos que o Reino Unido já produziu. Também era um quacre devoto e tinha deixado bem claro que sua fé o impedia de lutar na guerra em andamento na Europa. Em 1917, seus colegas em Cambridge se deram conta de que Eddington podia muito bem ir parar em um campo de prisioneiros por conta de sua posição e conseguiram arranjar para ele uma dispensa sob o pretexto de que seu trabalho era essencial para o esforço de guerra. O Ministério do Interior enviou a Eddington o devido formulário, que ele assinou. No entanto, fiel a suas crenças, ele se sentiu na obrigação de acrescentar um pós-escrito, declarando que se não fosse dispensado por aquele motivo, seria obrigado a recusar o alistamento, como objetor de consciência. Sem saber direito o que fazer, o Ministério retirou a proposta.

O astrônomo real, sir Frank Dyson, interveio e conseguiu restabelecer a dispensa de Eddington. Desta vez, sob uma condição: Eddington teria que realizar uma missão científica importante. Ele foi "voluntariado" por Dyson como líder de uma expedição. Eddington era desde sempre um defensor entusiasmado da relatividade geral, o que fazia dele uma absoluta anomalia na Grã-Bretanha, onde o trabalho dos cientistas alemães era, de modo geral, ignorado, condenado ou ridicularizado. Eddington não era de se curvar ao espírito do tempo. Acreditava que a ciência não tinha fronteiras e que a estrada para a paz estava no internacionalismo. Dyson mostrou a ele que uma oportunidade de ouro para provar a validade daquela estranha teoria alemã estava logo ali.

Segundo a relatividade geral, objetos de grande dimensão pareciam curvar a luz, já que o caminho mais curto para ela perto, por exemplo, de uma estrela seria ao longo de um trecho curvo do espaço-tempo. A melhor chance de detectar esse desvio da luz na Terra seria durante um eclipse – e em 1919 ocorreria um. Quando ele acontecesse, o aglomerado estelar das Híades estaria atrás do Sol. A luz de cada uma de suas estrelas voaria em direção à Terra, curvando-se em torno do Sol antes de nos alcançar. Daria a impressão, assim, de que as estrelas mudaram de lugar no céu. Dyson podia não entender totalmente a relatividade, mas, assim como Eddington, sabia que seria um tremendo feito se um astrônomo inglês provasse as ideias de um cientista que trabalhava na capital alemã.

Os eclipses são, na verdade, bastante comuns: todos os anos acontecem um ou dois acima da superfície terrestre. O motivo de parecerem raros, quase milagrosos, é que a cada ocasião a sombra da Lua cruza apenas uma parte diminuta do globo. A umbra do eclipse de 1919 ia passar sobre o Brasil e o oceano Atlântico e, em seguida, pelos céus da África Equatorial. Não fazia sentido Eddington ficar sentado esperando por ela em Cambridge.

Ainda em meio à guerra e à escassez de materiais, com o mar patrulhado por U-boats alemães, Eddington propôs-se a planejar sua expedição. Foi decidido que haveria duas equipes, na tentativa de minimizar a probabilidade de mau tempo. Eddington e o talentoso técnico E. T. Cottingham iriam para a Ilha do Príncipe, enquanto os astrônomos Andrew Crommelin e Charles Davidson iriam para a cidade de Sobral, cerca de 100 quilômetros sertão adentro na costa nordeste do Brasil. As duas equipes fariam medições e, no retorno a Londres, comparariam seus números.

Os físicos se separaram na Ilha da Madeira, território português perto do Marrocos. A equipe do Brasil seguiu viagem, enquanto Eddington e Cottingham – com sua câmera astrográfica – desembarcaram. Eles teriam que encontrar por conta própria um jeito de chegar a Príncipe, o que se revelou mais fácil de dizer do que de fazer. Demoraram quase um mês buscando um navio que os levasse pelo resto do caminho. Eddington usou o tempo livre para escalar as montanhas do entorno e visitar o cassino da Madeira – mas não para apostar, jurou nas cartas que enviou para a mãe. Era só porque eles serviam um chá particularmente saboroso lá.

Assim que chegaram a Príncipe, passaram o tempo construindo cabanas, enxotando macacos e sofrendo com os mosquitos. Certa noite, um fazendeiro convidou-os para a ceia e colocou potes cheios de açúcar na mesa. Os dois ficaram espantados – por causa dos bloqueios alemães durante a guerra, fazia quase cinco anos que nenhum deles via açúcar.

Três semanas depois da chegada à ilha, Eddington, Cottingham e alguns portadores locais levaram os equipamentos, em dorso de mula, até um planalto distante das montanhas centrais e da ameaça de tempestades. Eddington sabia que o eclipse ocorreria exatamente cinco segundos depois das 14h13. Cottingham fez a contagem regressiva e começou a bater as chapas. O céu nunca ficou totalmente livre de nuvens. Das 16 fotografias, ele acabou com apenas duas utilizáveis, cada uma mostrando cinco estrelas borradas.

Em Sobral, a coisa não foi muito melhor. Lá, as nuvens espessas e ameaçadoras dos trópicos tinham sumido na noite anterior e o equipamento foi vítima mais do excesso que da falta de sol. O espelho do astrógrafo dilatou-se com o calor, alterando o foco e prejudicando a definição das imagens. Mas Crommelin e Davidson também tinham levado com eles um telescópio, sem muita convicção, como garantia. Foi ele que tirou as melhores fotos da expedição inteira.

As duas equipes estavam à espreita do menor desvio na posição das estrelas. Einstein tinha previsto uma deformação da luz estelar de 1,7 segundo de arco – ou seja, ligeiramente menos de 1/2.000 de grau. Estamos falando de uma escala reduzidíssima. Para quem está na Terra, observando a olho nu o céu noturno, as estrelas dariam a impressão de terem se deslocado menos que um fio de cabelo em relação à posição normal.

Era com base nessa alteração diminuta que a teoria de Einstein, e uma nova compreensão da natureza do Universo, ficaria em pé ou desmoronaria.

46

ESTAMOS NO PERÍODO DE NATAL EM CAMBRIDGE, em 1933. No salão de festas principal do Trinity College, cinco homens estão sentados diante da antiga lareira, fumando cachimbos de barro compridos, conforme a tradição dessa época do ano. São eles Ernest Rutherford, o pai da física nuclear; Arthur Stanley Eddington, o astrônomo e conhecido divulgador da ciência; Maurice Amos, ex-consultor-chefe jurídico junto ao governo do Egito; Patrick du Val, renomado geômetra; e Subrahmanyan Chandrasekhar, um entusiasmado físico de 23 anos, que meio século depois seria agraciado com o Prêmio Nobel por seu trabalho sobre a evolução das estrelas.

A conversa entre esses cinco homens durou bem além da meia-noite. Amos virou-se para Rutherford:

– Não entendo por que Einstein recebe uma consagração pública maior que você – diz ele. – Afinal de contas, você inventou o modelo nuclear do átomo e esse modelo representa a base de toda a ciência física de hoje, mais universal em sua aplicação até que as leis da gravitação de Newton. Enquanto isso, mesmo admitindo que a teoria de Einstein esteja correta, e não posso dizer o contrário na presença do Eddington aqui, as previsões dele se referem a desvios tão diminutos da teoria newtoniana que eu não entendo por que tanto alarde.[1]

Rutherford, como resposta, olha para Eddington.

– *Você* é responsável pela fama de Einstein – diz a ele, e não estava de todo brincando.

* * *

É fácil determinar o dia em que Einstein ficou famoso. Em 7 de novembro de 1919, o jornal londrino *The Times* publicou a seguinte manchete:

REVOLUÇÃO NA CIÊNCIA
NOVA TEORIA DO UNIVERSO
IDEIAS NEWTONIANAS CAEM POR TERRA[2]

O texto logo abaixo relatava o encontro conjunto da Royal Society e da Royal Astronomical Society, realizado na tarde anterior na Burlington House, em Mayfair. Eles tinham se reunido tão somente para anunciar, e debater, os resultados da expedição de Eddington – ou seja, para se pronunciar em relação à validade da relatividade.

Logo acima da fina flor da ciência britânica estava pendurado um retrato de sir Isaac Newton, contemplando seus pares com ar severo. J. J. Thomson, o descobridor do elétron e presidente da Royal Society, estava presidindo o encontro. O astrônomo real, Frank Dyson, apresentou as conclusões e finalizou:

– Depois de um cuidadoso estudo das placas, estou preparado para afirmar que não resta dúvida de que confirmam a previsão de Einstein.[3]

Houve murmúrios críticos. Ludwik Silberstein, físico polonês que escrevera em 1914 um importante manual sobre a relatividade, recomendou cautela. Apontando para o retrato de Newton, advertiu:

– Devemos a este grande homem proceder com grande cuidado.[4]

Mas ninguém estava prestando atenção.

Thomson captou o clima no salão ao encerrar a discussão:

– Este é o mais importante resultado relacionado à teoria da gravidade desde os tempos de Newton.[5]

A reportagem do *The Times* estava cercada de textos sobre querelas trabalhistas, o preço do carvão e os derrotados alemães, além de um comunicado oficial do rei George V à imprensa, pedindo dois minutos de silêncio no Dia do Armistício, cujo primeiro aniversário ocorreria dali a dois dias. O anúncio de uma nova teoria do Universo é uma nota destoante de progresso em meio a essas matérias tristes. Durante a conversa noturna no Trinity College, Rutherford conjecturou que o que realmente atraiu a imaginação do público foi o fato de uma previsão astronômica de um cientista "inimigo", feita durante a guerra, ter sido confirmada por um compatriota.

Na primeira vez em que é mencionado no texto do *The Times*, Einstein é descrito como "o famoso físico".[6] Embora seja verdade que na comunidade física ele fosse pelo menos moderadamente conhecido, quase ninguém mais na Grã-Bretanha teria reconhecido seu nome. Einstein só ficou famoso logo após a reportagem do jornal britânico. Era um material bastante sensacionalista. Mas a cobertura da imprensa britânica pareceu francamente comedida, perto do *The New York Times*.

O jornal americano não tinha correspondente de ciência em Londres. Por isso, os editores recorreram aos serviços do setorista de golfe, o simpático Henry Crouch, que se encontrava por acaso no Reino Unido. No primeiro momento, Crouch resolveu que nem valia a pena ir ao encontro. Tendo mudado de ideia na última hora, descobriu que não tinha como entrar. Não tinha problema: ele ia simplesmente ler o *The Times* do dia seguinte, pinçar e enfeitar o que precisasse e enviar o texto como se nada tivesse acontecido. Porém, naquela mesma noite – o que deve ter sido um choque –, ele foi avisado que o *The Times* daria apenas um resumo do encontro, por considerá-lo incompreensível na prática. Sempre proativo, Crouch telefonou para Eddington em pessoa, pedindo-lhe um apanhado do que ele tinha perdido. Como era de esperar, Crouch não entendeu patavinas e teve que pedir uma versão mais simples, que o leitor comum de jornais pudesse entender. Ele enviou o seguinte texto, em 8 de novembro, sem saber se o que tinha escrito fazia algum sentido:

ECLIPSE DEMONSTROU VARIAÇÃO DA GRAVIDADE
Aceita-se que o desvio dos raios luminosos afeta
princípios de Newton.
SAUDADO COMO HISTÓRICO
Cientista britânico considera descoberta um dos maiores
feitos do homem.[7]

A reportagem empolgou o jornal e os leitores. "Histórico" está longe de parecer comedido, mas por algum motivo os editores acharam que Crouch tinha subestimado o acontecimento como um todo e pediram mais. No dia seguinte, ele enviou um telegrama especial ao *The New York Times* e, dessa vez, os redatores das manchetes se esbaldaram:

TODAS AS LUZES DISTORCIDAS NOS CÉUS
Homens da ciência um tanto irrequietos com
resultados de observações de eclipse.

TEORIA DE EINSTEIN TRIUNFA
Estrelas não estão onde pareciam estar nem onde se calculava
que estivessem, mas ninguém deve se preocupar.

UM LIVRO PARA DOZE SÁBIOS
Ninguém mais no mundo poderia compreendê-lo, disse Einstein
quando seus corajosos editores o aceitaram.[8]

O relato era deliciosa e gloriosamente impreciso. As estrelas estavam exatamente onde deveriam estar. Na verdade, a questão era exatamente esta: Einstein tinha previsto corretamente a posição delas. Os doze sábios de Crouch eram inteiramente inventados, assim como a frase de Einstein. Mas a incompreensibilidade da relatividade era em grande parte o motivo do seu fascínio e, como o especialista em golfe compreendeu, valia a pena envolvê-la em mistério.

Embora os cientistas não estivessem exatamente "irrequietos", muitos estavam cativados pela teoria e contribuíram sem querer para a narrativa dos dons de adivinho de Einstein. Depois do anúncio dos resultados na Burlington House, enquanto os membros estavam indo embora, Silberstein aproximou-se de Eddington:

– Você deve ser uma das três pessoas no mundo que compreendem a relatividade geral.

Eddington protestou, mas Silberstein não lhe deu ouvidos.

– Não seja modesto.

– Pelo contrário – respondeu Eddington. – Estou tentando pensar quem é a terceira pessoa![9]

A fabricação do mito pelo *The New York Times* não se limitou aos "12 sábios". Em dezembro, o jornal mandou um repórter entrevistar Einstein em casa, em Berlim. Ali, dizia a reportagem resultante, Einstein "observou anos atrás um homem cair de um telhado vizinho – por sorte em uma pilha macia de entulho – e escapar quase ileso".[10] Depois de cair, supostamente o homem achou um jeito de contar a Albert que, ao cair, ele não tinha sentido o efeito da gravidade, como se não tivesse peso. Mas esse homem não existia, nem o monte de entulho – o repórter tinha inventado tudo.

Na Alemanha, a imprensa foi mais cautelosa em relação a todo o acontecimento. Desde meados de novembro, um ou outro artigo simples e factual havia sido publicado, a maioria baseado no relato do *The Times*, mas nada com muito alarde. Não chega a surpreender: o país ainda sofria a devastação subsequente à derrota na Primeira Guerra Mundial. Como Einstein escreveu para Heinrich Zangger: "Aqui [em Berlim] todas as condições são variáveis e nem todas para o bem; empobrecimento e corrupção em grande escala [...] As desvantagens da derrota são sentidas de uma vez só e os benefícios só pouco a pouco."[11] O inverno tinha chegado mais cedo e havia escassez de tudo. Milhões de pessoas mal tinham comida ou combustível. Refugiados se amontoavam nas cidades e o número de sem-teto disparou. Não havia garantia nem de luz, nem de gás, nem de água. Solicitou-se à família Einstein, cujo apartamento era grande e de cobertura, que alugasse um de seus quartos.

Foi só 12 dias depois da entrevista no *The New York Times*, em 14 de dezembro, que o *Berliner Illustrirte Zeitung* conferiu a Einstein o prestígio que ele tinha amealhado tão rapidamente em outros lugares. Publicou um retrato gigante dele na capa. Seu rosto preenchia quase todo o espaço. O bigode está bem-feito, o cabelo escuro e ainda não desgrenhado. A pose é contemplativa: o queixo apoiado na mão, o olhar para baixo, quase sofrido, de um homem perdido em pensamentos. Embaixo do retrato, os dizeres "Um novo luminar para a história mundial: Albert Einstein, cuja pesquisa representa uma revolução total na maneira de enxergarmos o mundo e cujas descobertas são iguais às de um Copérnico, um Kepler e um Newton".[12]

Albert comemorou seu êxito comprando um violino novo.

47

Em 2 de abril de 1921, Einstein chega aos Estados Unidos. Ao lado de Elsa, seus companheiros de viagem consistem em uma delegação da Organização Sionista Mundial, além de seu presidente, Chaim Weizmann, um bioquímico talentoso e bem-sucedido que viria a ser o primeiro presidente de Israel. Foi a convite de Weizmann – poderíamos dizer por insistência dele – que Einstein fez a viagem. A comitiva almeja arrecadar fundos para ajudar a assentar palestinos e, sobretudo, para a criação de uma Universidade Hebraica em Jerusalém. Como Einstein sabe muito bem, está acompanhando a delegação para atuar como garoto-propaganda da excursão e para "ser exibido como um boi premiado".[1]

A bordo do *Rotterdam*, atracado no porto de Nova York, Einstein e Weizmann são recebidos por uma multidão de repórteres. Faz frio. Einstein está usando um grosso casaco cinzento e um chapéu de feltro. Leva uma caixa de violino em uma das mãos e um cachimbo na outra. Elsa e Albert posam para as câmeras durante meia hora e, em seguida, ele é submetido a uma entrevista coletiva, que até aprecia.

– O senhor pode resumir a relatividade em uma frase? – pergunta um repórter.

– A minha vida inteira tentei fazê-la caber em um livro – responde Einstein. – Ele quer que eu a explique em uma frase![2]

É perguntado a Weizmann se ele teve algum êxito em compreender a relatividade com a ajuda do professor.

– Durante a travessia, Einstein explicou-me todos os dias sua teoria – ele responde –, e agora que chegamos estou plenamente convencido de que ele a compreende.[3]

Um rebocador os leva até o cais, onde os aguarda uma banda de música. Uma carreata de várias horas atravessa os bairros judeus do Lower East Side, antes da chegada ao Commodore Hotel, um pouco antes da meia-noite, com todos inteiramente exaustos.

Einstein não fala muita coisa em nenhum dos grandes eventos do *tour*. Em um encontro assistido por 8 mil pessoas ele faz seu único pronunciamento:

– O dr. Weizmann falou, e falou muito bem por todos nós. Sigam-no e vocês estarão bem. É tudo que tenho a dizer.[4]

Nas boas-vindas oficiais da cidade, em uma cerimônia na prefeitura, ele nem se pronuncia. Enquanto Weizmann recebe apenas aplausos educados e esparsos, Einstein é erguido nos ombros dos colegas e levado até um carro, em meio à ovação da multidão.

Depois de três semanas em Nova York, Einstein e um grupo de representantes visitam a Casa Branca e se encontram com o presidente Warren G. Harding. Enquanto Harding posa para fotos com Einstein, alguém pergunta se ele entende a teoria do professor. Ele sorri e confessa que não.

Ocorre uma recepção na Academia Nacional de Ciências, em que os homenageados fazem longos discursos sobre os assuntos de seu interesse e suas pesquisas. Há um paleontólogo e um especialista em aves da América do Norte. O príncipe Albert, de Mônaco, um apaixonado por oceanografia, fala sobre seus estudos e seus barcos especialmente adaptados. Uma série de especialistas em vermes faz palestras cada vez mais entediantes.

Einstein chega perto de um diplomata holandês e, sorridente, declara baixinho: "Acabo de elaborar uma nova teoria da eternidade."[5]

O tour de Einstein continua por Chicago, Princeton e New Haven. Em seus dois dias em Boston ele participa de seis recepções, um café da manhã com empresários, um lanche e um jantar *kosher* para quinhentas pessoas. Em Hartford, atravessa a cidade em uma carreata de cerca de cem veículos, liderada por batedores da polícia, uma banda de música e um carro levando os quatro rabinos mais importantes da região, acompanhada por 15 mil espectadores. As ruas, as lojas, as casas e os carros estão decorados com bandeiras americanas, judaicas e – por algum motivo obscuro – inglesas. Ele recebe flores de um grupo de crianças.

A maioria dos comerciantes judeus de Cleveland decreta meio expediente para a chegada de Einstein. Ao descerem do trem, ele e Weizmann são saudados por milhares de pessoas, contidos por um grupo de ex-militares judeus uniformizados. Mais uma carreata – dessa vez com duzentos carros e uma banda militar à frente – serpenteia pela cidade, levando Einstein e Weizmann até o hotel, mas fazendo uma parada na Escola Hebraica para um encontro de apenas dez minutos com o pessoal e 2 mil crianças. As pessoas querem tocar no carro de Einstein e tentam subir nos estribos, mas são afastadas pela polícia. À noite, participam de um banquete para seiscentos convidados.

De volta a Nova York, no final de maio, preparando-se para o retorno à Alemanha, Einstein escreve ao amigo Michele Besso, afirmando estar satisfeito por ter sido útil, mas que foram dois meses extenuantes: "É um milagre eu ter aguentado."[6]

48

Niels Bohr, 34 anos, alto e tímido, dava a impressão de estar ao mesmo tempo incomodado e contente. Era abril de 1920, e ele fizera a viagem de Copenhague até Berlim para uma série de palestras. Aproveitou a oportunidade para visitar Einstein pela primeira vez. Ao chegar ao número 5 da Haberlandstrasse, Bohr presenteou o anfitrião com um cesto contendo manteiga, queijo e outras iguarias deliciosas. Albert e Elsa, que ainda estavam sofrendo os racionamentos alimentares da Alemanha pós-guerra, gostaram muito.

Em 1913, Bohr tinha aperfeiçoado o modelo de átomo. Nesse processo, deu início a uma nova era no desenvolvimento da mecânica quântica. Ele vinha trabalhando com o físico Ernest Rutherford, em Manchester. Em 1911, Rutherford, que era um experimentalista de mão cheia, além de excelente companhia, havia concebido um novo modelo de átomo, em que os elétrons orbitavam um núcleo central. Bohr havia resolvido uma falha nesse modelo. Rutherford supôs que os elétrons giravam em torno do núcleo onde bem entendessem dentro do átomo, a distâncias indefinidas em relação ao centro e, por conseguinte, previu que os elétrons perdiam energia à medida que orbitavam, a ponto de acabarem desabando no núcleo. O problema é que isso não acontecia na prática. Em outras palavras, o modelo de átomo de Rutherford era instável, enquanto na natureza os átomos são muito estáveis. O átomo de Bohr, em compensação, continha elétrons que só podiam existir em certas órbitas – em certos níveis de energia – e em nenhum outro lugar. Um elétron só podia ganhar ou perder energia em certas quantidades bem definidas, e se ganhasse ou perdesse energia "saltaria" de um nível de energia para outro. Um elétron somente poderia existir nos níveis de energia determinados; nada entre um e outro era permitido. O modelo de Bohr representava à perfeição o comportamento estável dos átomos.

Einstein qualificou o trabalho de Bohr como "a forma mais elevada de musicalidade na esfera do pensamento"[1] – na verdade, ficou até com um pouco de ciúme, chegando a afirmar a pelo menos um cientista ter tido certa vez uma ideia parecida, mas que não ousou publicá-la. Em 1916 ele usou o modelo atômico de Bohr como base para uma série de artigos explorando o reino subatômico, durante os quais ele fez uma descoberta perturbadora, que teria ramificações para a própria noção de realidade.

Quando um átomo é bombardeado com fótons, ou seja, partículas de luz, ele absorve alguns, antes de começar ele próprio a emitir fótons, adquirindo e liberando energia. Acreditava-se que os fótons emitidos pelos átomos disparassem em todas as direções de uma vez só, em uma espécie de anel. Einstein mostrou que um fóton emitido tem ímpeto, que é emitido em uma direção específica. Mas também descobriu que não havia como dizer em que direção o fóton seria emitido, nem quando. Pode-se calcular a *probabilidade* de um fóton adotar uma determinada direção em um determinado momento, mas era o máximo que se poderia fazer. Tudo dependia do acaso. A ideia de que a aleatoriedade pudesse ser uma parte intrínseca do Universo ameaçava a ideia de causa e efeito em que se baseava a maior parte da física, inclusive a relatividade geral. Mais do que isso: ameaçava a própria ideia de que é possível compreender o Universo.

Quando Bohr e Einstein sentaram-se naquele dia de primavera em Berlim, começaram a discutir a importância da probabilidade e da causalidade. Enquanto Einstein se insurgia contra a presença do acaso nos fundamentos do mundo, Bohr insistia que a única coisa a fazer era seguir a física e abandonar a causalidade. Nenhum dos dois convenceu o outro a mudar de ideia.

O segundo encontro entre os dois foi em Copenhague, três anos depois. Einstein estava voltando da Suécia. Bohr foi buscá-lo na estação ferroviária e eles pegaram um bonde até a casa dele. No caminho, começaram a conversar tão animadamente que passaram muito do ponto onde iam descer. Tendo percebido o erro, desceram e pegaram o bonde na direção oposta, apenas para recomeçar o bate-papo e perder o ponto de novo. E assim ficaram, viajando para lá e para cá várias vezes até que, por fim, conseguiram aportar no destino final.

Bohr e Einstein nunca se corresponderam com grande frequência, mas sempre que uma carta chegava ou eles voltavam a se encontrar, engatavam uma conversa profunda sobre o estado da mecânica quântica e a verdadeira natureza das coisas. Discordaram durante tanto tempo que, em 1955, quando Einstein escreveu a Bohr não sobre física, mas pedindo-lhe que assinasse uma declaração pública de apoio à paz na era atômica, ele começou assim a carta: "Não faça esta cara!"[2]

Suas discussões, porém, em nada atrapalharam o evidente respeito mútuo, nem fizeram um apreciar menos o outro. "Einstein era de uma doçura tão incrível", escreveu Bohr na velhice. "Também quero dizer que agora, muitos anos depois do falecimento de Einstein, ainda o vejo sorrir diante de mim, um sorriso muito especial, ao mesmo tempo cúmplice, humano e amigável."[3]

49

Quando foi agraciado com o Prêmio Nobel, Einstein tinha sido indicado 62 vezes e, entre os propositores, estavam oito ganhadores do Nobel. Era consenso que o prêmio já tardava.

Um motivo para a demora é que a Academia do Nobel tinha um viés contra a física teórica, preferindo a ciência que pudesse ser testada por experiências. A relatividade, argumentava-se, não havia sido comprovada e era um tanto sobrenatural. Não ajudava Einstein o fato de ser judeu. A academia continuou a se abster de reconhecer a relatividade mesmo depois da bem-sucedida expedição do eclipse solar de Eddington. O prêmio de 1920 foi concedido ao físico suíço Charles Édouard Guillaume pela descoberta de anomalias nas ligas de aço-níquel, e o prêmio de 1921 nem mesmo foi concedido. Antes vencedor nenhum do que Einstein.

Porém, a reputação e a fama de Einstein não podiam ser ignoradas. Em 1922, ele foi agraciado retrospectivamente com o prêmio de 1921. Niels Bohr recebeu o prêmio de 1922. Mesmo assim, Einstein não recebeu seu Nobel por causa da relatividade, mas pela descoberta da lei do efeito fotoelétrico, que tinha estabelecido a concepção moderna da luz como partícula. Ela valia, por si só, o reconhecimento, mas o fato de a academia tê-la preferido, em detrimento da relatividade, causou espanto.

Einstein não compareceu à cerimônia de premiação na Suécia. Em junho de 1922, Walther Rathenau, ministro alemão das Relações Exteriores e amigo de Einstein, foi assassinado por membros de uma organização antissemita e ultranacionalista. A polícia aconselhou Einstein a não se expor e até a deixar Berlim durante algum tempo, pois era sabido que seu nome estava em uma lista de alvos de simpatizantes nazistas. De início, ele não se abalou e, em agosto, deixou-se corajosamente exibir em carro aberto durante um grande comício pacifista na cidade. Um mês depois, porém, atendendo a um convite casual de um editor japonês, decidiu fazer uma longa excursão pela Ásia e pelo atual território de Israel. O convite da Academia do Nobel veio pouco antes da data marcada para a viagem. Com o clima reinante em Berlim, parecia uma imprudência cancelar a viagem.

Durante a cerimônia, em dezembro, o presidente do comitê de premiação deixou claro, em seu discurso, que embora Einstein fosse mais conhecido pela relatividade, não tinha sido por isso que ele recebera o Prêmio Nobel. A relatividade, segundo ele, tinha a ver em sua essência mais com a epistemologia – a filosofia do conhecimento – do que com a ciência. Para receber o prêmio em dinheiro, Einstein precisava fazer um discurso, como era o caso de todos os laureados. E quando ele finalmente pôde dar sua palestra – em julho de 1923, em Gotemburgo, diante de uma plateia de 2 mil pessoas, entre elas o rei da Suécia –, a fez exclusivamente sobre "Ideias e problemas fundamentais da teoria da relatividade".[1]

A quantia atribuída a Einstein foi significativa – 120 mil coroas suecas –, mas ele não tirou proveito direto dela. No acordo de divórcio com Mileva, ficou estabelecido que, caso um dia ele ganhasse o Prêmio Nobel, o valor deveria ser pago integralmente a ela e aos filhos, para que pudessem viver dos rendimentos. Mileva usou o dinheiro para comprar três propriedades locatícias em Zurique.

50

O GIRO DE EINSTEIN PELA ÁSIA levou quase seis meses. Ele e Elsa zarparam no começo de outubro de 1922 e voltaram à Alemanha em março de 1923. Ele manteve um diário de viagem, em que documentou seus dias repletos de encontros com emissários e acadêmicos e visitas a templos, restaurantes e montanhas. Na viagem de ida, ele leu o livro mais recente do psiquiatra Ernst Kretschmer, *Físico e caráter*, segundo o qual determinados transtornos mentais eram mais comuns em pessoas de certos tipos físicos. Einstein assumiu como sua, acriticamente, a tese do livro, em parte porque confirmava uma tendência que já era dele, de generalizar e classificar com base em uma experiência pessoal limitada.

Ainda no começo da viagem, ele e Elsa fizeram uma excursão matinal ao bairro hindu da cidade de Colombo, capital do atual Sri Lanka. Como ele escreveu em seu diário:

> Andamos em carrocinhas, puxadas em duplas por homens hercúleos, porém gentis. Senti muita vergonha de mim mesmo por participar de um tratamento tão condenável a seres humanos, mas não teria como mudar nada. Esses mendigos de proporções majestosas abordam em manada todo e qualquer estranho até que este capitule diante deles. Sabem como agradar e implorar até seu coração ficar partido [...] Por mais gentis que sejam, dão a impressão de que o clima os impediu de pensar em algo que esteja quinze minutos atrás ou adiante [...] Ao examinar detidamente essas pessoas, é difícil não sentir mais apreço pelos europeus, porque eles são amolecidos e mais brutais e tão mais rudes e gananciosos – e, infelizmente, é aí que re-

side sua superioridade prática, sua capacidade de assumir e realizar enormes tarefas. Em um clima desses, não nos tornaríamos, também, como os indianos?[1]

Depois de desembarcar em Hong Kong, ele visitou o bairro chinês com Elsa e registrou seus pensamentos sobre os habitantes e o lugar:

Gente laboriosa, imunda, entorpecida. Casas muito uniformes, varandas dispostas como colmeias, tudo construído de forma muito apertada e monótona [...] Silêncio e civilidade em tudo o que fazem. Até as crianças são apáticas [...] Seria uma pena se esses chineses banissem todas as outras raças. Para gente como nós, essa simples ideia é indizivelmente aborrecida.[2]

Os operários que ele encontrou em Hong Kong eram, escreveu ele, o "povo mais sofrido da Terra, maltratado de forma cruel e forçado a trabalhar até a morte como paga pela modéstia, gentileza e frugalidade".[3]

Os japoneses, ele os achou "semelhantes aos italianos em temperamento, porém mais refinados, ainda inteiramente imersos em sua tradição artística, nada nervosos, plenos de humor.[4] [...] O respeito sincero sem o menor cinismo, ou mesmo ceticismo, é característico dos japoneses. Almas puras como em nenhuma outra parte em meio ao povo. Há que amar e admirar esse país".[5] Porém, ele considerou que "as demandas intelectuais dessa nação parecem ter sido mais fracas que as artísticas" e conjecturou se isso seria consequência de uma "predisposição natural".[6]

Em Jerusalém, ele caminhou até o Muro das Lamentações no sabá, onde viu "irmãos de etnia apáticos, com os rostos virados para o muro", que curvavam "seus corpos para a frente e para trás, em um movimento de balanço. Triste visão de um povo com passado, mas sem presente. Depois, travessia em diagonal da (imunda) cidade fervilhando com as mais disparatadas religiões e raças, barulhenta e orientalmente estranha".[7]

51

Na passagem por Tóquio, na perna japonesa da viagem, Einstein e Elsa ficaram no hotel Imperial, um prédio novo e impressionante, projetado por Frank Lloyd Wright, o mestre da arquitetura americana. O hotel era tão recente que parte dele ainda estava em construção.

Durante a estadia de Einstein, um mensageiro foi até seu quarto fazer uma entrega. Einstein quis agradecer ao rapaz, mas ou estava sem dinheiro ou, como era costume local, o entregador recusou a gorjeta. Não querendo que o rapaz saísse de mãos vazias, escreveu dois bilhetes no papel de carta do hotel.

Em uma das folhas ele rabiscou: "Uma vida calma e modesta traz mais felicidade que a busca do sucesso combinada à inquietação permanente."[1] Na segunda – evidentemente com tempo e ideias curtos –, ele escreveu: "Onde existe vontade, existe um caminho."[2] Assinou ambas e disse brincando que, com um pouco de sorte, um dia as duas poderiam ter valor.

Em 2017, em um leilão em Jerusalém, os bilhetes foram vendidos por 1,56 milhão e 240 mil dólares, respectivamente.

52

A Torre Einstein, em Potsdam, na Alemanha.

A TORRE EINSTEIN é um observatório solar nos arredores de Potsdam. Foi construída com o apoio ativo de Einstein, com o objetivo expresso de encontrar evidências para provar ou desmentir a relatividade geral.

Construído entre 1919 e 1924, o edifício é uma maravilha. Projetado por Erich Mendelsohn, é considerado o mais importante exemplar da arquitetura expressionista. Tem um pouco a aparência de um foguete estilizado decolando, lançando fumaça no chão em nuvens ondulantes. O telescópio fica alojado em uma torre suave, recurva, cor de creme, com janelas de ângulos bem característicos. A luz cósmica é conduzida do observatório para um laboratório comprido e parcialmente subterrâneo.

Durante a montagem da torre ocorreram várias dificuldades técnicas, em parte por ser feita de concreto reforçado, algo que a distinguia das estruturas de tijolos vermelhos e amarelados em torno dela, no campus do Observatório de Astrofísica. Ela foi projetada, propositalmente, para inovar, para refletir a majestade e o mistério do Universo que Einstein havia exposto. Era inevitável, portanto, que alguns não gostassem dela. Um comentarista chamou-a de "cruzamento de arranha-céu nova-iorquino com pirâmide egípcia".[1] Não era um elogio.

Mendelsohn ciceroneou Einstein por sua obra. Os dois vagaram por algum tempo pelo prédio. Nervoso, Mendelsohn esperava um indício de aprovação do grande professor. Einstein não dizia absolutamente nada. Somente horas depois, em uma reunião com o comitê de construção, é que Einstein levantou-se e sussurrou sua opinião no ouvido do jovem arquiteto. Resumia-se a uma palavra: "Orgânico."[2]

53

Caminhada até o trabalho, 1925

A MANHÃ PASSA DEVAGAR. Depois de um agradável café da manhã, Albert se põe a trabalhar. Às 11 horas, uma de suas alunas, Esther Polianowski, chega ao apartamento. Einstein defendeu sua candidatura à universidade alguns anos antes. Mais recentemente, ela expressou dúvidas em relação a continuar na Alemanha e, por isso, ele a convidou para conversar sobre o assunto.

Ela se senta no escritório, com os olhos passeando pela gigantesca e ornamentada estante de livros de madeira escura, pelo imponente telescópio, pelo globo terrestre encostado em um canto. Ainda estão conversando sobre amenidades quando Elsa os interrompe com a notícia de que dois judeus ortodoxos estão no andar de baixo, pedindo para falar com seu marido. Claro, mande-os subir, diz ele.

– *Shalom Aleichem* – saúdam os dois.

Como nem Albert nem Elsa falam hebraico, Esther traduz. Eles estão de passagem por Berlim e gostariam de ter o privilégio de apertar a mão daquele grande judeu. Pousar os olhos em um grande homem, explicam, prolonga a vida. Eles acrescentam que "é uma bênção olhar para um rei", embora Esther ache melhor deixar essa parte de fora.

Tendo apertado a mão que queriam apertar e dito o que queriam dizer, eles vão embora.

Faz-se uma pausa.

– Foi bem bacana – diz Elsa –, mas nunca nos deixam em paz.

Subitamente, Einstein quer saber que dia é.

– Esqueci que hoje tem um encontro da Academia de Ciência. Daqui você vai para a universidade? – pergunta a Esther. – Que bom, então vamos juntos. Vamos ter muito tempo.

Enquanto veste o sobretudo ensebado e coloca o chapéu, ele entreouve Elsa avisando a Esther para não deixá-lo ir a pé.

– É ruim para a saúde dele.

Do lado de fora da Haberlandstrasse 5, ele sorri para o dia de sol.

– Que manhã linda! Não vamos de metrô. Caminhar não há de me fazer mal. Como andam as coisas?

Esther não tem escolha senão seguir os passos do professor, que já está caminhando pela rua.

– Obrigada, não muito bem. Não avancei nada no problema que o senhor me passou. Nunca vou ser uma física teórica, nunca serei criativa.

Albert evita as pequenas poças na calçada cinzenta, por causa dos furos nos sapatos.

– Você progrediu bastante em pouco tempo – ele diz à aluna. – Pouquíssimas mulheres são criativas. Eu não mandaria uma filha minha estudar física. Fico contente que minha esposa não entenda nada de ciência; minha primeira mulher entendia.

– Madame Curie é criativa.

– Passamos algumas férias com os Curies – responde ele. – Madame Curie nunca ouvia os pássaros cantar!

A dupla caminha pelo Tiergarten, o imenso parque arborizado no centro da cidade, com suas desgastadas esculturas brancas e ruínas e suas curiosidades clássicas. Einstein admite, em tom de lamento, que não tem conseguido progredir em seu trabalho.

– A relatividade ficou no passado e o que estou tentando agora não está saindo como gostaria.

Sua voz é serena. Esther tem a impressão de que a voz dele sempre é serena e soa como se viesse de muito longe.

– Troco poucas ideias com outros cientistas – explica ele – e não tenho muito contato com as pessoas. Praticamente nada vem à minha cabeça de fora, só de dentro.

Deixando o parque para trás, eles passam sob o Portão de Brandemburgo, em meio à multidão da Pariser Platz e vão pela Unter den Linden.

– Quero ir para a França – diz Esther –, para saber francês muito bem, a fim de poder ler a literatura francesa. Queria me encontrar em um entorno diferente.

– Nunca quis nada disso – é a resposta dele enquanto se aproximam do suntuoso exterior da universidade. – Eu gosto de Paris, mas não quero ir para lá, ou para lugar nenhum. Não me interessa aprender um novo idioma; não gosto de comidas novas ou roupas novas. Não sou muito sociável e não sou um homem de família. Eu quero minha paz. Quero saber como Deus criou o mundo. Não estou interessado neste ou naquele fenômeno, no espectro disto ou no elemento daquilo. Quero saber o que Ele pensa, o resto são detalhes.[1]

54

A RELAÇÃO DE HANS ALBERT COM O PAI não era isenta de carinho ou amor. Einstein não estava mentindo quando escreveu para ele: "Você tem um pai que o ama mais do que tudo e que pensa e se preocupa o tempo todo com você."[1] Na maior parte, porém, era um tipo complicado de amor. Tanto pai quanto filho sentiam orgulho mútuo, mas brigavam, criticavam e se zangavam na mesma medida em que compartilhavam ideias e risadas.

O relacionamento sofreu um desgaste ainda maior quando, em 1925, Hans Albert anunciou sua decisão de se casar. Quando era aluno da Politécnica de Zurique, apaixonou-se por Frieda Knecht. Ela era nove anos mais velha, sarcástica, muito inteligente, media menos de um metro e meio e era sem graça. Resumindo, era um partido tão bom quanto a mãe dele.

Àquela altura, Mileva e Einstein já estavam divorciados havia seis anos e, embora a animosidade entre os dois tivesse praticamente desaparecido, o relacionamento criara raízes de hostilidade que não dava mais para arrancar. Porém, ao fazerem objeções à namorada de Hans Albert, os dois encontraram um terreno e um objetivo em comum. Aos olhos deles, ela era uma mulher mais velha e desonesta.

Einstein ficou particularmente preocupado com a altura dela, que temia ser um sinal de nanismo na família. Acreditava que a mãe dela era mentalmente instável (na verdade ela sofria de hipertireoidismo). O receio dele era que aquilo que via como defeitos hereditários fossem transmitidos a seus netos: "Seria um crime trazer ao mundo crianças assim", lamentou-se com Mileva.[2]

A teoria de Einstein era que Hans Albert só estava apaixonado daquele jeito por ser tímido e inexperiente com as mulheres. "Ela foi a primeira a se apoderar de você e agora você a enxerga como a encarnação de toda feminilidade."[3] Concluiu que a única forma de o filho superar a indesejável Frieda seria conhecendo outra mulher. A certa altura chegou a selecionar uma "mulher de boa aparência na casa dos 40"[4] que poderia desempenhar esse papel de forma admirável. Não deu certo, mas Einstein e Mileva não cederam em sua oposição. Expressavam abertamente a opinião de que aquele casamento impensado seria um desastre.

"Caso você um dia sinta necessidade de separar-se dela, não deixe o orgulho afastar você de mim", Einstein escreveu ao filho. "Porque esse dia *vai* chegar."[5] Ele dizia que queria proteger Hans Albert do destino que lhe coubera e que estragara tanto a infância do filho.

Mas quanto mais os pais se opunham ao casamento, mais Hans Albert se obstinava. Ele se casou com Frieda em 7 de maio de 1927. Antes da cerimônia, Einstein advertiu o filho de que seria melhor cancelar tudo. Dessa forma, o incômodo e o aborrecimento do divórcio podiam ser evitados quando ocorresse a inevitável separação. Também o aconselhou a não ter filhos, pelo mesmo motivo – o rompimento seria mais fácil sem eles.

Einstein ainda tinha restrições quando nasceu o primeiro neto, Bernhard Caesar Einstein, em 1930. "Não entendo", disse a Hans Albert. "Acho que você não é meu filho."[6]

Com o tempo, porém, ele foi aceitando, e admitindo, que o casamento de Hans Albert era bem-sucedido e que fizera a felicidade do filho. Frieda e Hans Albert foram casados por 31 anos, até a morte dela. Bernhard foi uma criança saudável. Era, inclusive, o xodó do avô. Foi ele quem herdou seu violino.

55

Ao longo dos anos, Einstein recebeu muitas cartas de crianças. "Sou uma menininha de 6 anos", anunciou uma delas, em grandes letras desenhadas irregularmente por toda a extensão do papel de carta. "Vi sua foto no jornal. Acho que o senhor precisa cortar o cabelo, para ficar com a aparência melhor." Tendo dado seu conselho, a menina, com uma formalidade impecável, assinou: "Cordialmente, Ann."[1]

"Tenho um problema para o senhor resolver", escreveu Anna Louise, de Falls Church, Virgínia, Estados Unidos. "Queria saber como a pena do passarinho fica colorida."[2] Ao querido sr. Einstein, perguntaram a idade da Terra e se a vida poderia existir sem o Sol (a esta, ele respondeu que de jeito nenhum). Uma criança lhe perguntou se todos os gênios um dia ficavam loucos. Frank, de Bristol, Pensilvânia, perguntou o que tinha para lá do céu: "Minha mãe disse que você saberia me contar."[3]

Kenneth, de Asheboro, na Carolina do Norte, foi mais filosófico: "Eu gostaria de saber: se ninguém estiver por perto e uma árvore cair, vai fazer barulho? Por quê?"[4] Da mesma forma, Peter, de Chelsea, Massachusetts, foi direto ao cerne das indagações humanas: "Apreciaria muito se o senhor pudesse me dizer o que é o tempo, o que é a alma e o que são os céus."[5]

Outras perguntas não eram tão profundas. Um menino chamado John informou a Einstein que "meu pai e eu vamos construir um foguete e vamos até Marte ou Vênus. Esperamos que o senhor se junte a nós. Queremos que o senhor vá porque precisamos de um bom cientista e alguém que possa dirigir um foguete bem".[6]

De vez em quando, correspondentes céticos apareciam, como June, aluna de 12 anos da Escola Trail Junior, da Colúmbia Britânica, no Canadá. "Caro senhor Einstein", escreveu ela. "Estou mandando esta carta para descobrir se o senhor realmente existe. O senhor pode achar isso muito estranho, mas alguns alunos da nossa classe acham que o senhor é um personagem de quadrinhos."[7]

Na mesma linha de raciocínio, Myfanwy, da África do Sul, achava que Einstein estava morto:

> Talvez eu devesse ter escrito há mais tempo, mas eu não sabia que o senhor ainda estava vivo. Não tenho interesse por história e achava que o senhor tinha vivido no século XVIII, ou mais ou menos nessa época. Acho que estava confundindo o senhor com sir Isaac Newton ou algum outro. De qualquer forma, eu descobri um dia na aula de matemática, quando a professora [...] estava falando dos mais brilhantes cientistas. Ela mencionou que o senhor estava na América e, quando perguntei por que o senhor tinha sido enterrado lá e não na Inglaterra, ela disse: "Bem, Einstein ainda não morreu." Fiquei tão empolgada ao saber disso que quase me puseram de castigo![8]

Mais adiante, Myfanwy contou a Einstein como ela e a amiga Pat Wilson entravam sorrateiramente na escola à noite para fazer observações astronômicas e falou de seu amor pela ciência. "Como o Espaço pode continuar para sempre?", indagou. "Sinto muito que o senhor tenha virado cidadão americano", encerrou. "Preferiria bem mais o senhor na Inglaterra." Einstein, obviamente, ficou tocado com a espontaneidade de Myfanwy e enviou-lhe uma resposta em que a elogiava pelas escapadas noturnas e pedia desculpas por ainda estar vivo ("Isso terá uma solução").[9]

No dia de seus 76 anos, Einstein recebeu um par de abotoaduras e uma gravata dos alunos da quinta série da Escola Elementar Farmingdale, em Illinois. "Vosso presente", escreveu para eles, "será uma sugestão eficaz para que eu seja um pouco mais elegante no futuro do que até aqui. Porque gravatas e punhos só existem para mim como lembranças remotas."[10]

Foi uma das últimas cartas de Einstein. Ele morreu aproximadamente três semanas depois de escrevê-la.

56

Em dezembro de 1925, o jovem físico austríaco Erwin Schrödinger estava isolado no vilarejo de Arosa, na Suíça, com uma de suas amantes. Encontrava-se lá por motivo de saúde: suspeitando de um caso leve de tuberculose, os médicos mandaram que descansasse na altitude. Ali, em meio à tranquilidade das montanhas e da neve profunda, colocando uma pérola em cada ouvido quando queria silêncio, ele elaborou uma teoria que se tornaria conhecida como "mecânica ondulatória".

A teoria de Schrödinger inspirou-se nas ideias de Louis de Broglie, físico que, em sua tese de doutorado, em 1924, tinha mostrado como calcular o comprimento de onda de uma partícula com base em seu impulso. Em 1905, Einstein havia demonstrado que as ondas podem se comportar como partículas. O que De Broglie argumentava é que as partículas podem se comportar como ondas.

A mecânica ondulatória apresentava um conjunto de equações determinando como essas partículas ondulatórias poderiam se comportar. Ao tomar conhecimento da teoria, Einstein e muitos outros ficaram impressionados e contentes com sua utilidade, mas não tardou para perceberem que algumas consequências da mecânica de Schrödinger eram um pouco problemáticas. Em primeiro lugar, se houvesse tempo suficiente as ondas descritas pela teoria se propagariam por uma área muito extensa, mais ou menos como uma marola na superfície de um lago se espalha rumo à margem. Mas as ondas de Schrödinger também eram, é claro, partículas – elétrons e outros objetos subatômicos. Para Einstein parecia quase um disparate afirmar que um elétron poderia propagar-se por distâncias tão enormes. Aquilo simplesmente não condizia com a realidade.

Portanto, a descrição matemática das ondas feita por Schrödinger levantava uma questão. Se não representavam ondas literais, ondas do mundo real, o que representavam? Max Born, velho amigo de Einstein, professor na Universidade de Göttingen, bolou uma solução: elas representavam a *probabilidade* da localização de uma partícula. Isso quer dizer que cada partícula tem aquilo que é chamado de "função ondulatória", que pode ser usada para prever a probabilidade de encontrar uma determinada partícula em um determinado lugar.

Coloque um elétron em uma caixa. Segundo essa ideia, o elétron tem um número de localizações em potencial espalhadas por toda a caixa, e existe em uma espécie de mistura embaralhada de todas essas posições possíveis. Essa mistura é matematicamente representada pela função ondulatória do elétron, que dá as diversas probabilidades de detectar o elétron nas diversas localizações dentro da caixa.

Ao longo de toda a sua carreira, Einstein sempre se mostrou insatisfeito com a dependência da mecânica quântica em relação à probabilidade. Na verdade, não gostava nem um pouco. Ele tinha a forte crença, embora as evidências sugerissem o contrário, de que no nível mais profundo o Universo não era regido pelo acaso, e que a aparente ordem no Universo observável se baseava na ordem do reino subatômico.

Debatendo com os diversos defensores da teoria, ele costumava dizer: "Deus não joga dados."[1] Ao que Niels Bohr fazia um adendo: "Não nos cabe dizer a Deus como Ele deve cuidar do mundo"[2] – em outras palavras, "Einstein, pare de dizer a Deus o que Ele deve fazer".

57

No verão de 1925, quando tinha 23 anos, Werner Heisenberg viajou até a minúscula ilha de Heligoland, no mar do Norte, na esperança de que as praias e os penhascos abruptos ajudassem a aliviar a severidade de sua febre do feno. Ali, em uma noite de trabalho intensa, ele finalizou sua interpretação para as complicações do reino quântico. Heisenberg partiu da premissa de que poderia ignorar completamente aquilo que não pudesse ser observado, medido ou demonstrado. Soa bastante razoável, mas, no caso, significava que, a fim de desenvolver sua teoria das leis que governam o comportamento dos elétrons, ele não fez nenhum esforço para descrever, nem mesmo pensou a respeito, os movimentos ou as órbitas dos elétrons, já que eles não eram observáveis. Em vez disso, analisou a luz emitida pelos elétrons sob diferentes circunstâncias. Quando bombardeamos um átomo com luz, ou o perturbamos de outras formas, um elétron produz luz. Heisenberg examinou o que entrava e o que saía, sem se preocupar com o que acontecia no meio. O resultado foi um artigo tão complicado matematicamente que nem ele era capaz de compreendê-lo plenamente. Entregou o artigo a seu orientador, Max Born, e foi acampar, contando que Born fosse capaz de entender por conta própria. Foi o que Born fez e mandou publicar o artigo.

Einstein não apreciou o método de Heisenberg, da mesma forma que não havia gostado da mecânica ondulatória de Schrödinger. Apelidou-o de "grande ovo quântico"[1] e foi direto ao afirmar a um amigo não acreditar nele. O problema, no que dizia respeito a Einstein, era que Heisenberg tinha pulado a necessidade de entender de fato o que estava acontecendo. A matemática não exige que você "saiba" nada sobre o que os elétrons estavam fazendo entre o começo e o fim – poderiam fazer qualquer coisa, sem que isso afetasse a teoria de Heisenberg. Para Einstein, essa não era uma definição satisfatória da realidade.

Em 1926, Heisenberg chegou a Berlim para dar uma palestra. Einstein, que já havia trocado algumas cartas com aquele jovem radical, convidou-o a visitá-lo em sua casa, onde os dois não tardaram a discutir, como seria de esperar. Heisenberg acreditava que conseguiria convencer seu anfitrião a adotar seu modo de pensar, exatamente porque outrora Einstein pensava assim. Na relatividade, Einstein tinha se livrado de conceitos aparentemente lógicos, mas – o que era crucial – inobserváveis, como o éter e o espaço e o tempo absolutos de Newton e, assim, produziu uma teoria abrangente e avançada. Heisenberg tinha a impressão de estar fazendo praticamente a mesma coisa.

– Não dá para observar as órbitas dos elétrons dentro do átomo. Uma boa teoria deve se basear em magnitudes diretamente observáveis – insistiu Heisenberg.

– Mas você não acredita seriamente que só as magnitudes observáveis devem entrar em uma teoria física, acredita?

– Não foi exatamente isso o que o senhor fez com a relatividade?

– De fato é possível que eu tenha usado esse tipo de raciocínio, mas mesmo assim ele não faz sentido.[2]

Einstein, pelo menos, era coerente na oposição a suas antigas crenças. Ele fez uma queixa parecida ao amigo Philipp Frank.

– Surgiu uma nova moda na física – resmungou – segundo a qual certas coisas não podem ser observadas e por isso não se deve atribuir a elas existência real.

– Mas a moda a que você se refere foi inventada por você em 1905! – relembrou-lhe Frank, com divertida incredulidade.

– Não se deve repetir o tempo todo uma boa piada.[3]

58

O conde Harry Kessler, estimado mecenas da arte moderna, está realizando um jantar festivo em sua residência berlinense, no dia 15 de fevereiro de 1926. Albert e Elsa estão presentes.

"Einstein possui uma dignidade sublime", escreve Kessler em seu diário, "apesar do excesso de modéstia e do uso de sapatos de cadarço com *smoking*. Ficou um pouco mais corpulento, mas os olhos ainda faíscam com um brilho quase infantil e um piscar maroto."[1]

Entre os outros convidados estão um diplomata francês, um editor de jornais, um dramaturgo e uma condessa. Além de Aline Mayrisch de Saint-Hubert – fundadora da Cruz Vermelha de Luxemburgo – e da memorialista Helene von Nostitz – que inspirou obras de Auguste Rodin e Rainer Maria Rilke –, está Gustav Hertz, sobrinho de Heinrich Hertz, o influente físico cujo trabalho Albert havia estudado na faculdade.

"Seu tio escreveu um grande livro", garante-lhe Einstein à mesa do jantar. "Tudo nele estava errado, mas mesmo assim é um grande livro."

Kessler conversa com Elsa, que lhe diz: "Recentemente, depois de várias admoestações, Einstein finalmente foi ao Ministério das Relações Exteriores buscar as duas medalhas de ouro concedidas a ele pela Royal Society e pela Royal Astronomical Society." Elsa conta que, ao encontrar o marido depois, perguntou a ele como eram as medalhas, mas ele não sabia, uma vez que não tinha sequer aberto o pacote. "Ele não se interessa por essas trivialidades."

Ela dá ao conde outro exemplo da desatenção do marido em relação a esse tipo de coisa. A Medalha Barnard americana, concedida a cada cinco anos a cientistas notáveis, acabara de ser concedida a Niels Bohr. Nas reportagens sobre o evento, os jornais lembraram que em 1920 o agraciado tinha sido Einstein. Ao ler isso, Albert mostrou o jornal a Elsa e perguntou: "É isso mesmo?". Ele tinha esquecido por completo.

E, prossegue ela, Einstein simplesmente nunca usou seu Pour le Mérite, ordem do mérito alemã de grande prestígio. Ela relata uma sessão recente da Academia Prussiana de Ciências, em que o cientista Walther Nernst chamou a atenção dele para a falta da medalha.

– Imagino que sua esposa esqueceu de colocá-la em você. Traje bastante inadequado para hoje.

– Ela não esqueceu. Eu é que não quis pôr.

59

Einstein e Niels Bohr, na Conferência Solvay de 1930.

– As coisas mudaram – afirma Niels Bohr na palestra inaugural da Conferência Solvay de 1927. – Durante milhares de anos a física se dedicou à busca da verdade, da incontroversa *realidade* subjacente do Universo. Não mais. A natureza é, em seu grau mais básico, inacessível. No reino subatômico, o mundo da mecânica quântica, tanto a causalidade quanto a certeza desaparecem. Não existe verdade completa e absoluta.

Esse grande resumo do estado da física, feito por Bohr, levava em conta um desdobramento recente. Alguns meses antes, Werner Heisenberg havia elaborado seu Princípio da Incerteza, segundo o qual, na prática, é impossível saber tudo sobre uma partícula de uma só vez. Algumas propriedades quânticas – como aceleração e posição, tempo e energia – estão de tal forma conectadas que, quanto mais se sabe sobre uma propriedade, menos se sabe sobre a outra. Quanto mais se sabe sobre a posição, por exemplo, menos se saberá sobre a aceleração. Quando se conhece a posição exata de uma partícula, nada se saberá sobre sua aceleração.

Einstein falou muito pouco durante as apresentações formais da conferência. Porém, longe dos principais debates, durante refeições e caminhadas, ele ia tentando fazer furinhos nessa nova física. "Não dá para fazer uma teoria a partir de vários 'talvez'", Wolfgang Pauli recordava ter ouvido dele. "Lá no fundo, está errado, mesmo que seja empírica e logicamente certo."[1]

Einstein fez o possível para ser construtivo em sua crítica, mesmo tendo a esperança de que ela se revelasse destrutiva. Ele gostava de apresentar experiências mentais a Bohr e sua equipe de colegas mais jovens. Imaginava, por exemplo, uma engenhoca complicada que na teoria, quem sabe até na prática, poderia existir e medir tudo que fosse possível saber sobre uma partícula em movimento, com certeza. Como, ele perguntava, isso se encaixaria na teoria quântica?

Bohr levava muito a sério as críticas de Einstein. Ele saía murmurando e discutindo-as com os colegas e, em geral, na hora do jantar, já dispunha de uma solução pronta para desmantelar o problema de Einstein. Às vezes, ele mal conseguia dormir, debatendo-se com as objeções do amigo. O físico Paul Ehrenfest, amigo de ambos, testemunhou o pior lado dessas preocupações. "Toda noite", contou Ehrenfest aos alunos, "Bohr entrava no meu quarto à uma hora da manhã para falar 'só uma palavrinha' comigo, e só saía às três".[2] No café da manhã do dia seguinte, Albert, reconhecendo mais uma derrota, apresentava outro problema que ele tinha bolado, sempre mais complicado que o anterior. E Bohr saía inquieto de novo, resmungando consigo mesmo.

Na Conferência Solvay seguinte, em 1930, Einstein chegou preparado com uma experiência mental particularmente sofisticada e diabólica. Imagine uma caixa preenchida com uma nuvem de fótons repousando em uma balança bastante sensível. Essa caixa também está enganchada em um relógio bem preciso, com uma objetiva minúscula em um dos lados, controlada por esse relógio. Em um momento específico, a objetiva se abre e se fecha, liberando apenas um fóton. Por causa da extrema precisão do relógio, podemos dizer qual é o momento exato em que o fóton saiu da caixa. Acresça-se a isso que, como a caixa está em cima de uma balança, seu peso antes e depois da liberação do fóton é conhecido e, portanto, a massa exata do fóton pode ser deduzida. Como $E = mc^2$ nos ensina, saber a massa de alguma coisa também nos permite conhecer sua energia. Essa seria uma situação, disse Einstein, em que podemos saber tanto a energia exata que um fóton carrega quanto o momento exato em que o faz – algo em estrita contradição com o Princípio da Incerteza.

Bohr ficou pasmo. No clube universitário, andava de um em um, tentando convencer as pessoas, pelo bem da física, de que Einstein *tinha* que estar errado. Mas não conseguia pensar em uma resposta para o problema. Einstein e Bohr saíram juntos do clube e um participante recordou: "Einstein, uma figura majestosa, caminhando calmamente com um sorriso um tanto irônico, com Bohr trotando a seu lado, com ar bem abatido."[3]

De fato, Bohr não conseguiu dormir naquela noite. Porém, pela manhã, já tinha encontrado uma resposta. Einstein, ele percebeu, não tinha levado em conta a teoria da relatividade geral. Depois que o fóton escapa pela objetiva, a caixa se torna mais leve pelo peso de um próton. A balança medindo o peso da caixa subiria pela menor fração no campo gravitacional da Terra. E, segundo a relatividade, o tempo opera a taxas diferentes em diferentes pontos em um campo gravitacional. Em outras palavras, a pequena subida da balança fazia com que na verdade não fosse possível ter certeza sobre o momento em que o fóton escapou.

Einstein, reconheça-se, ajudou Bohr nos cálculos, durante o café da manhã, para concluir que a incerteza inerente ao pesar a caixa concordava precisamente com o que o princípio de Heisenberg previa. Bohr foi muito educado em relação ao episódio, mas ficou claro para ambos que ele tinha vencido o debate.

60

Helen Dukas e Einstein no escritório dele, em Princeton, 1940.

UMA MULHER ALTA, com olhos grandes e escuros e cabelos pretos e curtos, entrou na sala. Era tímida e discreta. Tinha, porém, uma postura severa e era forte naquilo que fazia. Da cama, Albert Einstein estendeu a mão a ela e, sorridente, apresentou-se: "Aqui jaz um cadáver antigo."[1] Foram as primeiras palavras que ele disse a Helen Dukas, em abril de 1928.

Durante sua estadia no pequeno resort de Zuoz, na Suíça, Einstein conseguiu ficar incapacitado ao tentar levantar uma mala pesada. Foram tantos anos de negligência em relação ao corpo que esse simples esforço causou um rápido e devastador colapso físico. Diagnosticou-se que estava com o coração aumentado e que precisaria ficar acamado por quatro meses antes de retornar a Berlim. Como ele não conseguiria dar conta do trabalho e da correspondência, Elsa resolveu que ele precisava de uma assistente.

Helen concordou em assumir o emprego somente depois da garantia de que não exigiria dela compreensão de física. Quando alguém lhe pedia para explicar a relatividade, o que não era incomum, ela, às vezes, se saía com uma resposta bolada por Einstein especialmente para ela: "Uma hora na companhia de uma moça bonita", respondia ela, "passa como um minuto; mas um minuto sentado em um forno quente parece uma hora – isso é a relatividade."[2]

Embora ela afirmasse nunca ter superado o nervosismo na presença de Einstein, Helen logo passou a ser tratada como um membro da família. Mudou-se para os Estados Unidos com seu patrão em 1933 e, depois da morte de Elsa, tornou-se a dona da casa. Pelo menos um visitante a confundiu com a esposa de Einstein. Hans Albert especulava que Helen poderia ter tido um caso com seu pai, mas não existem evidências que sustentem a ideia. No geral, Einstein parece ter dado à assistente tanta atenção quanto daria a uma mesa – mas uma mesa de sua predileção.

Helen era dedicada e tornou-se obstinada e fervorosamente leal ao patrão, assim como extremamente protetora, sobretudo ao lidar com biógrafos enxeridos ou qualquer pessoa que tentasse bisbilhotar a vida pessoal dele. Às vezes, saía correndo de casa para enxotar jornalistas, ou gritava a Einstein para que nada dissesse a eles. Era uma guardiã tão feroz que, mesmo entre os residentes de Princeton, por vezes, era chamada de Cérbero pessoal de Einstein – referência ao cão de três cabeças que guardava a entrada de Hades, o submundo da mitologia grega.

"Esta é a srta. Dukas, minha ajudante fiel", disse certa vez Einstein a um amigo. "Sem ela, ninguém saberia que ainda estou vivo."[3]

Na época em que a família foi morar em Princeton, era Helen quem decidia quais cartas Einstein leria e quais pessoas seriam merecedoras do tempo dele. Nos últimos anos de vida de Einstein, ela avaliava até aquilo que ele precisava ou não ficar sabendo da própria família. Evelyn, neta de Einstein, recordava-se de ter escrito mais de uma vez ao avô, sem que a carta jamais tivesse chegado a ele. Convencida de que o professor Einstein estava ocupado demais, Helen muitas vezes lia e respondia as cartas por conta própria.

No testamento, Einstein deixou à sua dedicada assistente 20 mil dólares, mesma quantia herdada pela enteada Margot. Ele legou a Eduard 15 mil dólares e a Hans Albert apenas metade do que Helen recebeu. Ainda a encarregou de cuidar de todo o seu espólio literário, o que fez com que, juntamente com Otto Nathan, um amigo de Einstein igualmente austero, ela se tornasse dona de cada palavra escrita por ele, até mesmo as cartas enviadas aos filhos. Ela fez uso dessa condição para controlar a imagem de Einstein apresentada ao mundo. Tudo aquilo que o retratasse como menos que um mistério ou um santo pagão deveria ser eliminado. Durante quase trinta anos após a morte de Einstein, Helen se esforçou para impedir que qualquer aspecto negativo viesse a público, chegando até a supervisionar o trabalho de biógrafos e negar-lhes acesso a materiais.

Qualquer menção à primeira família de Einstein era, por definição, uma mancha em seu caráter. Helen nutria um ódio intenso por Mileva Marić e essa animosidade não diminuiu nem com a morte dela. Quando a esposa de Hans Albert, Frieda, quis publicar sua própria biografia de Einstein, utilizando as cartas de Mileva e dos dois filhos para apresentar um lado mais humano do sogro, Helen entrou na justiça. Ela conseguiu que o livro jamais fosse publicado.

61

PARA O QUINQUAGÉSIMO ANIVERSÁRIO de Einstein, em março de 1929, a prefeitura de Berlim decidiu dar a ele um presente: uma casa de campo. Tendo acabado de adquirir a mansão Neukladow – antiga residência da mãe de Otto von Bismarck –, o órgão público concedeu a Einstein o direito vitalício de morar na casa de estilo clássico, em um terreno com vista para o rio Havel, onde ele poderia velejar, fazer cálculos e pensar, cercado de beleza e tranquilidade.

Quando Elsa foi até o local para inspecionar a nova casa de veraneio, levou um susto ao encontrar os antigos proprietários, um casal de aristocratas que não apenas ainda morava na casa como também disse que ela não deveria estar ali. Ocorre que eles tinham absoluta razão. Por algum motivo inexplicável, o contrato que a prefeitura havia assinado dava ao casal o direito de continuar morando no local. O município possuía o terreno e a casa, mas não podia expulsar os antigos proprietários.

Constrangida, a prefeitura tentou oferecer a Einstein um pedaço grande do terreno, onde ele poderia construir sua própria casa. Mas isso também violava os termos do contrato. Foi oferecida outra propriedade, mas ela era infestada de moscas e pernilongos, não tinha água e ficava espremida atrás de estábulos. Uma série de propriedades foi cogitada, mas todas tinham alguma inadequação. Os jornais se deleitavam relatando a incompetência do governo local.

Por fim, concordou-se que Einstein deveria simplesmente encontrar um terreno para si, que a prefeitura bancaria. Albert não teve dificuldade em escolher o lugar: um pedacinho de terra de propriedade de amigos, no limite de um bonito vilarejo chamado Caputh, onde vários lagos se encontravam na borda de um grande bosque. O prefeito de Berlim solicitou à Câmara de Vereadores que aprovasse o gasto de 20 mil marcos para comprar o terreno, a fim de finalmente presentearem o professor, acabando com o vexame. Einstein contratou um arquiteto para desenhar as plantas e ele e Elsa logo se apaixonaram pela ideia da casa de veraneio.

Porém, surgiu outro problema. Os nacionalistas alemães da Câmara de Vereadores, de direita, opuseram-se ao gasto, protelaram o voto e fizeram questão de submeter a questão a um amplo debate. Ficou bastante claro que o debate seria mais sobre o próprio Einstein do que qualquer outra coisa. Ao ficar sabendo, Einstein enviou uma carta ao prefeito.

"A vida é curta e as autoridades são lentas", escreveu. "Meu aniversário já passou e renuncio ao presente."[1]

62

Em 1929, Einstein recebeu um telegrama do rabino Herbert Goldstein, em Nova York, cuja íntegra dizia: "O senhor acredita em Deus? Resposta pré-paga 50 palavras."[1]

"Ninguém", divertiu-se ele, "a não ser um americano, pensaria em mandar um telegrama a um homem perguntando a ele: 'O senhor acredita em Deus?'" Apesar de ter achado graça, ele usou 29 das 50 palavras para dar uma resposta sincera: "Acredito no Deus de Espinosa, que Se revela na harmonia organizada do existente, e não em um Deus que Se preocupa com os destinos e os atos dos seres humanos."

Einstein tinha lido a obra de Baruch Espinosa, filósofo holandês do século XVII, com os amigos da Academia Olímpia, durante o período em Berna, e sentiu afinidade com as ideias que encontrou. Espinosa viria a se tornar seu pensador favorito e estrela-guia de seu próprio sistema de crenças.

Espinosa não acreditava nos fundamentos da religião tradicional: não existe vida após a morte, dizia, e o homem não é especial. Ele postulava que a Bíblia não tinha inspiração divina. Ele também não acreditava em um Deus tradicional. Para ele, Deus não julga nossos atos, ouve nossas orações, pune nossas transgressões ou premia nossa virtude. "Nem o intelecto nem a vontade pertencem à natureza divina", escreveu, considerando essas características meras projeções humanas.[2]

O ponto de vista de Einstein em relação a isso era que "não posso conceber um Deus que premia ou pune suas criaturas, ou tem uma vontade do mesmo tipo que sentimos dentro de nós. Não posso nem quero conceber um indivíduo que sobreviva à morte física; deixo às almas fracas, por medo ou egoísmo absurdo, entreter essas ideias".[3]

Espinosa alegava que Deus não existe fora da natureza. Na prática, Ele é a natureza – que se pode conceber como a existência em si, o Universo e suas leis. "O que quer que exista, existe em Deus e, sem Deus, nada pode ser, nem ser concebido", escreveu.[4] Ou, nas palavras de Einstein: "Nós, seguidores de Espinosa, enxergamos nosso Deus na maravilhosa ordem e regularidade de tudo que existe e em sua alma como ela se revela no homem e no animal."[5]

Espinosa acreditava que a vida era ditada por Deus, o que vem a ser o mesmo que afirmar que ela é ditada pelas leis da natureza. A vida, portanto, é determinista. As pessoas não têm alternativas a seus atos; simplesmente agem de acordo com as inexoráveis leis do Universo. "Não acredito em livre-arbítrio", disse Einstein em 1932.[6]

Em outra ocasião, Einstein raciocinou que a Lua, se tivesse consciência de si, talvez pensasse que gira em torno da Terra por vontade própria. Assim como acharíamos graça ao ouvir isso, um ser mais inteligente sorriria se afirmássemos agir por nosso próprio livre-arbítrio. Tanto Espinosa quanto Einstein acreditavam que a devida devoção a Deus surge da tentativa de compreender as engrenagens do mundo e de aceitá-las, de modo a existir em harmonia com o Universo, com Deus.

Em uma entrevista em 1930, Einstein foi além na tentativa de definir sua religiosidade. Ele respondeu, como era característico, com uma parábola:

> Imagine-se no lugar de uma criancinha que entra em uma imensa biblioteca, repleta de livros em vários idiomas. A criança sabe que alguém deve ter escrito aqueles livros. Ela não sabe como. Não entende os idiomas em que foram escritos. A criança tem uma leve suspeita de que a disposição dos livros obedece a alguma ordem misteriosa, mas não sabe qual é. Esta, parece-me, é a atitude até do mais inteligente ser humano em relação a Deus. Enxergamos o Universo maravilhosamente organizado, obediente a certas leis, mas temos apenas uma vaga compreensão dessas leis. Nossas mentes limitadas percebem a força misteriosa que move as constelações.[7]

63

Pouco tempo depois de publicar suas equações da relatividade geral, em 1915, Einstein começou a trabalhar naquilo que viria a se tornar o foco do restante de sua vida. Ele buscava juntar as teorias da gravidade e das forças eletromagnéticas, de modo a formarem uma "teoria do campo unificado" – uma teoria de tudo.

Por sua fama cada vez maior, seus esforços atraíam constantemente uma atenção sem precedentes na imprensa. No final de 1928, ele entregou um artigo de matemática à Academia Prussiana de Ciências. Isso gerou reportagens de jornal sobre a incrível nova teoria de Einstein, mesmo sem ninguém ter visto ainda o artigo. Como jornalistas do mundo inteiro passaram a cercar seu prédio em Berlim, ele teve que se esconder na mansão de seu médico. E todo esse alvoroço febril só fez aumentar quando a academia publicou seu trabalho, no final de janeiro de 1929.

Mil exemplares foram impressos, esgotando-se imediatamente, o que levou à impressão de mais 3 mil. Um jornal americano reproduziu o artigo na íntegra, acompanhado por um texto bem mais interessante sobre a dificuldade para enviar as letras gregas das equações pelo telégrafo. Em Londres, as cinco páginas do artigo foram afixadas lado a lado na loja de departamento Selfridges, para que as pessoas na rua pudessem lê-las. Multidões se acotovelavam tentando se aproximar o bastante para interpretar a maçaroca de equações complicadas.

De seu esconderijo, Einstein escreveu um artigo sobre seu mais recente trabalho, publicado como colaboração especial no *The New York Times*, e deu entrevistas a revistas estrangeiras. Ao *Daily Chronicle*, ele declarou: "Agora, mas só agora, sabemos que a força que impele os elétrons em suas elipses em torno dos núcleos dos átomos é a mesma força que move nossa Terra em seu curso anual em torno do Sol."[1] Isso se revelaria um disparate.

Na verdade, do ponto de vista científico, o artigo de Einstein não era tão impressionante assim. E tinha sido só mais uma de suas tentativas de unificar as forças. Em 1929, ele já tinha uma longa lista de fracassos. Durante a mais recente empolgação, Wolfgang Pauli, o jovem e radical físico quântico, previu, em tom cáustico, que em um ano Einstein abandonaria aquela forma de pensar. Ele quase acertou. Um pouco mais de um ano e meio depois, Einstein mudou novamente de direção. "Pois então", escreveu a Pauli, "você tinha razão, seu malandro."[2]

Esse ciclo durou mais de vinte anos: Einstein trabalhava em um método declarando-o a "solução definitiva" e, pouco tempo depois, abandonava a ideia e passava a outra coisa. Como já tinha adquirido renome precocemente, podia dar-se ao luxo de gastar suas energias perseguindo algo que alguém mais jovem, de olho na própria carreira, não poderia, por medo de fracassar e perder tempo. Com a liberdade de que dispunha, Einstein sentia-se na obrigação de olhar onde outros não olhariam.

Mas sua busca de uma teoria do campo unificado começou a isolá-lo de seus colegas. Seu trabalho foi ficando cada vez mais abstrato e matemático, desconectado de ideias fundamentadas na realidade observável. Ele deixou de se manter atualizado em relação aos desdobramentos mais recentes da física, prejudicando seu trabalho.

Ele tinha total ciência de seus malogros. Como escreveu a Maurice Solovine em 1948: "Jamais encontrarei a solução."[3]

64

Entre 1930 e 1932, Einstein passou um mês a cada ano em visita a Oxford, a convite da Christ Church, faculdade que esperava arranjar um cargo mais permanente para ele.

A opulência e a formalidade de Oxford não combinavam com Einstein. Durante os jantares com membros graduados da faculdade, em High Table, ele passava boa parte do tempo rabiscando anotações em um bloco escondido no colo, por medo de ser flagrado. No geral, porém, apreciou o tempo ali passado. Seu judaísmo, sua germanidade e sua reputação foram acolhidos e em seguida ignorados e, em um lugar acostumado a excêntricos, suas excentricidades eram consideradas irrelevantes. Na maior parte do tempo, ele foi aceito apenas pelo que era.

Em certa ocasião, Gilbert Murray, intelectual célebre e erudito clássico, estava passando pelo Tom Quad, o imenso pátio de grama bem aparada e trilhas de pedrinhas, e avistou um sorridente Einstein sentado, sozinho, com um olhar distante. Murray perguntou o que estava passando pela cabeça dele.

"Eu estou pensando que, no fim das contas, essa é uma estrela muito pequena."[1]

Durante uma de suas estadias em Oxford ele recebeu uma visita da amante Ethel Michanowski, uma dama da sociedade berlinense e amiga de Margot, sua enteada. Ela se hospedou em um hotel próximo. Quando Elsa descobriu, Einstein teve uma atitude blasé:

> Seu desgosto em relação a *frau* M. é totalmente sem fundamento, porque ela se comportou de acordo com a mais alta moralidade judaico-cristã. Eis a prova: (1) Aquilo que nos agrada e não prejudica

outrem, devemos fazer. (2) Aquilo que não nos agrada e vai apenas magoar outrem, não devemos fazer. Por causa da prova número 1, ela veio até mim e, por causa da número 2, ela não contou nada a você. Não é impecável como comportamento?[2]

No fim, foi Einstein quem acabou se irritando com a presença de Ethel. "A perseguição dela está saindo do controle", escreveu a Margot. "Não me importo com o que as pessoas falam de mim, mas por [Elsa] e por *frau* M., é melhor evitar que qualquer fulano, beltrano ou sicrano fique fofocando a respeito."[3] Durante sua estadia, Ethel enviou um presente caro a Einstein em Christ Church, gesto que o desagradou. "O embrulhinho me irritou de verdade", escreveu para ela. "Tens de parar de me enviar presentes o tempo todo." Ele assinou a carta "com um olhar de absoluta reprovação."[4]

Einstein disse a Margot que as mulheres com quem tinha casos pouco significavam para ele. De todas elas, acrescentou, a única a quem se apegara de verdade era "*frau* L.". Tratava-se de Margarete Lebach, uma austríaca casada de cabelos loiros, enrolados e indomáveis. A relação entre Lebach e Einstein não era clandestina. Sempre que ela ia visitar a casa de veraneio em Caputh para velejar com ele, mais ou menos uma vez por semana, não deixava de levar acepipes para Elsa. Em troca, Elsa fazia o possível para se ausentar sempre que ficava sabendo da vinda da "austríaca", muitas vezes chorando no caminho até Berlim.

Certa vez, uma peça de roupa de Lebach foi encontrada no barco de Einstein (não se sabe qual peça), e essa descoberta levou a uma briga familiar feroz, em que Margot pressionou a mãe para fazer Einstein terminar o relacionamento. Mas Elsa sabia que Albert simplesmente se negaria a fazê-lo. Ele deixou bem claro para Elsa que não acreditava que as pessoas fossem naturalmente monogâmicas e que os conceitos de fidelidade emocional e física eram construtos da sociedade, falsidades advindas do pudor e da compostura.

Elsa decidiu que valia a pena preservar seu casamento. "É preciso enxergá-lo como um todo", disse um dia. "Deus lhe deu muita nobreza, e eu o acho maravilhoso, embora a vida com ele seja exaustiva e complicada."[5]

65

A PRIMAVERA ESTAVA LENTAMENTE dando lugar ao verão durante a estadia de Einstein em Oxford.[1] Os marmeleiros estavam em flor, mas as cerejeiras já tinham fenecido. Era muito tarde para os narcisos, mas muito cedo para as ulmeiras. A grama estava alta e havia um frescor no ar.

Einstein saiu para dar uma caminhada no Magdalen Deer Park, um amplo parque gramado cheio de trilhas e entrecortado pelo rio Cherwell, que em alguns trechos fica estreito como um riacho.

Em cima de uma das pontes estava um universitário de 19 anos, de aparência robusta, olhando preguiçosamente para a água. Einstein deteve-se ao lado dele. O jovem era William Golding, futuro autor de *O senhor das moscas* e agraciado com o Prêmio Nobel de Literatura. Na época, ele estava cursando ciências naturais.

Golding ficou ansioso para expressar a Einstein a honra que representava conhecê-lo. Infelizmente, na época ele falava alemão tão bem quanto Einstein falava inglês, ou seja, praticamente nada. Por isso, deu um sorriso, na esperança de dar seu recado. Seguiu-se um silêncio de cinco minutos, com Golding sorrindo sem parar, até Einstein resolver que precisava falar alguma coisa.

"*Fisch*", arriscou, apontando para uma truta no ribeirão abaixo.

Golding tentou de alguma forma demonstrar que também era um apreciador da ciência e da razão. "*Fisch*", concordou. "*Ja. Ja.*"

Eles ficaram educadamente lado a lado por mais cinco minutos. Em seguida, Einstein, a imagem da amabilidade, escusou-se e prosseguiu sua caminhada.

66

EINSTEIN NÃO TINHA MUITA PACIÊNCIA com a psicanálise, que encarava como uma ciência questionável, até fraudulenta. Chegou a conhecer Sigmund Freud, em um jantar em Berlim em 1927, e tinha simpatia por ele, mas, embora fosse cortês com o psicanalista, certamente não se deixara convencer por ele. Quando Freud lhe enviou uma carta por ocasião do quinquagésimo aniversário, parabenizando-o por ser feliz e afortunado, Einstein respondeu de forma estranhamente belicosa: "Por que o senhor enfatiza minha boa fortuna? O senhor, que se coloca no lugar de tanta gente, na verdade da humanidade em geral, mal teve a oportunidade de colocar-se no meu."[1]

Em 1932, o Instituto Internacional de Cooperação Intelectual (o precursor da Unesco) pediu a Einstein que trocasse correspondência com um destinatário de sua escolha, para debater um assunto relacionado à política e à guerra. Einstein escolheu Freud como correspondente. Fez uma pergunta ampla: "Existe alguma forma de livrar a humanidade da ameaça da guerra?" Ele prosseguiu expondo suas próprias ideias sobre uma possível resposta, que incluíam o estabelecimento, por consenso internacional, de "um órgão legislativo e judiciário para resolver todos os conflitos surgidos entre nações". Todos os países teriam de aceitar e submeter-se às ordens desse organismo. Ele tinha, é claro, ciência de que um sistema assim teria desvantagens. "Nesse ponto, de saída, deparo-me com uma dificuldade", admitiu: "A lei e a potência inevitavelmente andam lado a lado."

Einstein atribuiu a inexistência de um organismo como esse na esteira da Primeira Guerra Mundial a "poderosos fatores psicológicos" que tolhiam esforços bem-intencionados. Colocava a culpa, especialmente, na "ânsia de poder que caracteriza a classe governante de todos os países" e que era "hostil a qualquer limitação da soberania nacional". Como era possível, perguntou a Freud, "que um círculo reduzido submeta a vontade da maioria, que tem muito a perder e a sofrer com um estado de guerra, a serviço de suas ambições?".

Esse círculo tinha a educação, a imprensa e em geral a Igreja sob seu controle, era verdade. Ainda assim, Einstein se indagava como essa influência insidiosa conseguia incentivar as pessoas a apoiarem de forma tão fervente a guerra, a ponto de sacrificar as próprias vidas. "Apenas uma resposta é possível. Pois o homem tem dentro de si o desejo pelo ódio e pela destruição. Em períodos normais, essa paixão subsiste em estado latente. Emerge apenas em circunstâncias incomuns, mas é uma tarefa comparativamente fácil colocá-la em ação e elevá-la à potência de uma psicose coletiva."[2]

A resposta de Freud foi extensa e complexa, incluindo como ponto de partida um esboço de história do desenvolvimento das sociedades humanas. Na maior parte, ele concordou com Einstein e usou o mesmo tom pessimista. Para acabar com a guerra, afirmou, havia necessidade de um controle central que tivesse "a palavra final em todo conflito de interesses". Esse organismo seria impotente sem dispor de uma força executiva, mas Freud enxergava a implantação dessa força como uma esperança vã. Prosseguiu sua mensagem a Einstein com uma menção à psicanálise:

> Causa-lhe espanto a facilidade com que se inocula nos homens a febre da guerra, e o senhor depreende que o homem tem dentro de si um instinto ativo de ódio e destruição, suscetível a tais estímulos. Concordo inteiramente com o senhor [...]
>
> Supomos que os instintos humanos são de dois tipos: aqueles que conservam e unificam, que chamamos de "eróticos" (no sentido que lhes dá Platão em seu *Simpósio*) ou "sexuais" (ampliando explicitamente as conotações populares de "sexo"); e, em segundo lugar, os instintos que destroem e matam, que assimilamos aos instintos agressivos ou destrutivos. Tais são, como o senhor percebe, os tão conhecidos opostos, Amor e Ódio, transformados em entidades teóricas [...]
>
> Quando uma nação é chamada a entrar em guerra, toda uma gama de motivações humanas pode atender a esse apelo; razões no-

bres e vis, algumas abertamente confessadas, outras mal articuladas. A ânsia pela agressão e pela destruição inclui-se nisso; as inumeráveis crueldades da história e da vida humana cotidiana confirmam sua força e sua preponderância. O estímulo a esses impulsos destrutivos, por meio dos apelos ao idealismo e ao instinto erótico, naturalmente facilita sua liberação.

Embora fosse "improvável que sejamos capazes de suprimir as tendências agressivas da humanidade", Freud extraiu de sua análise alguma esperança. A partir dessa "mitologia", escreveu, era fácil elaborar uma forma indireta de eliminar a guerra: "Se a propensão à guerra for relacionada ao instinto destrutivo, sempre teremos à mão seu agente contrário, Eros." Em outras palavras, "tudo que produz elos de sentimento entre homem e homem deve nos servir como antídoto à guerra".[3]

O desenvolvimento cultural da humanidade, raciocinou, atuava contra nossa disposição bélica. Com o desenvolvimento da civilização, mais pessoas se tornariam pacifistas. No todo, porém, a resposta dele a Einstein foi que não, não existe forma de livrar a humanidade da ameaça da guerra. Freud brincou que suas cartas não valeriam nem a um nem a outro o Prêmio Nobel da Paz.

Em todo caso, essa correspondência logo se tornou superada e acadêmica, tornada irrelevante pelos movimentos da história. Na época em que foi publicada, em 1933, Hitler já tinha chegado ao poder na Alemanha.

67

O INTERESSE FORMAL DO FBI por Einstein começou em 1932, com o recebimento de uma carta de uma mulher apropriadamente chamada Randolph Frothingham (*froth*, em inglês, significa em sentido literal "espuma" e em sentido figurado "irrelevância"), presidente da Corporação Patriota Feminina, grupo que buscava proteger os Estados Unidos de "estrangeiros indesejáveis", principalmente pacifistas, socialistas e feministas. O grupo já tinha ficado possesso com a recente nomeação de Einstein para o novo Instituto de Estudos Avançados de Princeton, cargo que ele assumiria no ano seguinte. Um memorando de 16 páginas de Frothingham explicava por que o governo deveria se recusar a conceder a Einstein um visto para uma viagem de trabalho a Pasadena:

> Albert Einstein acredita, preconiza ou ensina uma doutrina que, em sentido lógico, tal como sustentado pela justiça em outros casos, "permitiria que a anarquia grassasse sem ser incomodada" e resultaria em um "governo meramente nominal" [...]
> Albert Einstein acredita em ou está ligado a grupos comunistas que defendem a derrubada, pela força ou violência, do governo dos Estados Unidos; defende "atos de rebelião" contra o princípio básico de todo governo organizado [...] Defende o "conflito com a autoridade pública", admite que sua "atitude é revolucionária", que seu propósito é "ilegal" e que pretende organizar e liderar e arrecadar fundos e contribuir financeiramente para uma "oposição militante" e "combater" o princípio básico de nossa Constituição [...] Ele leciona e lidera e organiza um movimento pela "resistência individual" legal

e por "atos de rebelião" contra autoridades dos Estados Unidos em tempo de guerra [...]

E quem é reconhecido como líder mundial, quem, por associação direta com organizações e grupos comunistas e anarcocomunistas e por meio de seus próprios e maiores esforços pessoais, tem feito o máximo para "destruir" a "engrenagem militar" em defesa da existência dos governos [...]?

Esse líder é ALBERT EINSTEIN. Nem mesmo o próprio Stalin está associado a tantos grupos internacionais anarcocomunistas para promover essa "condição preliminar" da revolução mundial e da anarquia final como ALBERT EINSTEIN [...]

ALBERT EINSTEIN promoveu a "baderna sem lei" para "arrebentar" a Igreja, assim como o Estado – e deixar, se possível, até as leis da natureza e os princípios da ciência em "confusão e desordem".[1]

Em vez de ignorar a carta da senhora Frothingham, como certamente poderia ter feito, o FBI encarou-a como um chamado a agir. O consulado americano em Berlim foi contatado e Albert e Elsa em pessoa foram chamados para algumas perguntas em relação ao pedido de visto.

– Qual é a sua crença política? – principiou o entrevistador.

Um pouco constrangido, Einstein ficou olhando para o homem e caiu na gargalhada.

– Bem, eu não sei. Não consigo responder a essa pergunta.

– O senhor é membro de alguma organização?

Albert passou a mão no cabelo e olhou para Elsa, pedindo ajuda.

– Ah, sim! Sou membro dos Resistentes à Guerra.

– Quem são essas pessoas?

– Bem, são amigos meus.[2]

Quarenta e cinco minutos se arrastaram, sem que o processo se tornasse mais suave ou agradável. Por fim, Einstein perdeu a paciência.

– O que é isso, uma inquisição? – perguntou.

Ele lembrou o entrevistador de que ir para os Estados Unidos não tinha sido uma decisão dele próprio.

– Seus compatriotas me convidaram. Sim, me imploraram. Se eu for entrar em seu país como um suspeito, não quero ir de jeito nenhum.

Tendo dito isso, ele pegou o chapéu e o casaco e foi embora. Assim que saíram, Elsa relatou o encontro aos jornais e fez saber que, se Einstein não recebesse o visto até meio-dia do dia seguinte, ele cancelaria a viagem aos Estados Unidos. O consulado emitiu um comunicado informando que o visto seria emitido de imediato.

68

Einstein e Elsa na pré-estreia de Luzes da cidade, *com seu protagonista, Charlie Chaplin, 1931.*

EM UMA PROPRIEDADE DE CINCO HECTARES vizinha à casa de Charlie Chaplin em Beverly Hills, Mary Pickford e Douglas Fairbanks, na época dois dos atores mais famosos do mundo, ergueram uma casa de quatro andares e 25 cômodos, que batizaram como Pickfair. Era cercada por jardins com paisagismo e decorada com uma ostentação digna da antiga aristocracia europeia.

Na sociedade americana da época, um convite para Pickfair era tão importante quanto um convite para a Casa Branca. Em meio aos cômodos decorados com painéis de madeira e móveis do século XVIII, Fairbanks e Pickford realizavam festas suntuosas, ainda que sóbrias (Fairbanks era abstêmio). Os convidados admiravam as porcelanas chinesas e as pinturas francesas, os nichos folheados a ouro e o bar imitando um *saloon* de bangue-bangue. Escritores e políticos, atores, músicos e chefes de Estado iam fofocar, paparicar e discutir o espiritismo, febre mais recente a chamar a atenção de Hollywood.

Albert e Elsa foram convidados a um jantar de gala na enorme mansão em estilo Tudor. Cortinas escuras e decorativas bloqueavam quase todo o sol da Califórnia. Charlie Chaplin, que estava em bons termos com Einstein, também foi. Entre os demais convidados estava um renomado neurologista, que levou a conversa para o tema da "transferência de pensamento", uma forma de telepatia de cuja existência ele estava bastante convencido.

Einstein perguntou como funcionava.

– Eu penso e concentro meu pensamento no senhor – explicou o especialista em cérebro – e o senhor capta meu pensamento.

– *Nein*, não é possível.

– Mas a teoria do senhor não era tão inacreditável quanto... e ainda é para a maioria das pessoas?

De jeito nenhum, protestou Albert. A relatividade era coisa fácil. Para provar seu argumento, ele decidiu demonstrar sua teoria com exemplos. Dando um tapinha na beirada da mesa de jantar, disse que era o limite do espaço. Seu prato fazia o papel da Terra ou do Sol – ou talvez do Universo inteiro, ninguém soube lembrar direito –, e a faca e o garfo tinham algo a ver com a quarta dimensão.

Por mais que se esforçasse, Pickford constatou que não era capaz de acompanhar nem uma palavra do que Einstein dizia, em parte porque estava tão admirada com o convidado que não pedia esclarecimentos. Depois de algum tempo ela parou de se esforçar e, para se distrair, concentrou-se em Douglas e Charlie, ambos sentados boquiabertos em total e absoluta concentração, perplexos. Eles também não estavam conseguindo acompanhar.[1]

Essa falta de compreensão não impediu a "realeza" de Hollywood de desfrutar da companhia de Einstein ou convidá-lo para outras festas, embora nem sempre essas noitadas fossem um grande sucesso. Em uma *soirée* organizada por Chaplin, Einstein conheceu William Randolph Hearst e Marion Davies. Hearst, que viria a ser a inspiração para o *Cidadão Kane* de Orson Welles, era dono de revistas e jornais em quase todas as grandes cidades americanas. Davies, atriz com talento para a comédia, era a companheira de Hearst.

A festa começou bem, mas a conversa aos poucos foi perdendo a graça e Einstein ficou sentado olhando para o vazio, enquanto Hearst contemplava fixamente seu pratinho de sobremesa. Depois de um longo silêncio, Davies, que passou a maior parte da noite evitando falar com Einstein, de repente virou-se para ele com um toque de malícia.

– Oiii! – disse, antes de passar os dedos pelo topo da cabeça dele e perguntar: – Por que o senhor não corta o cabelo?

Nesse momento, Chaplin avisou que era hora de servir o cafezinho.[2]

69

Quando, em 30 de janeiro de 1933, Adolf Hitler chegou ao poder como chanceler da Alemanha, Einstein estava no meio de um período como professor visitante do Instituto de Tecnologia da Califórnia, em Pasadena. De início, Einstein subestimou os nazistas. Respondendo a uma pergunta de um jornalista americano sobre Hitler, ainda em 1930, ele dissera: "Ele vive do estômago vazio da Alemanha."[1] Quando a economia melhorasse, supunha Albert, ele não teria mais relevância. Porém, no final de fevereiro de 1933, ficou claro que Einstein não poderia voltar à Alemanha, no mínimo porque seu apartamento de Berlim tinha sido alvo de duas invasões de nazistas, uma delas na presença de sua enteada Margot.

O Reichstag foi incendiado na noite de 27 de fevereiro e os nazistas usaram o incidente para aprovar uma lei que suspendia várias garantias constitucionais – entre elas a liberdade de reunião, a liberdade de expressão e a liberdade de imprensa – e permitia o encarceramento político sem acusação específica e o confisco de propriedades particulares. Einstein comentou com amigos que talvez tivesse que voltar a morar na Suíça. A decisão de rejeitar sua pátria natal foi selada pelas notícias de que sua tão amada casa de veraneio em Caputh tinha sido saqueada e seu barco confiscado sob o pretexto de buscas por um esconderijo comunista de armamentos.

Quando ele, Elsa, Helen Dukas e o assistente Walther Mayer chegaram à Bélgica, no final de março, depois da travessia marítima que começara em Nova York, Einstein foi quase de imediato à embaixada alemã em Bruxelas entregar seu passaporte e renunciar à cidadania alemã. Ele manteve o passaporte suíço. Quando pôs os pés fora da embaixada, estava deixando o território alemão pela última vez na vida.

Na época, porém, não era legalmente possível renunciar à cidadania alemã. Sem a aprovação do Estado, ele poderia entregar quantos passaportes quisesse, que continuaria sendo alemão. A renúncia de Einstein deixou os nazistas sem saber o que fazer. Em uma reunião, em agosto de 1933, o Ministério do Interior alemão argumentou que, por causa da fama de Einstein, retirar sua cidadania publicamente prejudicaria a imagem da Alemanha. Melhor aceitar em silêncio a atitude de Einstein, que atingia o objetivo desejado. Um oficial da Gestapo alegou, porém, que era exatamente por causa da fama de Einstein que os nazistas deveriam expulsá-lo. Ele usava a fama, prosseguia o argumento, para espalhar mentiras e propagandas antialemãs.

Albert dera aos nazistas todos os motivos para odiá-lo – além dos óbvios, como ser judeu, internacionalista, pacifista e famoso. Ele já tinha deixado bem claro que não apoiaria de forma alguma o Partido Nazista. Durante os preparativos para as eleições do Reichstag de 1932, Einstein foi coautor de um manifesto advertindo o país para o risco de se tornar uma sociedade fascista. Elsa implorou a ele que não assinasse outros apelos políticos. "Se eu fosse como você gostaria que eu fosse", ele respondeu, "eu simplesmente não seria Albert Einstein."[2] Assim, ele propôs uma aliança antifascista entre os partidos Comunista e Social-Democrata. Seu nome encabeçava os cartazes com sua mensagem.

Em 1934, Einstein foi oficialmente declarado "não alemão". Os nazistas queriam ter o prazer de retirar dele o direito de ser alemão, mas ele tinha se antecipado, o que não os agradou. Na verdade, em duas oportunidades Einstein chegou na frente dos nazistas. No mesmo dia de 1933 em que foi à embaixada em Bruxelas, ele também enviou uma carta renunciando à Academia Prussiana de Ciências – outra coisa que queriam tirar dele. "A dependência do governo prussiano", escreveu Einstein em sua carta, "é algo que, sob as circunstâncias atuais, considero intolerável."[3]

Max Planck ficou satisfeito com a decisão de Einstein. Escreveu-lhe que era a única maneira de garantir que a relação entre ele e a academia continuasse amigável. Planck temia que a academia abrisse um procedimento formal de expulsão contra Einstein, atitude que tinha sido pedida por alguns ministros do governo. "Embora em questões políticas um abismo profundo os separe de mim", escreveu a um secretário da academia, "eu tenho, por outro lado, absoluta certeza de que na história dos séculos que virão o nome de Einstein será celebrado como um dos astros mais brilhantes que jamais brilharam na academia."[4]

Mesmo assim, a academia deu seguimento a uma censura de seu mais famoso integrante. Os nazistas ficaram furiosos por terem sido superados e esperavam da academia algo que satisfizesse a necessidade de vingança. Por isso, foi divulgada uma declaração em nome da academia, acusando Einstein de "promoção de atrocidades" e "atividades de agitação em nações estrangeiras". Não havia necessidade, concluía a declaração, de lamentar a perda de um membro assim.

Apenas um membro da academia ousou contrapor-se ao tratamento dado a Einstein: Max von Laue, antigo assistente de Planck e amigo de Einstein desde que lhe fizera uma visita em Berna, em 1907. Em um encontro em 6 de abril, porém, outro grande amigo de Einstein, Fritz Haber, chegou a agradecer ao secretário responsável pela divulgação da declaração, qualificando a atitude de apropriada.

Na época desse encontro, já havia sido aprovada uma lei proibindo judeus de deterem cargos públicos, inclusive nas universidades, onde professores e alunos judeus tiveram suas carteiras de identidade acadêmicas confiscadas. Um mês depois, na frente da ópera de Berlim, vizinha à academia, cerca de 40 mil pessoas assistiram à queima de livros judeus em uma imensa fogueira. Diante desses atos, Einstein decidiu se desfiliar de qualquer organização alemã, pedindo a Laue que o fizesse em seu nome.

Ainda desesperadas para humilhar Einstein, as autoridades nazistas confiscaram sua casa de veraneio em Caputh, vendendo-a à prefeitura local. O plano inicial era usá-la como sede campestre da Juventude Hitlerista, mas isso não aconteceu por falta de verba e, no final, o querido retiro de Einstein foi usado pelo governo para o treinamento de professores.

Embora Einstein tenha desfeito os laços com seu país, ele não se afastou totalmente dos amigos, nem mesmo aqueles que não tinham se comportado com a dignidade esperada. Planck fez o possível para amainar as políticas nacionais antissemitas, chegando até a escrever a Hitler, sem êxito. Na maior parte do tempo, porém, ele cedeu à vontade do governo e incentivou outros cientistas a fazerem o mesmo, ato completamente incompatível com as crenças de Einstein.

"Apesar de tudo", Albert escreveu a Planck em meio às transações com a academia, "fico feliz que você me saúde dentro da velha amizade e que nem mesmo os piores desgastes tenham turvado nossa relação mútua. Ela continua", prosseguiu, "em sua antiga beleza e pureza, independentemente do que esteja acontecendo mais abaixo, digamos assim."[5]

70

Eduard e Albert Einstein em 1933, na última vez em que se viram.

NA BÉLGICA, EINSTEIN ALUGOU um chalé na cidade litorânea de Le Coq sur Mer. Estava cheio de coisas na cabeça. Tinha marcada uma visita a Oxford para o final de maio de 1933, onde daria uma palestra sobre a filosofia da ciência, mas mandou uma carta ao amigo que tinha ali, Frederick Lindemann, perguntando se poderia adiar a viagem uma semana. Sentia-se obrigado, escreveu, a visitar o filho caçula, Eduard, na Suíça, explicando que não podia suportar a ideia de ficar mais seis semanas sem vê-lo. Ele contava com a compreensão de Lindemann.

Eduard tinha o apelido de "Tete" (pequeno). Era muito inteligente e espirituoso, mas não tivera uma vida tranquila. Foi um menino de saúde frágil e passou a infância entre consultas médicas e sanatórios. Adquiriu interesse pela psicanálise, sobretudo o trabalho de Sigmund Freud, e, quando entrou na universidade, optou pelos estudos de medicina, pensando em tornar-se psiquiatra.

Aos poucos surgiram sinais de problemas mentais, que podem ter sido exacerbados por um insucesso amoroso na faculdade. Aos 20 anos, Tete se tornara uma pessoa confusa, irritadiça e sem ânimo. Certa vez tentou se jogar da janela, mas foi contido pela mãe. No outono de 1932, aos 22 anos, passou algum tempo em um hospício de Zurique, para tratar-se de esquizofrenia.

Einstein estava na Bélgica quando Eduard voltou a ser internado, por não ter mostrado sinais de melhora durante os meses que passou em casa. "A tristeza está corroendo Albert", Elsa escreveu a um amigo. "Ele está sofrendo para lidar com ela, mais do que gostaria de admitir. Ele sempre quis parecer invulnerável a tudo que envolve sua vida pessoal. Ele até é, muito mais do que qualquer homem que conheço. Mas isso o atingiu em cheio."[1]

Quando Einstein foi visitar Eduard no hospício, levou consigo o violino e uma fotografia de pai e filho. Tete era apaixonado por música. Na verdade, só quando tocava piano, o que fazia com um ardor extremo e até incômodo, é que Eduard encontrava um pouco de clareza e serenidade. Einstein e o filho tinham tocado juntos muitas vezes, comunicando-se mais facilmente pela música que pelas palavras. Não existe registro do que conversaram, mas a visita não mudou em nada a opinião de Einstein de que a esquizofrenia de Tete tinha sido herdada do lado materno e que "nada podia ser feito a respeito".[2] Nenhum dos dois tinha como saber, mas foi a última vez que Einstein viu o filho mais novo.

Depois da morte de Mileva, em 1948, Einstein tomou providências e pagou para que cuidassem de Eduard. Ao longo da vida inteira, sentiu a pressão e a responsabilidade de garantir o bem-estar do filho. Ao mesmo tempo, não cogitava visitá-lo de novo na Suíça e, quanto mais velho ficava, menos queria ouvir notícias sobre ele.

"Provavelmente você se pergunta por que eu não troco correspondências com Tete", escreveu a um amigo. "Isso se deve a uma inibição que eu não sou plenamente capaz de analisar. Mas tem a ver com minha crença de que despertaria emoções dolorosas de vários tipos se eu entrasse de alguma forma no campo de visão dele."[3]

71

O COMANDANTE OLIVER LOCKER-LAMPSON era o tipo de homem que chamava a atenção: tinha a mente aguçada, vestia-se com elegância e seu rosto se destacava, com maçãs do rosto proeminentes e nariz aquilino. Incrivelmente charmoso quando queria, mas de humor volátil, ele era conhecido como "uma dessas pessoas que conseguem financiar qualquer coisa".[1] Quando conheceu Einstein, em Oxford, em 1933, tinha 53 anos e estava na metade de uma longa carreira como deputado conservador, eleito pela primeira vez em 1910.

Ele tinha sido advogado e jornalista, e o serviço militar na Primeira Guerra Mundial lhe rendera algumas reportagens espetaculares. Na maior parte da guerra, ele serviu como comandante na Divisão de Blindados do Serviço Aéreo da Marinha Real. Em 1915, foi enviado com seus esquadrões para a Rússia, para atuar a serviço do czar. Nesse período no front oriental, fez amizades na aristocracia russa, salvou a vida de uma princesa que levara um tiro no pescoço e envolveu-se em um golpe militar fracassado contra o governo provisório, em 1917. Anos depois, ele afirmaria que lhe pediram para matar Rasputin e para ajudar Nicolau II a fugir depois da abdicação.

Como seria de imaginar, ele não era fã do socialismo – durante algum tempo, até se aproximou das ideias da extrema direita. Depois da guerra, organizou comícios da campanha "Limpeza nos Comunas" e expressou admiração por fascistas de outros países. Em um artigo no *Daily Mirror*, em setembro de 1930, Locker-Lampson louvou Hitler como um "herói lendário".[2] Em 1932, enviou de presente a Mussolini um par de abotoaduras esmaltadas e um disco.

Em 1933, porém, suas ideias já tinham mudado radicalmente. Tendo sido educado na Alemanha, conhecia bem a língua e o povo e, depois que Hitler chegou ao poder, tornou-se um defensor precoce dos preparativos para a guerra contra os nazistas. Redirecionou suas energias para ajudar refugiados judeus a encontrarem abrigo, bancando muitas pessoas por conta própria, além de ajudar exilados famosos, como Sigmund Freud e Haile Selassie, o imperador da Etiópia.

Locker-Lampson gostava de "colecionar" gente famosa e interessante. Embora fossem praticamente estranhos, Locker-Lampson escreveu para Einstein depois que este voltou para a Bélgica, convidando-o a hospedar-se em sua casa. Einstein não se fazia nem um pouco de rogado quando se tratava de convites, aceitando-os com a mesma facilidade com que os fazia. Nesse caso, ele tinha apreciado tanto a viagem à Grã-Bretanha (depois de Oxford, ele foi até Glasgow) que resolveu aceitar a oferta de Locker-Lampson e retornou à Inglaterra em julho de 1933, apenas um mês depois da visita anterior.

Ansioso para agradar seu convidado célebre, Locker-Lampson organizou para ele encontros com alguns políticos respeitados, ainda que fora do poder: o ex-secretário de Relações Exteriores Austen Chamberlain; o ex-primeiro-ministro David Lloyd George; e o ex-chanceler Winston Churchill. De todos esses, Locker-Lampson tinha amizade sobretudo com Churchill. Levou Einstein a Chartwell, a casa da família de Winston, para um almoço de sábado. Einstein pôs um terno de linho branco – mais professor de férias, impossível –, enquanto Churchill estava mais parecendo um jardineiro, com um chapelão grande demais e um macacão. Existe uma fotografia dos dois homens sorridentes em um caminho do jardim.

Durante a visita, Albert tocou no assunto dos cientistas judeus alemães que buscavam asilo em universidades britânicas e, depois, advertiu Churchill de que Hitler já estava decidido a declarar guerra e preparava-se em segredo para ela. Churchill respondeu, com confiança churchilliana, que o Reino Unido e os Estados Unidos seriam capazes de conter o rearmamento alemão. Einstein saiu convencido – daria até para dizer iludido. Como escreveu a Elsa horas depois: "Ele é um homem eminentemente sábio." Como era típico dele, acrescentou um toque de otimismo político equivocado: "Ficou claro para mim que eles já tomaram precauções e em breve agirão com firmeza."[3]

Einstein também compareceu a uma sessão do parlamento, em que assistiu das galerias a Locker-Lampson apresentar um projeto de lei concedendo cidadania aos judeus refugiados. Em seu discurso, Locker-Lampson contou que, ao assinar o livro de convidados na casa de Lloyd-George, Einstein foi obrigado a escrever que não tinha endereço. "A Alemanha", prosseguiu, "expulsou seu cidadão mais glorioso: Einstein. É indevido da minha parte louvar um homem de tamanha eminência. Os homens mais eminentes do mundo admitem que ele é o mais eminente. Mas no caso do professor Einstein, há algo além da eminência. Ele se destacou como o exemplo supremo do intelectual desprendido. E hoje Einstein está sem lar."[4]

O projeto nunca se tornou lei, mas Locker-Lampson certamente havia conquistado seu convidado.

72

EM JULHO DE 1933, quando ainda estava em Le Coq sur Mer, no litoral belga, Einstein recebeu uma carta misteriosa, que dizia: "O marido da segunda violinista gostaria de falar com o senhor sobre um assunto urgente."[1] Era uma mensagem cifrada relacionada ao rei Alberto I, da Bélgica.

Einstein tinha sido apresentado à rainha Elisabeth, da Bélgica, quatro anos antes, durante uma visita à Antuérpia. Os dois passaram o dia tocando Mozart juntos e discutindo a relatividade enquanto tomavam chá. Ele foi convidado a voltar no ano seguinte, ocasião em que conheceu o rei. Einstein e a rainha tocaram Mozart de novo, e ele ficou para o jantar particular do casal real, sem a presença dos criados. Comeram espinafre, ovos e batata e desfrutaram imensamente da companhia mútua.

Ao receber a carta, Einstein foi direto para o palácio. O rei tinha um pedido a fazer ao grande cientista. Dois objetores de consciência tinham sido presos pouco tempo antes em Bruxelas e uma organização pacifista vinha fazendo um clamor público para que Einstein saísse em defesa deles. Einstein era notória e abertamente pacifista. Depois de completar seu trabalho sobre a relatividade geral, sua defesa da paz passara a ocupar um papel tão importante em sua vida quanto a ciência. Fazia quase vinte anos que Einstein argumentava que a única forma de acabar com a guerra era a recusa por parte da população, sob quaisquer circunstâncias, a fazer o serviço militar. O rei havia chamado Albert para pedir a ele que não se pronunciasse sobre os objetores de consciência.

Einstein concordou em não interferir. Ele não queria desagradar o rei – nem como amigo, nem como chefe do Estado que naquele momento o acolhia como exilado. Porém, mais importante que isso, diante da nova realidade política na Alemanha, ele deixara de acreditar que a resistência à guerra era viável.

"O que eu tenho a dizer há de lhes causar enorme surpresa", ele escreveu em uma carta endereçada ao líder do grupo pacifista. "Até bem pouco tempo atrás, nós, na Europa, podíamos presumir que a resistência individual à guerra constituísse um ataque eficaz ao militarismo. Hoje estamos diante de uma situação bastante diferente." Ele explicou que a Bélgica era um país tão pequeno que não podia se dar ao luxo de empregar mal suas forças armadas, já que "necessita desesperadamente delas para proteger sua própria existência. Imaginem a Bélgica ocupada pela Alemanha dos dias de hoje!".

Einstein tinha uma extraordinária confissão a fazer. "Se eu fosse belga", escreveu, "não recusaria, sob as circunstâncias atuais, o serviço militar. Em vez disso, aderiria com alegria a esse serviço, na crença de que estaria assim ajudando a salvar a civilização europeia."

No entanto, apressou-se a acrescentar que não havia deixado de lado o pacifismo: "Isso não significa que estou abrindo mão do princípio [...] Nenhuma esperança minha é maior que a de que não esteja longe o tempo em que a recusa do serviço militar voltará a ser um método eficaz de servir à causa do progresso humano."[2]

73

Einstein com o comandante Oliver Locker-Lampson, Marjory Howard e Herbert Eastoe montando guarda, do lado de fora da cabana de veraneio de Locker-Lampson em Roughton Heath, 1933.

EINSTEIN TINHA O HÁBITO de dar apoio a comitês e sociedades sem verificar com atenção os detalhes. Ao longo da vida ele foi membro, apoiador oficial ou, às vezes, até secretário de todo tipo de agrupamento, a cujas reuniões ele nunca comparecia. Um desses comitês tinha acabado de publicar um livro – que ele não leu – atacando o regime de Hitler. Em consequência disso, os jornais alemães, sempre prontos a atacar o famoso cientista judeu, denunciaram a "infâmia de Einstein". O mais preocupante era que seu nome aparecia em uma lista de alvos de assassinato pelos nazistas e sua foto tinha sido posta junto à de outros inimigos do Estado alemão, com a legenda "Ainda não enforcado".

Em 30 de agosto de 1933, radicais nazistas assassinaram Theodor Lessing, filósofo judeu alemão ligado a Einstein, que na época morava na Tchecoslováquia. Os assassinos foram saudados na Alemanha – a fotografia de Lessing também tinha ganhado a legenda "Ainda não enforcado". Em poucos dias, a imprensa informava que Einstein era o próximo da lista. A família real belga designou dois policiais para montar guarda em sua casa alugada em meio às dunas. Einstein ficou irritado com a proteção 24 horas por dia e, muitas vezes, tentou escapar à vigilância de seus seguranças, mas, no geral, achava a história toda muito divertida. Ao ficar sabendo de um rumor de 5 mil dólares por sua cabeça, ele respondeu, batendo com o dedo na têmpora e sorrindo: "Eu não sabia que valia tanto!"[1] Ele "não tinha dúvida", como afirmou a um jornalista baseado em Paris, de que a ameaça era real, "mas seja como for eu espero o destino com serenidade."

Elsa, em compensação, estava tudo menos serena, e Albert pouco fez para acalmar sua ansiedade ao argumentar que "quando um bandido quer cometer um crime, mantém em segredo".[2] Dali a um mês, mais ou menos, eles partiriam para Princeton, e o Instituto de Estudos Avançados e ele achavam que até lá as coisas continuariam bem. Não tardou para Elsa convencer o marido a "sair correndo". Ela ficaria para trás, cuidando da mudança para os Estados Unidos.

Einstein voltou a contatar o comandante Oliver Locker-Lampson. Apenas um mês depois da visita anterior, ele pegou outro navio para a Grã-Bretanha, ao lado de um jornalista do *Sunday Express* que fizera a gentileza de marcar a viagem. Aparentemente, Einstein passou a maior parte da travessia trabalhando em suas equações. Chegou a Londres em 9 de setembro e de lá foi levado às escondidas para Roughton Heath, perto de Cromer, no litoral de Norfolk, onde ficaria na cabana de veraneio de Locker-Lampson.

"Cabana" é a palavra ideal. Era minúscula. As paredes eram feitas de troncos finos e compridos e o telhado era de palha. Locker-Lampson levou consigo seguranças armados e duas jovens – apresentadas como suas "assistentes" – que, pelo menos em uma série de fotos posadas, também estavam armadas. "Se qualquer pessoa não autorizada se aproximar, vai levar uma carga de chumbinho", afirmou o anfitrião.[3] A avaliação de Einstein era outra: "Só a beleza das minhas guardiãs desarmaria um conspirador mais que suas armas."[4]

Por motivos óbvios, a localização do grande professor não foi divulgada, mas seria difícil alegar que Einstein estava isolado. Durante a estadia de três semanas, vários convidados foram visitá-lo e ele foi entrevistado pelo *Daily Mail*. Chegou a viajar até Londres para dar uma palestra no Albert Hall, em favor de intelectuais alemães exilados, com 9 mil ingressos vendidos e gente de pé nos corredores.

74

Por algum motivo, durante o retiro supostamente sigiloso de Einstein, Locker-Lampson deu um jeito para o escultor Jacob Epstein, um pioneiro do modernismo, capturar os traços de seu convidado.

As sessões de pose ocorreram na cabana. Não era o ateliê ideal, a começar pelo fato de que o espaço era ocupado por um enorme piano, o que deixava pouco espaço para se mexer. A cabana também era escura. Quando Epstein pediu aos seguranças que retirassem a porta, para deixar entrar mais luz natural, eles perguntaram, em tom de sarcasmo, se era para tirar o telhado também. "Acho que eu teria apreciado", contaria Epstein depois, "mas não pedi isso porque as 'anjinhas' assistentes pareciam um pouco incomodadas com minha intromissão no esconderijo do professor delas." Restava um obstáculo, porém. "Eu trabalhava duas horas todas as manhãs e, na primeira sessão, o professor estava tão envolto na fumaça do cachimbo que eu não enxergava nada. Na segunda sessão, pedi que fumasse no intervalo."

Sem a nuvem de fumo, os dois até se deram bem. Einstein era bonachão ao extremo. Contava piadas e, entre uma sessão e outra, entretinha Epstein tocando violino ou o espaçoso piano. Contou a Epstein tudo que os nazistas vinham fazendo para desacreditar sua obra. Uma centena de professores, aparentemente, havia publicado uma condenação da relatividade, o que levou Einstein a comentar que, se ele estivesse errado, bastaria um professor para provar. Ele também refletiu sobre como a consciência de sua condição de judeu se aprofundara em consequência das atitudes de Hitler.

Epstein não era um homem bonito, mas tinha carisma. Sua voz era sonora e poderosa, ainda com leves traços do sotaque polonês dos pais. Ele se vestia como o estereótipo do artista, com boina e um paletó escuro, grande demais e quase retangular. Não demorou para ele conquistar os seguranças e, na última noite de trabalho, todos tomaram cerveja juntos.

Einstein era um modelo obediente. Já com mais de 50 anos, à vontade com a própria fama e sempre gentil, ele posava para quase todos que pediam para tirar uma foto com ele. Por isso, estava acostumado com o processo. Epstein adorou o que encontrou.

> Einstein apareceu vestido de maneira muito confortável, de pulôver, com os cabelos desgrenhados esvoaçando ao vento. Seu olhar tinha um misto de humanidade, humor e profundidade. Era uma combinação que me deliciava. Quase um Rembrandt envelhecido [...] Einstein observava meu trabalho com uma espécie de admiração ingênua e dava a impressão de perceber que eu estava tirando dele algo de bom.[1]

E de fato Epstein fez algo bom. Seu busto de bronze é reconhecido como um de seus melhores retratos. É rudimentar, com linhas grosseiras e buracos profundos. A pele é quase uma série de vincos. Lembra os autorretratos de Rembrandt, só que, enquanto Rembrandt quase sempre parece cansado de viver, com um ar tranquilo de derrotado, Einstein sorri pelo canto da boca. Epstein conseguiu captar a inteligência de seu modelo, compreendendo também que não se podia dissociar Einstein da alegria.

75

EM OUTUBRO DE 1933, quando Einstein embarcou no transatlântico *Westernland* em Southampton, pronto a zarpar para os Estados Unidos, ele esperava retornar à Grã-Bretanha no ano seguinte, para passar outro período em Christ Church. Ele nunca mais veria a Europa.

Em vez de retornar, os Einsteins, junto com Helen Dukas, logo se estabeleceram em seu novo entorno americano. Por mais que Princeton fosse um "vilarejo esquisito e cerimonioso cheio de frágeis semideuses apoiados em pernas de pau",[1] na definição dada por Albert um mês depois de se instalar, o lugar agradou a eles, por causa da vegetação, dos prédios e do ar levemente europeu.

"Ignorando certas convenções sociais", disse ele, "consegui criar para mim mesmo um clima favorável ao estudo e livre de distrações."

Desde a virada do século, a Universidade de Princeton vinha cultivando renome pela excelência acadêmica, tornando-se líder mundial em matemática. Einstein apreciou a liberdade que lhe fora concedida no Instituto para seguir suas próprias pesquisas, vendo nisso um pouco da insistência geral americana em fazer as coisas segundo a própria vontade, sem a reverência à tradição tão comum na Europa. Em abril de 1934, depois de apenas seis meses, Einstein anunciou que ficaria definitivamente em Princeton. Foi nomeado professor titular do Instituto e seu salário aumentou para 16 mil dólares por ano.

Em geral, os princetonianos tinham respeito pelo novo e famoso morador, deixando-o em paz o máximo que a sociedade da época considerava educado. Embora não de propósito, a vida dele agora mais parecia uma caricatura dele mesmo. Anedotas a seu respeito proliferavam. A maioria descambava para a ficção, mesmo captando um pouco da essência de Einstein.

Ele era conhecido por ajudar crianças a fazer o dever de casa e, em uma véspera de Natal, pegou um violino emprestado de um grupo de cantores de coral e acompanhou-os em suas cantorias. Também se conta que ele tinha o hábito de puxar um livro a esmo das prateleiras da biblioteca do Instituto, abri-lo ao acaso, selecionar um parágrafo aleatório e ficar três meses refletindo sobre aquilo que tinha lido, ao fim dos quais ele fazia tudo de novo.

Em uma das anedotas, conta-se que ele tropeçou e caiu em uma poça d'água tão funda que a cabeça e os braços se projetavam do chão como um cogumelo e foi necessária a ajuda de um fotógrafo local para tirá-lo de lá. Em outra história, alguém teria telefonado para o Instituto, pedindo para falar com algum dos decanos. O decano não estava disponível, foi dito ao autor da chamada. Nesse caso – veio a resposta hesitante – seria possível fornecer o endereço residencial do dr. Einstein? Infelizmente, essa informação não podia ser divulgada.

"Por favor, não conte a ninguém", sussurrou a voz no telefone, mas "sou eu, o dr. Einstein. Estou indo para casa e esqueci qual é."[2]

76

Em 1935, Einstein deparou-se com um problema que, na opinião dele, a mecânica quântica não podia explicar. Se duas partículas colidissem brevemente entre si e continuassem cada uma em seu caminho, ao medir a aceleração de uma delas, seria possível conhecer a aceleração da outra, mesmo depois que as duas se separassem. Isso significava que era possível saber algo sobre uma partícula sem medi-la. Pelas leis da mecânica quântica, isso não era permitido. Os cientistas quânticos, portanto, tinham que interpretar essa situação como significando que o ato de medir a primeira partícula tinha um efeito sobre a segunda partícula, mesmo sem ela por perto. Afirmar isso, alegava Einstein, era absurdo. Em carta ao amigo Max Born, Einstein explicou seu ponto de vista com uma frase que ficou famosa: "A física", escreveu, "tem de representar uma realidade no tempo e no espaço, livre de qualquer ação fantasmagórica a distância."[1]

Os contemporâneos de Einstein se livravam do problema afirmando que as duas partículas estavam "entrelaçadas", ou "emaranhadas" – isto é, acopladas uma à outra. De certa forma, um par de partículas entrelaçadas atua como se fosse um único sistema. O artigo sobre o assunto do qual Einstein é coautor é conhecido como o "artigo EPR", das iniciais de Einstein e dos colegas Boris Podolsky e Nathan Rosen. Nesse artigo, eles se preocupam com a localização e o momento linear da partícula, mas a forma mais fácil de explicar os efeitos do entrelaçamento é falar do *spin* (rotação) da partícula.

O *spin* de um elétron pode existir sob dois estados, horário ou anti-horário. Não é preciso se preocupar com o que isso significa. É importante apenas saber que uma partícula pode existir nesses dois estados. Em um par de partículas entrelaçadas, uma terá *spin* horário e a outra *spin* anti-horário. Essas propriedades não são inerentes ao emparelhamento. Não é como se, à medida que vão ricocheteando Universo afora, um elétron tivesse as propriedades de uma laranja e o outro, de uma maçã, mas, sim, que eles compartilham fluidamente suas propriedades naquilo que é chamado de "superposição". Isso só muda quando um dos elétrons é mensurado, quando ele interage com alguma coisa. Nesse momento, o elétron mensurado será somente uma maçã. Instantaneamente, o outro elétron, não mensurado, será somente uma laranja.

A razão da importância disso é a instantaneidade: a informação de que uma partícula entrelaçada de repente fixou seu *spin* aparentemente chega à sua irmã mais rápido que a velocidade da luz, qualquer que seja a distância que as separe – mesmo que estejam em extremidades opostas do Universo observável. Para Einstein, essa "não localidade" não era aceitável. Ele acreditava que nada poderia exceder a velocidade da luz, nem mesmo a informação; do contrário, a teoria da relatividade não poderia ficar de pé. Para sorte de Einstein, logo se postulou que, como as duas partículas deveriam ser consideradas a mesma entidade física, na verdade não haveria intercâmbio de informações – não haveria sinal mais rápido que o raio sendo enviado entre elas. Como são a mesma entidade, não há necessidade de sinal. A relatividade segue viva, mas por pouco.

O entrelaçamento continua a ser uma espécie de espinho na pata da física, e ainda não houve nada capaz de tirá-lo. Explicações divergentes para o fenômeno existem, mas não se chegou a um consenso absoluto a respeito de nenhuma delas. Também houve muitas tentativas de provar que, como parece lógico, os *spins* dos elétrons entrelaçados são fixos desde o princípio, que um elétron é sempre a laranja e o outro sempre a maçã e que não acontece mistura de frutas. Mas nenhuma delas deu certo. Ao contrário: o entrelaçamento é um fenômeno comprovado da natureza. Computadores quânticos funcionam graças a ele e já foi obtida uma fotografia do entrelaçamento em ação.

A intenção da crítica de Einstein era mostrar as consequências bizarras da sequência lógica da mecânica quântica e usar isso como evidência da falsidade da teoria. Ele não acreditava que o entrelaçamento pudesse de fato existir, que cutucando uma partícula daria para instantaneamente afetar outra. Porém, como se constatou, o mundo é muito mais absurdo do que Einstein acreditava.

77

Pouco tempo depois de decidirem ficar nos Estados Unidos, em maio de 1934, Einstein e Elsa receberam a notícia de que Ilse estava com problemas de saúde. A filha de Elsa sofria de algo que a princípio se acreditou ser tuberculose, mas na verdade era leucemia. Ela se mudou para Paris com a irmã caçula, Margot.

Sozinha, Elsa zarpou rumo à Europa. Ao chegar a Paris, encontrou a filha esquálida e agonizante. Durante algum tempo, Ilse chegou a recusar tratamento médico adequado, certa de que seus males eram antes de tudo psicossomáticos. Deu preferência a um longo tratamento psicoterápico. Havia pouco que Elsa e Margot pudessem fazer por ela, a não ser estar a seu lado enquanto morria. Elsa nunca mais foi a mesma. A experiência a deixou tão arrasada que sua aparência envelheceu vários anos.

Margot mudou-se para os Estados Unidos para morar com a mãe e o padrasto, deixando o marido para trás. Em agosto de 1935, Elsa e Albert compraram uma propriedade em Princeton, do outro lado da rua onde alugavam um apartamento. Era uma casa simples, de tábuas brancas, construída 120 anos antes no número 112 da Mercer Street. Com quatro pequenas colunas quadradas sustentando uma varanda minúscula, tinha uma beleza discreta, maldisfarçada por uma cerca viva. Eles pagaram em espécie pela casa e ainda sobrou um pouco de dinheiro para uma reforma, da qual Elsa se encarregou, mesmo começando a ter seus próprios problemas de saúde.

Não demorou muito, após a mudança para a casa nova, para ficar claro que Elsa não conseguiria desfrutar dela por muito tempo. Ela começou a sofrer de inchaço em um dos olhos, algo que exames em Manhattan revelaram ser sintoma de problemas cardíacos e renais. Prescreveu-se que permanecesse na cama, tratamento que teve êxito parcial. Mas ela sentia que nunca teria uma recuperação completa. Quando veio o verão de 1936, eles alugaram uma casa perto do lago Saranac, cerca de 500 quilômetros ao norte de Nova York, nas montanhas Adirondack. Naquele ambiente, ela tinha certeza de que ia melhorar. "E se minha Ilse entrasse agora no meu quarto, eu ficaria curada na mesma hora."[1] As férias de fato deram algum alívio, mas não uma cura.

Embora lesse para Elsa de vez em quando, durante a doença, Einstein trabalhou como um louco, por vezes mal conseguindo dormir. Elsa contou à amiga Antonina Vallentin que Albert ficou mais abalado com a situação do que ela imaginara. "Ele vaga pela casa como uma alma perdida", escreveu. "Nunca achei que ele me amasse tanto. E isso me consola."[2] No inverno, Elsa ficou novamente acamada. Ela morreu em 20 de dezembro de 1936. E, com sua morte, seu marido chorou. "Oh", suspirou. "Como eu vou sentir falta dela."[3]

Depois de alguns dias, ele voltou ao trabalho, com aparência lívida e pálida. Um de seus colaboradores não se sentia à vontade para expressar condolências banais. Em vez disso, discutia com ele um problema específico do trabalho, como se nada tivesse acontecido. Einstein produziu dois artigos pequenos, mas importantes, no mês posterior à morte da esposa, mas suas primeiras tentativas de manter a concentração foram malsucedidas.

Em carta a Hans Albert, ele escreveu que não conseguia se concentrar. O falecimento de Elsa tinha tornado a vida complicada. "Mas enquanto eu for capaz de trabalhar", prosseguiu, "não devo e não vou reclamar, porque o trabalho é a única coisa que dá substância à vida."[4]

78

EM UM DIA DE CALOR ESCALDANTE no verão de 1937, Leopold Infeld e C. P. Snow chegaram de carro à casa de veraneio alugada por Albert Einstein em Long Island. Infeld era um físico polonês que colaborava com Einstein em Princeton em uma equação para descrever os movimentos estrelares. Snow era físico molecular em Cambridge, além de romancista.

Snow fez uma descrição do encontro: "De perto, a cabeça de Einstein era como eu imaginava – magnífica, com um toque humanizador de comicidade. A testa com grandes sobrancelhas; os cabelos grisalhos como auréola; olhos achocolatados, enormes e esbugalhados." Ele se recordava de alguém ter dito que ele tinha "o brilho da disposição de um bom artesão, a aparência de um relojoeiro de vilarejo, à moda antiga, confiável, que talvez pegasse borboletas aos domingos".

"O que me surpreendeu foi seu físico. Ele estava voltando de um passeio de barco e trajava apenas um short. Tinha um corpo parrudo, extremamente musculoso; estava começando a acumular gordura na cintura e nos braços, como um jogador de futebol americano na meia-idade, mas ainda era forte acima da média. Era cordial, simples, nem um pouco acanhado."[1]

O trio engatou uma conversa. Einstein perguntou a Snow se ele era pacifista. "*Longe disso*, expliquei. Àquela altura eu estava certo de que a guerra era inevitável. Mas a guerra não me deixava tão apreensivo quanto o risco de a perdermos. Einstein assentiu."

Era um dia de mormaço e muito calor – dava para sentir ao respirar. Não havia muita coisa para comer e Einstein não parava de fumar cachimbo. "Bandejas de canapés – vários tipos de linguiça, queijo, pepino – apareciam de vez em quando. Tudo muito informal, no estilo da Europa Central. Para beber, só água com gás, o que, com o calor e os sanduíches, me deu tanta sede quanto se eu estivesse desidratado. Bebi mais água com gás em oito horas do que teria bebido em oito meses."

"Falamos mais sobre política, as escolhas morais e práticas diante de nós e o que poderia ser salvo da tempestade que estava por vir, não apenas pela Europa, mas pela raça humana. O tempo todo ele falava com um peso da experiência moral que era diferente, não apenas em quantidade, mas em qualidade, de tudo que eu já tinha visto [...] Era algo como conversar com o segundo [profeta] Isaías."

Einstein falou dos vários países onde ele tinha vivido. Como regra geral, suas preferências iam na proporção inversa do tamanho. Snow perguntou se aquilo queria dizer que ele gostava da Inglaterra. Sim, da Inglaterra – ele gostava da Inglaterra. Era um pouco como a Holanda, de que ele gostava muito.

Por que ele não tinha optado por morar na Inglaterra depois do exílio da Alemanha?

– Não, não!

– Por que não?

– É o estilo de vida de vocês. – Ele riu bem alto. – É um estilo de vida esplêndido. Mas não é para mim.

Snow perguntou o que ele queria dizer e Einstein respondeu dizendo que em seu primeiro dia na Inglaterra tinham-no levado a uma grande propriedade no interior. O lugar tinha um mordomo. As pessoas estavam vestidas para uma recepção. Depois disso, ele passou a maior parte de seu período inglês em Christ Church, onde o que não faltava, definitivamente, eram mordomos e pessoas vestidas para recepções. Einstein parecia achar que os ingleses passavam o dia inteiro colocando e tirando trajes formais. Snow discordou, mas Einstein não deu a mínima. Snow já tinha ouvido falar da palavra alemã *zwang*? Einstein explicou que ela significava "coerção", no sentido mais amplo possível, qualquer tipo de coerção – intelectual, emocional, social. Ele não queria *zwang*.

Eles ficaram horas conversando, até que Snow viu o céu escurecer. "Einstein estava falando das condições para uma existência criativa. Disse que, pela sua experiência, nunca se consegue fazer o trabalho mais criativo quando se está infeliz. Ele tinha dificuldade em lembrar de algum físico que tivesse realizado uma obra de valor em tal condição. Ou algum compositor. Ou algum escritor. Foi um comentário que parecia estranho e inesperado."

79

Einstein tinha diversos animais de estimação na casa da Mercer Street. Todos pareciam ter seus próprios problemas com o mundo.

Bibo, o papagaio, tinha vários problemas de saúde. Einstein concluiu que o pobre Bibo sofria de depressão e começou a contar piadas para tentar animá-lo.

E havia o fox terrier Chico, um pouquinho obeso e um tanto desgrenhado, batizado com o nome de um dos irmãos Marx. "Esse cachorro é muito inteligente. Ele fica incomodado com a quantidade de correspondência que eu recebo. É por isso que tenta morder o carteiro."[1]

O gato de Einstein, Tiger, era do tipo sensível. Ficava macambúzio quando chovia e, nessas horas, Einstein lhe dizia: "Eu sei qual é o problema, meu querido, mas não sei mesmo como desligar."[2]

Na verdade, em certas horas Einstein preferia os animais aos seres humanos. Quando o gato de um dos amigos de Einstein, Ernst Straus, teve filhotes, Einstein ficou tão ansioso para vê-los que foi andando com Straus até a casa deste e, no meio do caminho, começou a ficar preocupado – ocorre que todos os vizinhos de Straus trabalhavam com Einstein no Instituto de Estudos Avançados. "Vamos apertar o passo", disse ele. "Tem gente demais aqui cujos convites recusei. Espero que não descubram que eu vim visitar seus gatinhos."[3]

80

Einstein não tinha o hábito de aceitar títulos honorários em pessoa. É que ele recebia muitos deles. Porém, em maio de 1946, abriu uma exceção para a Lincoln University, na Pensilvânia, a primeira universidade negra a atribuir diplomas nos Estados Unidos. Trocando um campus verdejante e arborizado por outro, ele fez a curta viagem de Princeton até lá para dar uma aula sobre as equações da relatividade e uma palestra.

"Minha viagem até esta universidade foi em nome de uma causa meritória", anunciou aos alunos e ao corpo docente. "Existe uma separação entre pessoas de cor e pessoas brancas nos Estados Unidos. Essa separação não é uma enfermidade das pessoas de cor. É uma enfermidade das pessoas brancas. E não tenho a intenção de silenciar a respeito."[1]

E, dito e feito, ele não silenciou a respeito. Em artigos e discursos, Einstein desafiou abertamente o racismo entranhado nos Estados Unidos. Deu todo o seu apoio a importantes intelectuais negros, como W. E. B. Du Bois e Paul Robeson, tornou-se membro de associações e secretário adjunto da Cruzada Americana pelo Fim dos Linchamentos. E não foi apenas dessas maneiras públicas que ele decidiu se posicionar contra a intolerância racial, mas também com boa vizinhança e pequenas gentilezas em particular.

Em 16 de abril de 1937, a famosa contralto Marian Anderson chegou a Princeton para um concerto previsto para aquela noite. Quando ela chegou ao hotel Nassau Inn, não lhe deram um quarto por ser negra. Quando Einstein soube da situação de Marian, convidou-a para se hospedar na casa dele. Os dois tinham se conhecido muitos anos antes, em uma apresentação dela no Carnegie Hall, depois da qual tiveram uma conversa rápida nos bastidores. Einstein tinha adorado a versão dela para *A morte e a donzela*, de Schubert, enquanto Marian tinha admirado o semblante sensível e a cabeleira branca dele e tinha ficado impressionada com sua humildade.

Quando Marian chegou à Mercer Street, Einstein desceu a escadaria para recebê-la. Margot tinha preparado um quarto para ela descansar e se trocar e levou uma bandeja de comida. Embora Einstein já não saísse mais tanto quanto antes, ele assistiu ao concerto. Ela se apresentou para um público de pé no teatro McCarter, de Princeton, e, segundo o *Daily Princetonian*, mostrou "total domínio artístico de uma voz magnífica". "A srta. Anderson deixou a plateia a seus pés, da primeira ária de Händel ao último *spiritual* negro. É difícil comentar tal apresentação sem o uso excessivo de superlativos. Raramente uma voz como aquela esteve combinada a uma compreensão intelectual e emocional tão perfeita da música."[2]

Depois do concerto houve uma recepção. Como seria de esperar, Einstein, a celebridade local, foi convidado, embora, nas palavras de Marian, ninguém "fosse ficar ofendido se ele se escusasse".[3] Ele permaneceu ali durante algum tempo e esperou até Marian voltar com ele para casa. Dali em diante, sempre que ela cantava em Princeton, se hospedava na casa da família Einstein na Mercer Street.

Em certa ocasião, Margot deixou Marian usar o quarto dela para praticar o canto. A cantora não sabia, mas no quarto também estava Bibo, o papagaio da família (que sabia dizer "Lindo, que lindo" e "Me dá um beijinho"). A gaiola estava coberta para ele dormir, mas, na hora em que ela começou a se exercitar, do nada ele começou a cantar com ela – "*Truu, truu, truu...*" – e Marian caiu na gargalhada.

81

O DOSSIÊ DO FBI SOBRE ALBERT EINSTEIN tem 1.400 páginas. Durante mais de vinte anos o FBI compilou notas sobre o professor, recorrendo, em algumas ocasiões, à violação de correspondência, ao grampeamento de linhas telefônicas e até à invasão de propriedade particular. Como o dossiê também continha anedotas ouvidas pelos agentes durante as conversas, com surpreendente frequência o tom é de fofoca maldosa, como neste registro:

> Comenta-se que EINSTEIN seria um mensageiro pessoal do QG do Partido Comunista transmitindo oralmente mensagens a fontes específicas por todo o território americano em relação a informações importantes disseminadas pelo Partido Comunista. Essas mensagens seriam de importância grande demais para serem confiadas por correio, telefone, telégrafo ou outros meios de comunicação e por essa razão EINSTEIN, sendo comunista fiel, foi escolhido como mensageiro pessoal do Partido.[1]

Outra nota insinua que Hans Albert estaria sendo mantido refém pelos soviéticos e seria usado como moeda de troca para forçar Einstein a colaborar com as atividades comunistas. Porém, essa linha de investigação foi abandonada quando se descobriu que Hans Albert não estava na Rússia, como supunha o Bureau, mas trabalhando em Berkeley, como professor da Universidade da Califórnia.

Os agentes costumavam consultar uma série de fontes relacionadas ao tema de suas investigações. O dossiê de Einstein tem surpreendentemente pouco sobre seus escritos políticos, mas inclui, por exemplo, este relatório, baseado em uma matéria de jornal lida por um agente:

> Einstein foi um dos vários alemães de renome que emprestaram seu prestígio e sua influência aos comunistas alemães antes da ascensão de Hitler [...] Einstein declarou publicamente, em 1947, que o único verdadeiro partido francês com organização robusta e programa detalhado era o Partido Comunista. Em maio de 1948, ele e "dez ex-pesquisadores alemães especializados" encontraram-se em sigilo para observar uma nova arma secreta, um raio luminoso que poderia ser operado a partir de aviões para destruir cidades.

Não se chegou a tomar uma atitude em relação ao raio da morte porque, como o dossiê aponta, "a Divisão de Inteligência do Exército informou subsequentemente ao FBI que essa informação poderia não ter fundamento em fatos".

De vez em quando, cidadãos comuns enviavam cartas ao FBI com informações, dicas ou, muitas vezes, simples suspeitas. Quando uma missiva era considerada relevante, também era incluída no dossiê. Daí este informativo cartão-postal no dossiê de Einstein, assinado com o nome "Americano":

> Estamos em segurança em relação à energia atômica enquanto tivermos homens como Einstein em nossa lista? Olho nele. [P. S.: discos voadores são PEQUENAS experiências da Rússia para discos mil vezes maiores – posteriormente.]

82

Quando jovem, o dramaturgo Jerome Weidman foi convidado a um concerto noturno de música de câmara na residência nova-iorquina de um importante filantropo. Ele não estava muito a fim de ir, por não ter a menor sensibilidade musical e sempre ter tido dificuldade em apreciar música. Weidman se sentou na enorme sala, a orquestra começou a tocar e ele ficou absorto em seus pensamentos, tentando parecer muito distraído. Quando a orquestra terminou, ele aplaudiu junto com todo mundo.

À direita dele, uma voz suave perguntou:

– O senhor é fã de Bach?

Seu vizinho de poltrona era Albert Einstein.

Weidman não era fã de Bach. Não sabia nada de Bach. Começou a formular uma resposta educada, mas gaguejou. Era só uma pergunta retórica e ele poderia ter respondido no mesmo estilo, com algo breve e inócuo, mas, ao encarar os olhos de Einstein, Weidman teve certeza de que sua resposta seria levada a sério. Sentiu que não podia mentir.

– Não entendo nada de Bach – respondeu, constrangido. – Nunca ouvi nada da obra dele.

Einstein ficou espantado.

– Não é que eu não queira gostar de Bach – garantiu Weidman na mesma hora. – É que não tenho ouvido musical e nunca escutei de verdade a música de ninguém.

Agora Einstein estava preocupado.

– O senhor pode me acompanhar, por gentileza? – perguntou.

Ele pegou Weidman pelo braço e levou-o para longe da sala lotada, lançando olhares confusos em sua direção, o que gerou um surto de indagação silenciosa. Eles subiram as escadas até o escritório, onde Einstein largou a mão de seu novo conhecido e fechou a porta.

— Pois bem. O senhor faria o favor de me contar há quanto tempo se sente assim em relação à música?

— A vida inteira. Dr. Einstein, gostaria que eu e o senhor descêssemos para voltar a escutar. O fato de eu não apreciar não tem importância.

— Diga-me, por favor. Existe algum tipo de música que o senhor aprecia?

— Bem, gosto de músicas que tenham palavras e do tipo de música cuja melodia eu consiga acompanhar.

Ele sorriu.

— O senhor poderia, talvez, me dar um exemplo?

— Quase tudo de Bing Crosby.

— Ótimo! — Einstein foi até o fonógrafo e pesquisou o catálogo de seu anfitrião. — Ah!

Ele colocou o disco: era *Where the Blue of the Night (Meets the Gold of the Day)*, de Bing Crosby. Claramente satisfeito, Einstein dava sorrisos de incentivo para Weidman e balançava a haste do cachimbo no ritmo da música. Depois de algum tempo, parou o disco.

— O senhor pode me dizer agora, por favor, o que acabou de escutar?

Weidman tentou reproduzir a letra da canção o quanto pôde. Quando terminou, Einstein estava em êxtase.

— Viu só? O senhor tem ouvido, sim!

Em seguida, os dois passaram para outro disco: *The Trumpeter*, de John McCormack e, depois, a outro, um ou dois refrãos de uma ópera de um ato.

— Excelente, excelente — disse Einstein, quando Weidman conseguiu reproduzir a sequência de notas que ouviu. — Agora este!

E seguiu-se outro disco, e mais um, e mais outro. Quando Weidman conseguiu cantarolar uma melodia sem palavras, parecia que tinham acabado. Ele não podia acreditar ter sido objeto de uma atenção tão sincera de Einstein.

— Agora, meu jovem — disse Einstein —, estamos prontos para Bach!

E, então, eles voltaram para o salão pouco antes de os músicos recomeçarem a tocar.

— Simplesmente se permita escutar — sussurrou ele, tranquilizador. — É só isso.

E assim Weidman ouviu "As ovelhas podem pastar seguras", de Bach. Dessa vez, seu aplauso foi genuíno.

Depois que os músicos guardaram seus arcos, a anfitriã de Weidman e Einstein aproximou-se dos dois.

– Sinto muito, dr. Einstein – disse ela, sem cerimônia –, que o senhor tenha perdido tanta coisa da apresentação.

– Também sinto – respondeu Einstein. – Meu jovem amigo e eu, porém, estávamos envolvidos na maior atividade de que um homem é capaz.

– É mesmo? E qual seria?

– Abrir mais um fragmento da fronteira da beleza.[1]

83

Um dia de trabalho, 1939

É MANHÃ NO NÚMERO 112 DA MERCER STREET: Maja, Margot, Helen e Albert estão terminando o café à mesa de jantar. Ele usa a calça do terno e uma camisa branca larga, com o colarinho amassado embaixo de um pulôver grande de crochê. O cachimbo está entre os dentes. O médico mandou novamente que ele parasse de fumar. Por isso ele ficava o tempo todo apertando a haste com os dentes, em busca de um resto de prazer.

Terminado o café da manhã, ele se despede para ir trabalhar e, sem muita pressa, toma o rumo da pequena varanda, desce os três degraus até o portão do jardim e pega a Mercer Street. As árvores que ladeiam a rua voltaram a ter folhagem. Os jardins dos vizinhos estão belíssimos. Depois de uns cinco minutos, ele é parado por uma mulher a caminho da cidade. Ela o recrimina por ser um mau exemplo para as crianças do bairro. Ela simplesmente não consegue fazer a filha usar meias, porque a menina sabe que ele não usa. Einstein expressa sua comiseração, mas defende sua posição – e a inteligência da filha dela. Meias são desnecessárias, garante a ela.

Depois de passar pelo teatro McCarter e de, ao cabo de mais dez minutos, atravessar a cidade, ele chega ao Fine Hall, um prédio neogótico de tijolos vermelhos, que pertence ao departamento de matemática da Universidade de Princeton. Apesar de construído apenas em 1931, ele tem painéis de carvalho, janelas em vitral e um salão coletivo mobiliado com mesas de xadrez e poltronas de couro. Vem sendo usado como sede temporária do Instituto de Estudos Avançados, que no outono terminará de construir seu campus próprio.

Seus dois assistentes já estão na sala dele.

– Bom dia, senhores – diz.

Bergmann e Bargmann – pois é assim que eles se chamam – retribuem o cumprimento.

– Bom dia, professor.

Einstein senta-se à sua mesa e começa a remexer uma floresta de papéis. Pouco tempo antes, ele foi obrigado a abandonar uma tentativa de teoria do campo unificado na qual trabalhara durante seis meses, e Bergmann e Bargmann ainda parecem decepcionados. Ele mesmo, porém, não está nem aí. Eles estão trabalhando em uma nova abordagem, e ele já está confiante de estar no rumo certo. Chega a dizer a Bergmann e Bargmann que a nova ideia "é tão simples que Deus não poderia ter deixado passar".[1] Seus sorrisos, seu bom humor e sua disposição logo contagiam os assistentes.

No meio da manhã, há uma pausa para o chá no salão coletivo. Quase todos os outros compareceram hoje. Enquanto seguram xícaras e pires de porcelana, ele e Hermann Weyl, Oskar Morgenstern, John von Neumann e Eugene Wigner conversam como colegas, sobre o trabalho e sobre nada em especial.

Einstein não está vendo Niels Bohr, o que acha até bom. Bohr está em visita a Princeton há cerca de um mês, mas Einstein vem evitando-o. Chegaram a bater papo, é claro, mas nada a ver com o costumeiro pingue-pongue em relação ao mundo quântico. Também não debateram o noticiário vindo da Europa (o que dizia que, na Alemanha, antes de Bohr embarcar para os Estados Unidos, os físicos Otto Hahn e Fritz Strassmann bombardearam um átomo de urânio com nêutrons e conseguiram dividi-lo). Desde então, os cientistas vêm produzindo freneticamente artigos sobre essa "fissão" nuclear, como está sendo chamada. "Não", é a opinião de Einstein em uma palestra recente sobre suas últimas tentativas em direção a uma teoria de campo unificado, da qual Bohr participou. Olhando diretamente para Niels, ele dissera ter tentado durante muito tempo explicar os efeitos quânticos por meio do método recentemente descrito. "Deixa isso para lá. Chega das velhas discussões, por enquanto."

De volta ao escritório, ele rapidamente termina o expediente, deixando a mesa ainda mais bagunçada do que quando chegou. Com certeza em algum momento vão lhe pedir que dê um jeito. Ele sorri ao pensar nisso. Sai para almoçar em casa e vai pelo caminho com três ou quatro colegas, discutindo com bastante eloquência. Param em frente à casa dele, sob o sol do meio-dia, e continuam conversando animadamente por algum tempo, antes de cada um seguir seu caminho e Einstein ficar sozinho na calçada. Distraído por causa da conversa, ele se esquece do mundo e começa a andar de volta para o instituto, até que a srta. Dukas sai correndo de casa e o chama para almoçar.

O almoço é uma macarronada bastante satisfatória, que o faz lembrar-se da ida a Milão com a família, tanto tempo atrás. Helen conta como foi o dia dela e entrega parte da correspondência, as cartas que ela acha que valem a pena ser lidas por ele. Uma delas é de Eduard, ela explica, antes de resumi-la para ele. Em outra hora, quando criar coragem, ele pode responder.

Ele conversa com sua irmã, um pouco irritada naquele instante, por ter descoberto recentemente que gosta de cachorro-quente, mesmo sendo vegetariana. Albert, querendo tranquilizá-la, declara que a salsicha será, dali em diante, um vegetal, o que deixa Maja muito contente.

Eles conversam, é claro, sobre a Alemanha, sobre Hitler e sobre a guerra que está por vir. Exprimem receio sobre a situação do marido de Maja, Paul Winteler, e Michele Besso e a esposa, Anna, na Itália de Mussolini. Para Einstein, é um alívio que Maja tenha conseguido sair de Florença para morar com ele. E ele está contente por Hans Albert ter se mudado para os Estados Unidos. Em breve ele vai fazer 35 anos, comenta Maja. É mesmo, diz Albert, que dia é o aniversário dele?

Einstein lamenta o fato de não poder fazer tanto quanto antes pelos imigrantes vindos da Europa. O programa elaborado por ele para incentivar os americanos a ajudarem os judeus perseguidos na Europa não deu em nada. E depois de vários anos conseguindo financiar imigrantes individuais para os Estados Unidos, concedendo empréstimos ou doando valores para as despesas de viagem, ou atestados garantindo a honradez deles, agora o dinheiro acabou.

Ele começa a se distanciar da conversa – seus pensamentos estão em outro lugar. Depois de uma sesta, ele continua no estúdio até a noite ficar bem escura, parando apenas para uma ceia leve com sanduíches. Se conseguir resolver mais umas coisinhas da nova teoria do campo, talvez ele chegue lá e prove que tem razão.

84

David Rothman e Einstein, Horseshoe Cove, em Nassau Point, 1939.

NAS FÉRIAS DE VERÃO DE 1939, Einstein foi para a península de North Fork, no estado de Long Island. Um dia, ao visitar a cidadezinha de Southold, ele entrou na loja de ferragens local e perguntou se ele tinha sândalo. O dono da loja, David Rothman, pediu desculpas – tinha que reconhecer que não vendia. Mas, acrescentou, tinha um no jardim dele. Levou o professor até lá e perguntou se era o que procurava. Einstein deu uma risada alta e forte, de doer a barriga, antes de levantar o pé e mostrar: "sândalo". Por causa do forte sotaque alemão, Rothman não tinha entendido que Einstein estava procurando um par de sandálias.[1]

Os dois viraram amigos. Rothman costumava reunir na casa dele músicos locais para formar quartetos de cordas para saraus, e Einstein se tornou convidado e participante regular. Em uma dessas ocasiões, também estava presente o jovem Benjamin Britten. Ele acompanhou ao piano o tenor Peter Pears, com Einstein ao violino. Ambos os músicos se lembravam das notas um tanto duvidosas de Albert.

Einstein se hospedava perto dali, em Nassau Point, um pedaço de terra saliente na baía de Little Peconic, com praias pequenas, bosques esparsos e um vasto conjunto de enseadas tranquilas, tudo ladeado por juncos, árvores e embarcadouros de madeira. A casa que ele alugou de um médico do local era humilde – um sobrado no alto com teto baixo e varanda, com vista para o mar.

Ele gostava de caminhar pelo bosque do entorno, contemplando a união das forças da natureza, preocupado com a maré crescente do nazismo. Às vezes, acabava atraindo a atenção, porém não a intromissão, dos moradores. Mas ele não passava esses períodos sozinho – ia com a família. E recebia a visita da atriz Luise Rainer, ganhadora de dois Oscars, e do marido, o dramaturgo Clifford Odets. Consta que Einstein paquerava tanto Luise que Odets cortou a cabeça dele de algumas fotografias de férias.

Acima de tudo, Einstein ia a Nassau Point para velejar. Além da música, seu prazer mais simples era a vela, embora ele não soubesse nadar e fizesse questão de nunca aprender. Não raro as crianças de Long Island tinham que resgatá-lo quando ele virava com o minúsculo veleiro *Tinef* – palavra que em iídiche ocidental significa algo como "lixo". Certa vez ele tentou velejar até Southold com a irmã Maja, para guardar o barco na casa de Rothman, mas errou o caminho e desviou-se totalmente da cidade. Os irmãos passaram nove horas no mar, sem qualquer alimento, até serem encontrados.

Na maior parte das vezes, ele deixava o barco derivar pelas águas idílicas da baía de Peconic, perdido em suas ideias e cálculos. Mas quando estava a fim de se divertir, Einstein jogava o seu barco contra os outros, desviando só no último instante e rindo na cara dos assustados marinheiros locais.

85

No meio da tarde de 11 de outubro de 1939, uma quarta-feira, Alexander Sachs foi introduzido no Salão Oval para uma audiência com o então presidente americano Franklin D. Roosevelt.

– Alex – cumprimentou-o o presidente. – O que anda fazendo?[1]

Sachs começou a contar uma parábola (e não era a primeira vez que o fazia).

Certa vez, disse, um inventor visitou Napoleão, dizendo ser capaz de construir navios que não precisavam de velas e que não dependiam do vento. Com tais embarcações, Napoleão poderia atacar a Grã-Bretanha com qualquer tempo em alto-mar. "Bah!" foi a resposta de Napoleão, antes de mandar, irritado, o inventor embora. Navios sem velas, ora essa. O homem que se dirigiu a Napoleão era Robert Fulton, inventor do barco a vapor. E o que Sachs tinha ido dizer a Roosevelt, prosseguiu, era tão importante quanto a mensagem de Fulton.

Sachs remexeu em sua papelada. Trazia uma carta urgente de Albert Einstein.

Alguns meses antes, dois físicos húngaros refugiados, Leo Szilard e Eugene Wigner, tinham pegado a estrada até Long Island para encontrar-se com Einstein, que estava de férias. Queriam a ajuda dele. Era cada vez maior a certeza de que o urânio podia ser usado para criar bombas de potência excepcional, e eles temiam que a Alemanha estivesse tentando comprar quantidades consideráveis desse elemento químico. A melhor ideia que Szilard e Wigner tiveram para impedir isso foi pedir a Einstein que escrevesse uma carta à rainha Elisabeth da Bélgica, amiga dele, porque os maiores depósitos de minério de urânio se encontravam no Congo, colônia belga. Escrevendo à sua "querida rainha", esperavam que Einstein pudesse dissuadir o governo belga de vender urânio à Alemanha.

Depois de rodar pela região perguntando aos moradores se sabiam onde o dr. Einstein estava hospedado, Szilard e Wigner enfim o encontraram. Sentados na varandinha da casa alugada sob o calor de meados de julho, eles explicaram o que os preocupava e o processo de criação de uma reação em cadeia explosiva com o urânio.

Em quinze minutos Einstein já tinha compreendido as consequências de tal tecnologia e concordou que precisava escrever uma carta, só que para um ministro belga conhecido dele, não para a família real. Wigner, demonstrando bom senso, comentou que, se três refugiados estrangeiros iam escrever uma carta a um governo estrangeiro sobre questões de defesa, talvez fosse melhor fazê-lo via Departamento de Estado americano. Einstein então esboçou uma carta em alemão, que Wigner traduziu e enviou a Szilard. Por intermédio de um amigo em comum, Sachs juntou-se ao grupo e propôs entregar a carta pessoalmente na Casa Branca.

Agora que tinham em mente outro destinatário, Einstein e Szilard revisaram o texto. A carta deixou de tratar dos depósitos de urânio do Congo e das exportações belgas e passou a conclamar o presidente dos Estados Unidos a refletir sobre a questão prática das armas nucleares.

Acredito [...] ser meu dever chamar a atenção de V. Exa. para os seguintes fatos e recomendações:

Ao longo dos últimos quatro meses, tornou-se provável – por meio do trabalho de Joliot, na França, assim como Fermi e Szilard, nos Estados Unidos – que seja possível produzir uma reação nuclear em cadeia em uma grande massa de urânio, pela qual uma vasta quantidade de energia e enormes quantidades de elementos novos, similares ao rádio, seriam gerados. Hoje parece quase garantido que isso possa ser alcançado no futuro imediato.

Esse novo fenômeno também levaria à construção de bombas, e é concebível – embora muito menos garantido – que exemplares extremamente poderosos possam assim ser construídos. Uma única bomba desse novo tipo, levada por um barco e detonada em um porto, poderia perfeitamente destruir o porto inteiro, juntamente com parte do território à sua volta. No entanto, tais bombas podem ainda mostrar-se pesadas demais para transporte aéreo.[2]

Einstein prosseguiu indicando onde se encontravam as melhores fontes de urânio do planeta e advertindo que os nazistas pareciam coletar o quanto podiam. "Tenho conhecimento", escreveu, "de que a Alemanha paralisou, na prática, a venda de urânio de que havia se apoderado, proveniente das minas tchecoslovacas."[3] Einstein insinuou que o governo americano deveria acumular urânio, estabelecer relações com cientistas trabalhando com reações nucleares em cadeia e acelerar as pesquisas experimentais nessa área.
– Alex – disse o presidente, bebericando seu *brandy*, quando Sachs terminou de ler seu resumo das palavras de Einstein –, o que você quer é garantir que os nazistas não nos explodam.[4]
– Exatamente.
Roosevelt mandou chamar seu assistente pessoal, o general Edwin Watson.
– Pai – disse ele, pois esse era o apelido do general –, isto exige ação.

86

Pouco tempo depois de Einstein ver sua cidadania alemã retirada formalmente pelos nazistas, em abril de 1934, o Congresso americano apresentou uma resolução conjunta para naturalizá-lo. As razões dessa atitude, como a resolução explicava, eram que Einstein era reconhecido como sábio e gênio e que ele era um estimado defensor de causas humanitárias, que tinha expressado seu amor pelos Estados Unidos e por sua Constituição, e que, acima de tudo, os Estados Unidos eram conhecidos no mundo inteiro como um "porto seguro de liberdade e autêntica civilização".[1]

Einstein recusou a oferta. Na verdade, ficou aborrecido e constrangido com ela. Só queria ser tratado como qualquer outro imigrante recente nos Estados Unidos, sem honrarias ou privilégios. Por isso, quando decidiu tornar Princeton seu lar permanente, deu entrada no pedido de cidadania americana. Como ainda era cidadão suíço, não havia necessidade legal de fazer isso. Mas era algo que ele queria fazer.

O visto de imigrante de que Einstein precisava só podia ser emitido por uma embaixada americana. A mais próxima ficava nas Bermudas. Por isso, em maio de 1935, ele e a família zarparam para a ilha por alguns dias, naquela que seria sua última viagem para fora dos Estados Unidos. Ao chegarem a Hamilton, o governador-real os recebeu e recomendou os dois melhores hotéis da ilha. Albert se mostrou incomodado com a grandiosidade de ambos, e a família acabou ficando em uma pequena hospedaria que chamou a atenção dele durante um passeio pela capital.

Einstein recebeu uma enxurrada de convites para bailes e recepções oficiais, recusando todos. Preferia explorar a ilha e velejar com um chef alemão que ele conhecera em um restaurante. Como, depois de sete horas no mar, Albert não voltava, Elsa começou a temer que o cozinheiro fosse um simpatizante nazista que teria sequestrado seu marido. Ao correr até a casa do chef, porém, ela encontrou os dois desfrutando alegremente de um banquete de pratos alemães.

Durante o período nas Bermudas, Einstein não se destacou no preenchimento dos formulários. Na "declaração de intenções", ele conseguiu errar tanto o mês quanto o ano do casamento com Elsa. Cometeu equívocos em relação ao local e à data de nascimento de Elsa, assim como em relação aos aniversários de Hans Albert e Eduard. Seu pedido foi processado apesar desses erros e, cinco anos depois, ele fez o exame de cidadania em Trenton, Nova Jersey.

Como parte do processo, ele concordou em ser entrevistado depois do exame para o programa de rádio do serviço de imigração, *Eu sou americano*. Durante a entrevista, ele defendeu que, para garantir um futuro sem guerras, todas as nações, inclusive os Estados Unidos, teriam que renunciar parte da própria soberania em favor de uma organização global com o controle do poderio militar de todos os seus membros.

Juntamente com Margot, Helen Dukas e mais 86 pessoas, ele prestou juramento em 1º de outubro de 1940. Aos repórteres cobrindo o evento, ele elogiou sua nova pátria. Os Estados Unidos, disse ele, iam provar que a democracia não era apenas um sistema de governo, mas "um modo de vida ligado a uma grande tradição, a tradição da força moral".[2]

87

Grange Loan, 84
Edimburgo
15 de julho de 1944

Caro Einstein [...]

Eu tive uma espécie de colapso, no inverno passado, do qual não me recuperei de todo. Deveu-se a várias causas: um pouco de excesso de trabalho, o estresse da guerra em geral, a extinção dos judeus da Europa, a transferência de meu filho para o Extremo Oriente (depois de muitas peripécias, ele está bastante seguro, em um tratamento patológico em Pune, na Índia), etc. Mas o pensamento mais desanimador sempre foi a sensação de que nossa ciência, que é algo tão belo em si e que poderia ser um fator benéfico para a sociedade humana, foi rebaixada a nada além de um meio de destruição e morte. A maioria dos cientistas alemães colaborou com os nazistas, até Heisenberg (soube de fonte confiável) trabalhou a pleno vapor para essa escória – mas há algumas exceções [...] Os cientistas britânicos, americanos e russos estão plenamente mobilizados, e com toda a razão. Não culpo ninguém. É que sob as circunstâncias atuais nada mais há de se fazer para salvar o que resta da nossa civilização [...] É preciso haver um jeito de proibir uma repetição de coisas assim. Nós, cientistas, precisamos nos unir para ajudar a formação de uma ordem mundial sensata. Caso você tenha algum plano concreto, por favor me avise. Sinto-me bastante impotente, sentado aqui neste lugar agradável, mas atrasado [...] Aqui na Grã-Bretanha é muito difícil manter o contato com as pessoas. Viajar só é possível nos casos mais urgentes, e as reuniões no sul são tolhidas pelas bombas voadoras.

Mas a situação militar é excelente e temos esperança de que a parte europeia da guerra logo chegará ao fim [...]

Tentei, juntamente com meu aluno chinês Peng, um homem excelente, aprimorar a teoria quântica dos campos e acho que estamos no caminho certo. Por outro lado, Schrödinger aperfeiçoou as suas tentativas e as de outros para unificar os diferentes campos de maneira clássica. Acho que o próximo passo deve ser uma combinação e fusão dessas duas abordagens. Mas estou velho e desgastado demais para tentar.

Com meus cumprimentos e melhores votos,
Sempre vosso,
Max Born[1]

7 de setembro de 1944

Caro Born,

Fiquei tão contente ao ler sua carta que, para minha surpresa, sinto-me forçado a escrever-lhe, embora não haja ninguém balançando o dedinho para que eu faça isso [...]

Você ainda se lembra da ocasião, uns 25 anos atrás, em que pegamos juntos o bonde até o prédio do Reichstag, certos de que poderíamos mesmo transformar o pessoal ali em democratas honestos? Como éramos ingênuos, na flor de nossos 40 anos. Tenho que rir quando penso nisso [...]

Preciso lembrar-me disso agora, para evitar repetir os equívocos trágicos daquele tempo. Não há mesmo por que nos causar surpresa que os cientistas (a esmagadora maioria deles) não sejam exceção a essa regra e, se eles forem diferentes, não se deve a seu poder de raciocínio, mas à sua grandeza pessoal, como no caso de Laue. Foi interessante ver como ele foi se desligando, passo a passo, das tradições do rebanho, sob a influência de um forte senso de justiça. O código de ética dos homens da medicina deixou a desejar [...] O senso daquilo que deve e não deve ser cresce e morre como uma árvore e não há nenhum tipo de adubo que resolva muito. O que o indivíduo pode fazer é dar bom exemplo e ter a coragem de sustentar convicções éticas com rigor, em uma sociedade de cínicos. Tentei durante muito tempo me comportar dessa forma, com grau de êxito variável.

Não vou levar muito a sério o seu "Estou velho demais...", porque eu mesmo conheço essa sensação. Às vezes (com frequência cada vez maior), ela cresce e, depois, volta a diminuir. Podemos, afinal de contas, deixar a natureza nos reduzir lentamente ao pó, se ela não preferir um método mais rápido [...]

Tornamo-nos antípodas em nossas expectativas científicas. Você acredita no Deus que joga dados, e eu na lei e na ordem completas em um mundo de existência objetiva [...] Nem mesmo o grande êxito inicial da teoria quântica me fez crer no jogo de dados fundamental, embora eu tenha plena ciência de que nossos colegas mais jovens interpretam isso como uma consequência da senilidade...

Com meus cumprimentos a você e à sua família (agora livres das bombas voadoras),

Vosso

A. Einstein[2]

88

EM ALGUM MOMENTO EM MEADOS da década de 1940, Einstein e seu assistente Ernst Straus tinham acabado de preparar um artigo. Estavam procurando um clipe de papel, para juntar o trabalho duro que fizeram. Vasculharam todas as gavetas até acabar achando um, velho e torto demais para ser usado. O clipe devia ter prendido uma carga pesada, porque não houve jeito de endireitá-lo. Einstein e Straus começaram a procurar uma ferramenta que permitisse desentortá-lo. Nessa busca, toparam com uma caixa de clipes de papel novinhos, no formato ideal. Einstein pegou um e tentou moldá-lo para desentortar o clipe velho. Straus perguntou que raios ele estava fazendo, ao que Einstein respondeu: "Depois que defino uma meta, é difícil me desviar dela." Pensando por um instante, Einstein então acrescentou: "Isso daria uma boa anedota a meu respeito."[1]

89

Na primavera de 1949, Niels Bohr visitou o Instituto de Estudos Avançados.[1] Ao chegar à sala de Abraham Pais, amigo e antigo colega, ele começou dizendo "Você é tão inteligente...". Pais deu risada, compreendendo, na mesma hora, o que ele queria. Bohr era notório pela dificuldade em formular frases, pelo menos por escrito, e, muitas vezes, contava com ajuda alheia para conseguir expressar suas próprias ideias. Bohr estava sofrendo com um artigo que tinha concordado em escrever para comemorar o septuagésimo aniversário de Einstein. Não era a primeira vez que ele pedia a Pais para desempenhar o papel de "caixa de ressonância".

Os dois desceram até a sala de Bohr, que não era, na verdade, nem de longe de Bohr – ele a pegou emprestada de Einstein só pelo tempo da visita. Einstein achava a sala grande demais e preferia trabalhar em uma saleta anexa, que era do seu assistente. Entrando na sala a passos largos, Bohr disse a Pais: "Agora, sente-se. Meu sistema de coordenadas sempre precisa de um ponto de origem." Pais atendeu ao pedido, sentando-se diante de uma grande mesa enquanto Bohr andava agitado para lá e para cá, curvando-se ligeiramente quando tentava arrancar alguma frase à força. Não era um processo rápido. Às vezes, Bohr ficava vários minutos empacado em uma palavra, como se tivesse de puxar de dentro de si o pedaço seguinte do que queria dizer.

Como seria de esperar, já que estava escrevendo um artigo sobre seu amigo, em determinado momento Bohr parou na palavra "Einstein". Andando com tanta rapidez que estava quase correndo em volta da mesa, ele começou a repetir: "Einstein... Einstein... Einstein..." Depois de algum tempo, ele foi até a janela, olhou para a paisagem de Princeton e continuou resmungando: "Einstein... Einstein..."

Pais percebeu que a porta estava se abrindo muito levemente. Einstein entrou na sala na ponta dos pés e, levando o indicador aos lábios, pediu que Pais ficasse em silêncio. Com um sorriso maroto, ainda na ponta dos pés, Einstein chegou à mesa. Enquanto isso, Bohr ainda estava de pé à janela, pontuando o silêncio: "Einstein... Einstein... Einstein..." Bohr virou-se de repente para o interior da sala, com um último e potente "Einstein", e deparou-se com o próprio, como se o tivesse invocado em um passe de mágica.

Bohr, que raramente perdia a pose, enrubesceu por inteiro. Einstein explicou que tinha vindo buscar a caixinha de fumo de Bohr, que estava sobre a grande mesa. O médico, explicou, proibira-o de fumar. Como de costume, ele tinha preferido interpretar como uma proibição de comprar tabaco, mas furtar não tinha problema. Os três caíram na gargalhada.

90

Durante um discurso em Wheeling, na Virgínia Ocidental, em fevereiro de 1950, o senador Joseph McCarthy sacudiu uma folha de papel diante do público. Escritos nela, declarou, estavam os nomes de 205 servidores do Departamento de Estado que eram membros do Partido Comunista. Até onde se pôde apurar, era mentira.

Ao longo das semanas seguintes, o número de servidores supostamente subversivos sofreu fortes variações. Em dado momento eram 57, depois 81 e em outro instante apenas 10. A verossimilhança era o que menos importava, porém. O discurso de McCarthy chamou a atenção da população americana, refletindo seus receios. Afinal de contas, a política externa americana na Guerra Fria acabara de sofrer alguns reveses: no ano anterior, por exemplo, o Partido Comunista havia vencido a Guerra Civil chinesa e os soviéticos tinham testado com êxito uma bomba nuclear.

O Partido Republicano enxergou na narrativa de McCarthy de um complô comunista dentro do governo um caminho para reconquistar o poder. Em 1952, os republicanos obtiveram uma vitória esmagadora, assumindo o controle da Câmara e do Senado, além da presidência. McCarthy foi nomeado secretário da Subcomissão Permanente de Investigações, responsável por erradicar os suspeitos de comunismo, não apenas no governo, mas nos mais diversos setores da sociedade.

McCarthy tinha interesse específico em expurgar do sistema de ensino aqueles que considerava inimigos de seu conceito de América. Como parte desse esforço, em abril de 1953 a subcomissão convocou William Frauenglass, professor do ensino médio no Brooklyn. Ele foi considerado um americano infiel por causa de um curso que dera para outros professores, seis anos antes, chamado "Técnicas de ensino intercultural", que explorava métodos de ensino para reduzir as tensões interculturais ou inter-raciais em sala de aula. Uma testemunha afirmou que o curso e seus ensinamentos iam "contra os interesses dos Estados Unidos". Quando perguntaram a Frauenglass a quais organizações pertencia, ele recusou-se a responder.

Frauenglass escreveu para Einstein, pedindo uma declaração à qual os educadores pudessem aderir. Em uma carta aberta, Einstein aconselhou Frauenglass a recusar-se a depor. "Esse tipo de inquisição viola o espírito da Constituição. Se um número suficiente de pessoas se dispuser a dar esse passo importante, eles terão êxito. Caso contrário, os intelectuais deste país merecem nada melhor que a escravidão pretendida para eles."[1] Einstein garantiu a Frauenglass que ele próprio iria de bom grado para a prisão para proteger as liberdades que o governo, em sua paranoia, estava querendo destruir.

McCarthy não gostou nem um pouco. Afirmou que qualquer americano que aconselhasse cidadãos a guardar segredos do próprio governo, quem quer que fosse, era um mau americano, um americano infiel, um "inimigo da América".[2] Muita gente levou a sério a mensagem de McCarthy, e o Instituto de Estudos Avançados recebeu cartas acusando Einstein de ser antiamericano e sugerindo que se mudasse para a Rússia. Imperturbável, Einstein continuou a se pronunciar. A democracia não duraria muito, advertiu, se ataques às liberdades de ensino e de opinião seguissem assim.

O espírito de inquisição que tinha tomado conta do governo americano lembrava a ele a Alemanha que deixara para trás no início dos anos 1930. Na verdade, Einstein ficou tão desgostoso com o clima politizado em relação a professores e cientistas que em 1954, em carta a uma revista, escreveu, meio sério, meio brincando: "Preferiria ser um encanador ou um mascate, na esperança de encontrar aquele modesto grau de independência que ainda resta sob as atuais circunstâncias."[3]

Como era de esperar, encanadores do país inteiro responderam a Einstein. Ofereceram a ele a carteirinha do sindicato de encanadores de Chicago. Pelo correio, ele recebeu ferramentas. Um proativo encanador de Nova York, Stanley Murray, escreveu-lhe com uma proposta:

Como a minha ambição sempre foi ser um acadêmico e a sua, aparentemente, é ser um encanador, acredito que possamos ser tremendamente bem-sucedidos como uma dupla. Podemos ter tanto o saber quanto a independência.

Estou pronto para mudar o nome da minha empresa para Companhia de Encanamentos Einstein & Stanley.[4]

91

Kurt Gödel e Einstein em Princeton, 1954.

KURT GÖDEL É CONSIDERADO por muitos o maior lógico de todos os tempos. Seus maiores feitos são dois Teoremas da Incompletude. Resumindo, eles provam, combinados, que dentro de qualquer sistema matemático sempre existirão certas afirmações em relação aos números que não podem ser provadas seguindo-se as regras do próprio sistema. Simplificando ainda mais, pode-se dizer que Gödel conseguiu provar que nem tudo pode ser provado em matemática. Embora esse resultado surpreendente não tenha afetado na prática o trabalho cotidiano dos matemáticos, trouxe consequências como um todo para a filosofia da matemática e, juntamente com a relatividade, contribuiu para a impressão intelectual, tão predominante na primeira metade do século XX, de que as pedras fundamentais daquilo que era sabido e confiável eram bem menos sólidas do que se supunha.

Conversar com Gödel era visto por quase todos como uma experiência apavorante. Conta-se que, toda vez que algum colega do Instituto de Estudos Avançados o abordava com um assunto para conversar – aparentemente, qualquer assunto –, descobria-se que ele já tinha pensado naquilo, e pensado profundamente, a ponto de já ter esgotado aquele tema e ser capaz de rebater qualquer argumento que o colega apresentasse. Ele sempre se vestia bem. Consta que não tinha senso de humor, embora seu filme favorito fosse *Branca de Neve e os sete anões*. Sofria de hipocondria e paranoia, a tal ponto que se recusava a sair de casa quando matemáticos importantes estavam na cidade, por medo de que tentassem matá-lo. Ele e a mulher mudaram várias vezes de residência, porque ele achava que os eletrodomésticos estavam soltando ar viciado. Também acreditava em fantasmas. Nos últimos anos de vida, comia pouquíssimos alimentos e, ainda assim, só depois que a esposa os provava. Na maior parte do tempo, ele sobrevivia de uma dieta de papinha de bebê e automedicação com laxantes e antibióticos.

E ainda assim, o melhor amigo de Gödel no Instituto era Albert Einstein. Os dois iam e voltavam a pé do trabalho, debatendo ideias. Certa vez Einstein disse, brincando, que a única coisa que o motivava a trabalhar era poder caminhar com Gödel. Ao contrário de muitos colegas de Einstein, Gödel não tinha dificuldade para discutir com ele. Um dos temas que debatiam era o tempo. Gödel tinha tanto interesse pelo tempo que publicou um artigo sobre a relatividade geral, em que propunha, para as equações do campo de Einstein, uma solução que implicava um Universo em rotação. Ele conseguiu demonstrar que, em um Universo assim, viajar no tempo seria possível, de uma maneira coerente com a relatividade. Porém, ele não fez isso para dar crédito à ideia das viagens no tempo. Seu argumento era que, se o absurdo da viagem no tempo podia existir, ainda que em um Universo hipotético, o tempo propriamente dito não podia existir.

Perto do final de 1947, Gödel tinha marcada a entrevista para a obtenção da cidadania americana.[1] Como era típico dele, preparou-se muito bem para o teste – bem até demais, na verdade. Durante os meses que antecederam a audiência, ele aprendeu sozinho a história da ocupação da América do Norte e, assim, conheceu a cultura e a história de várias etnias nativas dos Estados Unidos. Ele estudou em detalhes a história de Princeton, decorando o nome do prefeito, como funcionava a Câmara de Vereadores, como os conselhos distritais eram eleitos, e assim por diante. Dedicou-se a compreender a Constituição dos Estados Unidos e ficou empolgado, ainda que horrorizado, ao encontrar uma falha lógica nela. Ele acreditava ter descoberto um jeito de, legalmente, mesmo jurando cumprir a Constituição, implantar uma ditadura fascista nos Estados Unidos. Achou que seria um excelente tema para levantar no exame.

Einstein e outro amigo de Gödel, Oskar Morgenstern, seriam as testemunhas da audiência. Eles não acharam uma ideia tão boa mencionar a possibilidade de uma ditadura nos Estados Unidos durante uma entrevista de cidadania. Morgenstern levou Gödel de carro, passando pela Mercer Street para pegar Einstein no caminho. Gödel sentou-se no banco de trás, e Einstein, no da frente. Enquanto passavam pelas árvores secas e pelos campos cinzentos de Princeton, Einstein virou-se no assento para dar uma olhada no nervoso amigo.

– Agora, Gödel – disse ele, com um sorriso sarcástico, plenamente ciente do esforço extraordinário feito pelo amigo para estudar –, será que você está *mesmo* preparado para esse exame?

Bem como Einstein esperava, essa pergunta deixou Gödel em um estado de pânico e nervosismo, achando que talvez não tivesse se preparado tão bem no fim das contas. Depois de tranquilizá-lo, Morgenstern e Einstein passaram a maior parte do caminho tentando dissuadir Gödel de não comentar o suposto erro detectado na Constituição.

Felizmente, o juiz da audiência era conhecido e amigo de Einstein.

– Pois bem, sr. Gödel – disse ele, depois que os três professores se instalaram diante dele –, de onde o senhor é?

– Da Áustria.

– E que tipo de governo o senhor tinha na Áustria?

– Era uma república, mas, por causa da Constituição, acabou se tornando uma ditadura.

Einstein e Morgenstern começaram a ficar preocupados.

– Oh! Isso é péssimo – respondeu o juiz. – Neste país, não daria para acontecer isso.

Os dois se prepararam para o desastre.

– Dá, sim, eu posso provar.

Gödel iniciou uma explicação, mas o juiz, reagindo à cara que Einstein fez, mandou o pobre Kurt se calar e informou que ele não precisava tocar nesse assunto. Ele acabou se tornando cidadão americano e prestando juramento em 2 de abril de 1948.

Ninguém nunca pensou em tomar nota do defeito que ele apontou na Constituição.

92

CHAIM WEIZMANN – o líder sionista que tinha sido responsável pelo giro de Einstein pelos Estados Unidos em 1921 e que posteriormente tornou-se o primeiro presidente de Israel – morreu em novembro de 1952. O vespertino *Maariv*, de Jerusalém, recomendou como sucessor de Weizmann "o maior judeu vivo: Einstein".[1]

Era uma sugestão poderosa e, na época, pareceu mais que sensata a David Ben-Gurion, o primeiro-ministro de Israel, que apoiou publicamente a ideia o mais rápido que pôde. Enviou um telegrama urgente ao embaixador americano em Israel, Abba Eban. Este, por sua vez, telegrafou a Einstein, perguntando se ele permitiria que um representante da embaixada fosse visitá-lo em Princeton para transmitir uma mensagem importante.

Einstein estava ciente do que aquilo representava. Os jornais americanos tinham noticiado a morte de Weizmann e recomendado Einstein como sucessor. No começo ele achou que fosse uma brincadeira. Einstein não queria o cargo. Como disse a Margot, "se eu virasse presidente, às vezes teria de dizer ao povo israelense coisas que ele não gostaria de ouvir".[2]

Por não ver sentido em algum coitado da embaixada ter que se abalar até Princeton, ele ligou para Eban, expressamente para pedir ao embaixador que não lhe oferecesse o cargo.

– Não sou a pessoa adequada e não tenho condições de fazer isso.

– Mas não posso dizer ao meu governo que o senhor me ligou e disse não – respondeu Eban. – Preciso passar pelo protocolo e apresentar oficialmente a proposta.[3]

Einstein acabou cedendo, ao perceber que seria um insulto recusar o convite antes mesmo de recebê-lo. Pouco tempo depois, uma pessoa da embaixada foi enviada.

"A aceitação", informava a carta formal, "acarretará a mudança para Israel e a aquisição de sua cidadania. O primeiro-ministro garantiu-me que, em tais circunstâncias, totais recursos e liberdade para prosseguir sua excepcional obra científica seriam proporcionados por um governo e um povo conscientes da suprema relevância de seus esforços."[4]

Eban estava ansioso para expressar que a oferta representava "o mais profundo respeito que o povo judeu pode fazer recair sobre qualquer de seus filhos [...] Espero que o senhor pense generosamente naqueles que o solicitam e louve os elevados propósitos e motivos que os incitaram a pensar no senhor neste momento solene da história de nosso povo".

A resposta de Einstein, que foi entregue ao representante assim que ele chegou, dizia:

> Fico profundamente comovido com a oferta de nosso Estado de Israel e, ao mesmo tempo, entristecido e envergonhado por não poder aceitá-la. Durante toda a minha vida, lidei com questões objetivas e, portanto, faltam-me tanto a aptidão natural quanto a experiência para lidar com as pessoas e exercer cargos oficiais. Esses motivos por si sós me inabilitam para cumprir os deveres desse alto cargo, ainda que a idade avançada não se impusesse cada vez mais às minhas forças. Tais circunstâncias causam-me pena ainda maior porque minha relação com o povo judeu tornou-se meu laço humano mais robusto, desde que me conscientizei de sua situação precária entre as nações do mundo.[5]

No final das contas, Ben-Gurion ficou mais que agradecido pela recusa. Enquanto aguardava a resposta de Einstein, começou a alimentar dúvidas.

– Diga-me o que fazer se ele disser sim! – brincou com um assistente. – Se ele aceitar, vai ser complicado para nós.[6]

Se Einstein tivesse aceitado, o Estado de Israel teria tido um presidente com má vontade em relação à autoridade, à formalidade e à burocracia, sem papas na língua, que não falava hebraico, não fizera o bar mitzvá, cujos pontos de vista sobre Deus eram sabidamente heterodoxos, e que tinha criticado publicamente a criação de um Estado judeu. "Preferiria ver um acordo razoável com os árabes, sobre uma base de convívio em paz, à criação de um Estado judeu", disse certa vez, resumindo sua visão do sionismo. "Tirando as considerações práticas, minha percepção da natureza essencial do judaísmo resiste à ideia de um Estado judeu com fronteiras, Exército e algum poder temporal, por mais modesto que seja. Temo o dano interior que o judaísmo venha a sofrer."[7] Complicado mesmo.

Einstein encontrou Eban em uma recepção *black-tie* em Nova York, dois dias depois do término da negociação. Eban notou que Einstein não usava meias.

93

MICHELE ANGELO BESSO, amigo mais íntimo de Albert, a quem conhecia havia mais de cinquenta anos, morreu em 15 de março de 1955, dia seguinte ao aniversário de 76 anos de Einstein. O filho e a irmã de Besso escreveram a Einstein para lhe dar a notícia. Em sua carta de resposta, ele refletia sobre o amigo. Einstein morreu menos de um mês depois.

Princeton, 21 de março de 1955

Caro Vero e cara sra. Bice,

Foi muito gentil de vossa parte comunicar-me, em dias tão difíceis, tantos detalhes sobre o falecimento de Michele. Ele teve um fim em harmonia com sua vida inteira e com seu círculo de entes queridos. Essa bênção de uma vida harmoniosa raramente é acompanhada de uma inteligência tão aguçada, sobretudo no grau em que se encontrava nele. Porém o que eu mais admirava em Michele, como homem, era o fato de ter conseguido viver tantos anos não apenas em paz mas em consonância duradoura com uma esposa – feito em que eu por duas vezes fracassei vergonhosamente.

Nossa amizade começou quando eu estudava em Zurique; nós nos encontrávamos com regularidade em eventos musicais. Ele, cientista e mais velho, lá estava para nos motivar. Seu círculo de interesses parecia ilimitado. No entanto, eram as questões crítico-filosóficas que mais pareciam empolgá-lo.

Depois, o serviço de patentes fez com que nos reencontrássemos. Nossas conversas no caminho de casa tinham um encanto incomparável – era como se as vicissitudes da vida cotidiana não existissem. Em compensação, tempos depois tivemos mais dificuldade em nos compreendermos mutuamente por escrito. Sua pena não conseguia acompanhar a versatilidade de seu espírito, a tal ponto que, na maioria dos casos, era impossível para seu correspondente adivinhar aquilo que ele deixara de colocar por escrito.

Agora, uma vez mais, ele antecipou-se um pouco a mim ao deixar este estranho mundo. Isso não tem importância. Para pessoas como nós, que acreditamos na física, a separação entre passado, presente e futuro tem apenas a importância de uma ilusão reconhecidamente tenaz.

Eu vos envio meus sinceros agradecimentos e meus melhores votos.

Vosso,
A. Einstein[1]

94

Em 1948, Einstein foi diagnosticado com um aneurisma da aorta abdominal. Disseram a ele que isso provavelmente o levaria à morte. "O que há de estranho na velhice é que aos poucos se perde a identificação íntima com o aqui e o agora", escreveu para um amigo. "Você se sente transposto para o infinito, mais ou menos solitário."[1]

Na tarde de 13 de abril de 1955, Einstein desmaiou. Na véspera, sua assistente, vendo que ele contorcia o rosto, perguntou se estava tudo bem. Sim, respondeu, tudo menos ele mesmo. Helen Dukas chamou o médico e ele recebeu morfina para poder dormir. No dia seguinte, vieram mais médicos. O aneurisma tinha começado a se romper, mas Einstein recusava-se a operar. "Não é de bom-tom prolongar artificialmente a vida", explicou a Helen. "Fiz minha parte. É hora de ir. Irei com elegância."[2]

Ele foi levado para o hospital no dia seguinte, depois que Helen o encontrou na cama, sofrendo, incapaz de erguer a cabeça. Seu estado melhorou tanto que ele pediu papel, lápis e seus óculos, para poder trabalhar um pouco do leito do hospital. Conversou com Hans Albert (que viera de avião de São Francisco para encontrá-lo) sobre física, e com o amigo Otto Nathan sobre política. Revisou o esboço de um discurso que faria no Dia da Independência de Israel e escreveu 12 páginas de equações, cheias de riscos e correções, ainda na esperança de encontrar sua teoria do campo unificado.

Sua melhora, porém, foi fugaz. Pouco depois de uma hora da manhã da segunda-feira, 18 de abril, a enfermeira do plantão noturno, Alberta Roszel, percebeu uma alteração na respiração de Einstein e ouviu-o resmungando bem baixinho. O aneurisma se rompera e a morte logo viria buscá-lo. Mas Roszel não falava alemão e, por isso, suas últimas palavras foram perdidas.

O sepultamento ocorreu no mesmo dia da morte. Havia 12 presentes, entre eles Hans Albert, Helen Dukas, Otto Nathan e Johanna Fantova, a namorada de Einstein. Quase ninguém estava de preto. No frio cortante e claro da primavera, debaixo de um sol incongruente, Nathan leu a elegia que Goethe escreveu para o dramaturgo Friedrich Schiller. Goethe descreve os talentos quase sobrenaturais do amigo, sua coragem, seu "brilho imutável e eternamente jovial" e menciona sua dedicação à luta contra as injustiças da sociedade. Foi uma escolha de texto apropriada. Einstein foi – para os amigos e estranhos, pelo menos – a mais generosa e gentil das pessoas, o que não o tornava menos severo. Ele tinha a convicção, quase inabalável, de que era preciso erguer a voz contra os males da sociedade e lutar ao máximo dentro da própria capacidade.

"Ele brilha como brilha um meteoro que passa", encerrou Nathan. "O que combina com sua luz própria e eterna."

E essa foi, na prática, a única cerimônia dedicada a Einstein, bem como ele gostaria. Ele queria o mínimo possível de veneração. Teve o cuidado de não deixar para trás lugares que pudessem ser associados a ele. Pediu que sua sala no Instituto fosse usada por outros; a casa na Mercer Street devia ser vendida e habitada. E ele deixou claro que não queria nenhum lugar marcando seu corpo, nenhum pedaço de terra onde o grande homem repousasse. Não foi revelado o local onde suas cinzas foram espalhadas.

95

Na época da morte de Albert Einstein, Thomas Harvey era patologista no hospital de Princeton. Harvey era quacre. Com seu cabelo curto e testa alta, tinha uma aparência bastante comum. Alguém menos gentil poderia dizer "insignificante". A função de Harvey foi realizar a autópsia de rotina no corpo de Einstein. Sob o olhar de um compreensivelmente incomodado Otto Nathan, Harvey retirou e examinou um por um os principais órgãos de Einstein. Em seguida, recolocou-os, antes de costurar o corpo – ou, para ser mais exato, recolocou quase todos. Na sala de autópsia, Harvey decidiu, sem autorização alguma, conservar o cérebro de Einstein.

Quando souberam disso, alguns dias depois, os amigos e a família ficaram indignados. Hans Albert tentou reclamar, mas Harvey alegou que Einstein iria querer servir a um uso científico. Hans Albert, sem saber o que poderia fazer a respeito, aceitou, relutante, o fato consumado. Tendo havido essa aprovação retroativa, Harvey logo foi procurado pelo departamento de patologia do Exército dos Estados Unidos, mas recusou diversos pedidos de reunião, preferindo, em vez disso, fatiar o cérebro, embalsamá-lo e armazená-lo em potes de vidro.

Ele saiu do trabalho em Princeton e levou o cérebro para a Universidade da Pensilvânia, onde foi recortado em 240 pedaços e preservado em celoidina, uma substância dura e solidificada. Depois de levar os pedaços de volta para casa no porta-malas de seu Ford, ele os guardou, flutuando nos potes, no porão. Divorciou-se da mulher, casou-se mais duas vezes e mudou-se país afora, sempre levando consigo o cérebro e muitas vezes sem informar o novo endereço. Em Wichita, no Kansas, trabalhou como supervisor médico em um laboratório de exames e guardou o cérebro em um caixote de suco de maçã, perto de um *cooler* de cerveja, embaixo de uma pilha de jornais velhos.

Em Weston, no Missouri, ele exerceu a medicina e tentou estudar o cérebro, mas em 1998 perdeu o direito de ser médico depois de reprovado em uma prova de competência técnica. Em Lawrence, no Kansas, trabalhou em uma fábrica de extrusão de plástico, na linha de montagem, e mudou-se para um apartamento ao lado de um posto de gasolina. Ali, fez amizade com o vizinho, que era ninguém menos que o poeta e romancista *beatnik* William S. Burroughs. Os dois se encontravam regularmente para beber na varanda de Burroughs e jogar conversa fora. Burroughs se gabava com os amigos de que podia pegar um pedaço do cérebro de Einstein quando bem entendesse.

Durante todo esse tempo, Harvey enviava porções do cérebro (às vezes, amostras montadas em lamínulas, às vezes, pedaços maiores) para uma série de pesquisadores de todo o país. O critério de escolha dos destinatários dessas doações cerebrais era um tanto aleatório, baseando-se sobretudo no interesse momentâneo de Harvey pelo trabalho deste ou daquele, embora ele, às vezes, atendesse às solicitações de amostras. Mandou, por exemplo, um vidro de maionese cheio de diversos pedaços a um neurocientista da Universidade da Califórnia, em Berkeley. Mas raramente Harvey pedia que os recebedores fizessem algo com seu presente.

O cérebro de Einstein acabou virando não uma maravilha da ciência, mas algo mais parecido com uma relíquia religiosa, como a língua de Santo Antônio ou o coração de São Camilo, preservado de modo a observarmos e venerarmos como lembrança tangível de algo sobre-humano. Contrariando o desejo de Hans Albert, tornou-se objeto de turismo e exploração. Existe um aplicativo do cérebro, caso alguém se interesse, que consiste em um "atlas do cérebro" construído a partir de slides e fotografias. E algumas das fatias de Harvey foram parar no museu Mütter, na Filadélfia, onde repousam, muito confortavelmente, ao lado de um tumor maligno retirado da boca do presidente Grover Cleveland e de um pedaço de tecido do pescoço do assassino de Abraham Lincoln, John Wilkes Booth.

96

No dia 5 de junho de 2013, na base espacial europeia instalada próxima a Kourou, na Guiana Francesa, o Veículo de Transferência Automática 4, da Agência Espacial Europeia, foi disparado rumo aos céus. A nave cargueira não tripulada foi batizada de *Albert Einstein*. Mais ou menos do tamanho de um ônibus de dois andares, com quatro painéis solares saindo de um chassi tubular, seu objetivo era reabastecer a Estação Espacial Internacional (ISS, na sigla em inglês).

Ao se acoplar, dez dias depois do lançamento, o *Albert Einstein* entregou alimentos, água, oxigênio e combustível para os astronautas da ISS. Também levou um kit de ferramentas impressas em 3-D, máscaras de gás e uma nova unidade de reciclagem e bombeamento de água, assim como equipamentos para experiências científicas. Ao todo, a encomenda pesava 7 toneladas e somava mais de 1.400 itens, inclusive uma guloseima espacial – um tiramisu.

Em meio a esse tesouro havia uma cópia da primeira página do manuscrito da relatividade geral. Foi assinado a bordo da estação, cerca de 400 quilômetros acima da superfície da Terra, pelo astronauta Luca Parmitano, em um gesto simbólico de respeito e dívida. Porque, é claro, sem as equações da relatividade geral como base, a exploração do espaço seria bem mais difícil. É essencial, por exemplo, levar em conta os efeitos da relatividade ao determinar as órbitas corretas dos corpos celestes ou das naves espaciais que exploram o sistema solar, ou rastrear as sondas interplanetárias por meio dos sinais de rádio que elas emitem.

De fato, no que diz respeito à precisão no espaço, não se pode prescindir da teoria de Einstein. Vemos as vantagens práticas de maneira mais evidente no GPS, o sistema de posicionamento global. O navegador do seu carro ou do seu telefone recebe sinais de um sistema de satélites que orbita a Terra a cerca de 20 mil quilômetros de distância, cada um transmitindo sua localização e a hora exata. Seu carro usa, então, as diferenças do tempo que esses sinais levam para chegar e calcula a respectiva distância em relação a cada um dos satélites. Isso, por sua vez, revela sua própria localização na Terra. O tempo é crucial para toda essa operação. Porém, estando os satélites tão distantes do planeta, eles sofrem um efeito gravitacional menor, o que significa que, por uma fração minúscula, eles vivenciam a passagem do tempo ligeiramente menor que na Terra. Se o GPS não tivesse a relatividade geral embutida, para ajustar o fato de os relógios dos satélites sempre serem um pouco mais rápidos que os similares terrestres, seu telefone poderia muito bem mandar você vários quilômetros na direção errada.

97

O PRIMEIRO TESTE DE UMA BOMBA de hidrogênio ocorreu em 1952, no atol Enewetak, no oceano Pacífico. O codinome da operação era Ivy Mike. A bomba, propriamente dita, ganhou um apelido: "a linguiça". A explosão continha a potência de mais de 10 milhões de toneladas de TNT. A bola de fogo gerada tinha aproximadamente 3,5 quilômetros de largura e, em poucos segundos, uma nuvem em forma de cogumelo se espalhara por um diâmetro de 160 quilômetros, cobrindo o mar azul. A detonação gerou ondas de 6 metros de altura. As ilhas vizinhas ficaram sem vegetação e detritos de coral radioativos caíram em navios a 55 quilômetros de distância.

Na época, Edward Teller, que talvez tenha sido o maior defensor da bomba de hidrogênio, estava a 8 mil quilômetros de distância, em Berkeley, na Califórnia, sede da maior parte da pesquisa atômica dos Estados Unidos. Mas acompanhou o registro da onda de choque da explosão em um sismógrafo. Logo enviou um telegrama a um colega em Los Alamos. A mensagem dizia apenas: "É um menino."[1]

Aeronaves não tripuladas com filtros de papel foram enviadas para atravessar as nuvens radioativas. Todo o material coletado por elas, assim como toneladas de corais do atol, foi enviado a Berkeley. A análise confirmou que, com a intensidade da explosão, um novo elemento químico havia sido criado. Em meio à massa de detritos estudada em laboratório, foram detectadas algumas centenas de átomos do elemento 99.

É um elemento prateado, mole e metálico, com um brilho azul na escuridão. Um grama contém mil watts de energia. Assim como todos os actinídeos – esses exóticos elementos na extremidade da tabela periódica –, é pesado e muito reativo. Seus diferentes isótopos têm meias-vidas que variam entre alguns segundos a mais de um ano. Portanto, mesmo na melhor das hipóteses, tem vida curta. Também detém a distinção de não possuir qualquer utilidade prática.

Ivy Mike era, é claro, totalmente sigilosa e os resultados só foram divulgados três anos depois. Na revista *Physical Review* de 1º de agosto de 1955 – três meses e meio depois da morte de Einstein –, foi finalmente publicada a descoberta do elemento 99. No artigo, o descobridor, Albert Ghiorso, e seus colegas propuseram que o novo elemento ganhasse o nome de Einstein. Na época era raro dar o nome de um cientista a um elemento, embora não sem precedente: em 1944, o cúrio (número atômico 96) recebeu esse nome em homenagem à velha amiga de Einstein, Marie Curie, e a seu marido, Pierre.

Einstein, por mais incomodado que ficasse com o assunto, foi um dos pais da mecânica quântica. Além disso, seu artigo de 1905 sobre o movimento browniano fora um dos primeiros a tratar a existência do átomo como realidade – comprovando matematicamente a existência do átomo. Essas duas coisas, por si sós, já justificariam sua inclusão na tabela periódica dos elementos. Evidentemente, como o elemento 99 nasceu em meio ao estrondo da destruição atômica, havia um significado em dar-lhe o nome do homem responsável por $E = mc^2$, a equação que explicava o estrago da bomba de hidrogênio. O homem que escrevera ao presidente Roosevelt incentivando-o a investir nas reações nucleares em cadeia. Também servia como memorial, uma forma de honrar a morte do cientista mais famoso do mundo.

Mesmo assim, não deixava de haver uma ironia na escolha, considerando o quanto Einstein lamentava o perigo das armas nucleares e o diminuto papel prático dele em sua criação. Por causa das suspeitas do FBI, ele não recebeu autorização para saber nada a respeito do programa nuclear do governo americano, antes ou depois da Segunda Guerra Mundial. Ele nunca trabalhou com a bomba. O Projeto Manhattan teve início muito mais em razão da informação, recebida por Washington, de que cálculos feitos na Inglaterra demonstraram que uma bomba nuclear transportada por avião era factível do que por causa da carta escrita por Einstein. Certa vez, ele declarou até que não era o "pai da liberação da energia atômica",[2] como, às vezes, era visto.

Grande parte do final de sua vida foi dedicada à defesa da criação de um "governo mundial" que garantisse a paz para o futuro. Em 1950, quando soube da decisão do presidente Truman de produzir a bomba de hidrogênio, Einstein fez sua primeira aparição no novo meio de comunicação da época, a televisão. Em uma declaração gravada em Princeton e transmitida no dia seguinte para todo o país no programa *Today with Mrs. Roosevelt*, ele afirmou que, caso o esforço para produzir a bomba H tivesse êxito, "a aniquilação de toda a vida na Terra será trazida para o reino do tecnicamente possível. O aspecto estranho desse desdobramento reside em seu caráter aparentemente inexorável. Cada passo parece a consequência inevitável do anterior. E, no fim, pairando com cada vez mais clareza, encontra-se o extermínio geral".[3]

O último ato público de Einstein foi assinar um manifesto conclamando os líderes mundiais a renunciarem à guerra, na era dos armamentos nucleares.

O símbolo do elemento 99 é Es. Einstênio.

98

Desde 1929 sabemos que o Universo está em expansão. Einstein ficou em êxtase com essa descoberta, já que lhe permitiu livrar-se de um termo matemático que ele havia incluído em suas equações da relatividade geral a fim de fazê-las descrever um Universo estático – a "constante cosmológica" (representada pela letra grega λ, lambda). Antes de Einstein introduzir essa gambiarra matemática, a relatividade de fato parecia indicar que o Universo estava se expandindo.

Depois que a expansão do Universo se confirmou, parecia lógico supor que essa expansão estava desacelerando. Essa suposição se baseava no fato de que, se existe massa no Universo, existe também gravidade, e a gravidade é atraente – ela "puxa" as coisas. Toda galáxia inevitavelmente puxa todas as outras galáxias. A expansão do espaço, raciocinou-se, deveria então estar desacelerando, na prática pela mesma razão que faz a velocidade de uma maçã atirada para cima diminuir. Ambas lutam contra o puxão da gravidade.

Era uma ideia que parecia tão óbvia e plausível que se acreditou nela por quase setenta anos. Mas em 1998 demonstrou-se, para enorme surpresa geral, que estava errada. Duas equipes de pesquisadores, uma comandada por Saul Perlmutter e a outra por Brian Schmidt e Adam Riess, estudaram supernovas distantes no Universo. Sabe-se que essas estrelas majestosas que explodiram têm um brilho padrão; portanto, quanto mais fraca uma supernova aparece no céu, mais distante está. Uma vez estabelecida essa distância, a idade das galáxias que abrigam esses "faróis cosmológicos" pode ser calculada – quanto mais distante uma galáxia está, mais atrás no tempo ela está. De posse desse conhecimento, Perlmutter, Schmidt e Riess conseguiram rastrear a expansão do Universo durante grande parte de sua história. Deduziram que ele se expandiu a um ritmo mais lento no passado que no presente. Em outras palavras, descobriram que a expansão do Universo está se acelerando. Por esse trabalho, foram agraciados com um Prêmio Nobel conjunto em 2011.

A gravidade, é claro, não desapareceu de uma hora para outra com essa descoberta. As galáxias continuam puxando umas às outras. O motivo da aceleração da expansão do Universo, portanto, só pode ser algo que compense os efeitos da gravidade. Da mesma forma que um foguete precisa de propulsores para subir, o Universo precisa de algum tipo de energia que atue contra a atração das galáxias.

Constatou-se muito tempo depois que o termo introduzido por Einstein em suas equações para tentar manter o Universo estático – a constante cosmológica – era, ironicamente, a ferramenta certa para calcular a recém-medida aceleração do Universo, para calcular aquele "extra" que compensa a gravidade. Vale a pena explicar que a constante cosmológica não é uma constante como pi, por exemplo. Assim como pi, ela não muda com o tempo; porém, ao contrário de pi, não é algo que o ser humano seja capaz de determinar *a priori*, a partir apenas de conhecimento teórico. Pelo menos nos dias de hoje, ela tem que ser medida. As medições ao longo dos últimos vinte anos proporcionaram fortes evidências de que a expansão acelerada é impulsionada por uma constante cosmológica e determinaram seu valor com apenas algumas pequenas incertezas. O que Einstein fez, quando achou que não precisava mais dela, foi fixá-la em zero.

Vamos tentar entender o que a constante cosmológica representa. Podemos pensar na gravidade em termos físicos e, se lambda for uma espécie de antigravidade, então também precisa ter alguma significância física, em vez de ser algo puramente matemático. Aquilo a que ela corresponde no mundo real é chamado de "energia escura". Muitos cientistas diriam que a energia escura é a energia presente no vácuo espacial. Pensamos no vácuo exatamente assim – como um vazio através do qual apenas a radiação passa. No oceano do espaço, longe da alegre dança das estrelas, existem trevas onde nada parece existir. Mesmo nesses lugares, porém, ainda existe energia, flutuando como se fosse composta de milhões e mais milhões de ondas microscópicas. Acredita-se que a energia escura seja a energia total inerente ao vácuo espacial.

Essa teoria leva a uma estimativa do valor da constante cosmológica como 1×10^{113} joules de energia por metro cúbico. Trata-se de um número enorme. No entanto, com base nas observações da taxa de expansão do Universo, parece que a quantidade de energia escura em um metro cúbico está mais próxima de $1{,}5 \times 10^{-9}$ joules – número bastante reduzido. Essa discrepância entre o valor teórico da energia escura e as evidências via observação é uma das maiores preocupações da física contemporânea, parte do que é chamado de Problema da Constante Cosmológica. Na prática, significa que se sabe muito pouco sobre a energia escura.

O problema da energia escura é um dos desafios que a teoria da relatividade tem diante de si. Outro problema são os buracos negros – no centro de todo buraco negro há uma "singularidade", um ponto onde a curvatura do espaço-tempo é tão intensa que as equações da relatividade não se aplicam. Os buracos negros foram fotografados e as ondas gravitacionais emitidas por eles foram detectadas. Formam uma parte importante da composição do Universo e, apesar disso, a teoria de Einstein não basta para compreendê-los plenamente.

Na verdade, embora a relatividade, atualmente, ainda fique de pé como a principal forma de compreensão do Cosmos, parece improvável que continue a sê-lo para sempre. O estado da física contemporânea guarda certa semelhança com o estado da física na juventude de Einstein, quando os físicos se revezavam atacando e defendendo a obra de Isaac Newton – uns tentando tapar os buracos em sua teoria da gravidade, enquanto outros (como Einstein) tentavam derrubá-la. Agora é Einstein quem tem seus defensores e adversários.

O Universo é mais esperto que nós. Foi mais esperto que Einstein durante sua vida, tanto com a mecânica quântica – que solapava sua ideia de como o mundo deveria ser – quanto com suas tentativas de criar uma teoria do campo unificado. No trecho final de sua última reflexão autobiográfica, em março de 1955, apenas um mês antes de morrer, Einstein admitiu que talvez seus últimos vinte anos de trabalho tivessem sido, no fim das contas, em vão. "Parece duvidoso", escreveu, "que uma teoria do campo possa dar conta da estrutura atomista da matéria e da radiação, assim como dos fenômenos quânticos." O consolo, para ele, era que "é mais precioso buscar a verdade do que possuí-la".[1]

Certo dia, ao explicar suas crenças pessoais, Einstein escreveu: "A melhor coisa que podemos vivenciar é o mistério. É a emoção fundamental, que está no berço da verdadeira arte e da verdadeira ciência. Aquele que não sabe e não pode mais imaginar, não se espanta mais, é como se estivesse morto, como uma vela soprada."[2]

Motivado a resolver o quebra-cabeça dos mistérios de sua época, Einstein foi obrigado a reimaginar a própria natureza da luz, do tempo e do espaço, o caráter do Cosmos propriamente dito. Ao fazer isso, revelou um retrato mais fiel da realidade, porém um retrato não isento de enigmas. Hoje em dia, é atacando os problemas da relatividade que poderemos chegar a uma compreensão melhor do Universo. É uma bênção vivermos em uma época em que os mistérios diante de nós são os mistérios do Universo de Einstein.

99

Autorretrato aos 56 anos

SE NÓS MESMOS MAL NOS DAMOS CONTA daquilo que é relevante em nossa existência, imagine se isso preocupa os outros. O que o peixe sabe da água onde nada sua vida inteira?

O doce e o amargo nos chegam de fora, e o mais difícil, de dentro de nós, de nosso próprio esforço. A maior parte do tempo faço aquilo que a natureza me leva a fazer. Sinto vergonha por ser tão respeitado e amado por isso. Flechas também foram atiradas contra mim, mas nunca me atingem, porque, de alguma forma, pertencem a outro mundo, com o qual não tenho qualquer conexão.

Vivo naquela solidão que na juventude é sofrida, mas deliciosa nos anos da maturidade.[1]

Einstein, alguns dias antes de completar 75 anos, em 1954.

FONTES E AGRADECIMENTOS

Para fazer a pesquisa de uma biografia de Albert Einstein, não há lugar melhor para começar que os escritos do próprio. Para esse fim, o projeto dos *Collected Papers of Albert Einstein*, publicado pela Princeton University Press, é absolutamente inestimável. Como indicação da confiabilidade e minúcia dos *Papers*, o primeiro volume foi publicado 36 anos atrás, e o mais recente (o 16º volume) alcançou, até agora, os escritos de Einstein até maio de 1929.

Ainda não existe nenhuma coleção completa da obra científica de Einstein, embora uma relação completa de suas publicações científicas possa ser encontrada ou na biografia de Albrecht Fölsing ou em *Albert Einstein: Philosopher-Scientist*, organizado por Paul Arthur Schilpp. Os escritos não científicos de Einstein, que são um modelo de expressão concisa e eloquente, foram reunidos em *Como vejo o mundo* (posteriormente expandido sob o título *Ideias e opiniões*) e *Escritos da maturidade*, assim como o volumoso *Einstein on Peace*, organizado por Heinz Norden e Otto Nathan. Este último contém quase todos os pensamentos de Einstein sobre o pacifismo. Além disso, a Princeton University Press lançou recentemente uma coletânea de todos os esboços de autobiografia de Einstein (dos quais existem alguns exemplos curtos) em *Notas autobiográficas*, organizado por Hanoch Gutfreund e Jürgen Renn.

Einstein era um missivista prolífico, reflexivo e altamente interessante. Alguns livros com sua correspondência com conhecidos específicos foram publicados. Todos são preciosos e boas leituras. Entre eles, utilizei *The Born-Einstein Letters: The Correspondence Between Albert Einstein and Max and Hedwig Born from 1916 to 1955*; *Letters to Solovine, 1906-1955*; e

Einstein: Correspondance avec Michele Besso, 1903-1955. A correspondência de Einstein com Besso, originalmente publicada em edição bilíngue alemão-francês, por algum motivo, até hoje não foi publicada em inglês.

Afora isso, existem abundantes biografias de Einstein. Entre aquelas a que mais recorri estão *Einstein: The Life and Times*, de Ronald W. Clark; *Einstein: His Life and Times*, de Philipp Frank; *Albert Einstein: o lado humano*, de Banesh Hoffman e Helen Dukas; *Einstein: Profile of the Man*, de Peter Michelmore; *Sutil é o senhor: a ciência e a vida de Albert Einstein*, de Abraham Pais; *Albert Einstein: A Biographical Portrait*, de Anton Reiser (pseudônimo do genro de Einstein, Rudolf Kayser); *Albert Einstein: A Documentary Biography*, de Carl Seelig; *The Drama of Albert Einstein*, de Antonina Vallentin; e *Einstein: The Man and His Achievement*, organizado por G. J. Whitrow.

A lista do parágrafo anterior é de livros publicados há quarenta anos ou mais. Todos eles contêm algumas imprecisões importantes, a maioria não por falha deles, mas porque os autores não tinham como acessar os fatos. Das biografias mais recentes, *Einstein's Greatest Mistake: The Life of a Flawed Genius*, de David Bodanis, permite repassar rapidamente a vida e a obra científica de Einstein. Há ainda *Einstein: uma biografia*, de Jürgen Neffe; *Albert Einstein: Chief Engineer of the Universe*, organizado por Jürgen Renn; e *Einstein: a ciência da vida*, de Denis Brian.

Fora esses, *Albert Einstein: A Biography*, de Albrecht Fölsing, e *Einstein: sua vida, seu Universo*, de Walter Isaacson, referências vitais. Praticamente não há episódio da vida de Einstein que esses dois livros não cubram, somados. Caso o leitor queira fazer uma avaliação abrangente de Einstein, nada melhor que começar com Fölsing e Isaacson.

Mas há uma exceção a essa completude. Este livro inclui um incidente da vida de Einstein sobre o qual não se havia escrito antes na literatura popular a respeito dele, porque ainda era desconhecido: o renascer de sua relação com Marie Winteler. As cartas relacionadas a isso foram publicadas em 2018, no volume 15 dos *Collected Papers*. Também foram publicadas várias de suas cartas de amor de adolescência a Marie, deixando claro que seus sentimentos por ela haviam sido mais profundos do que se acreditava.

Uma bibliografia abrangente de estudos einsteinianos vai além do escopo a que este livro se propõe. Posso, porém, afirmar com confiança que, qualquer que seja o aspecto da vida de Einstein a respeito do qual se queira conhecer mais, existe um livro impresso. Por exemplo, caso alguém queira saber mais sobre sua vida privada, pode procurar *The Private Lives of Albert Einstein*, de Roger Highfield e Paul Carter, que examina a vida de Einstein quase inteiramente em termos de seus relacionamentos pessoais. Há o brilhante *Einstein apaixonado: um romance científico*, de Dennis Overbye, que abrange os primeiros anos de vida de Einstein e sua relação com a primeira esposa; ou as duas biografias de Mileva Marić: *Im Schatten Albert Einsteins: Das tragische Leben der Mileva Einstein-Marić*, de Desanka Trbuhović-Gjurić e *In Albert's Shadow*, de Milan Popović. *Einstein's Daughter: The Search for Lieserl*, de Michele Zackheim, detalha o que se sabe de sua filha esquecida.

Caso a questão geográfica desperte mais interesse, temos então *Albert Einstein in Bern*, de Max Flückiger; *Einstein in Bohemia*, de Michael D. Gordin, sobre seu período em Praga; e *Einstein in Berlin*, de Thomas Levenson. Ou ainda *Einstein on the Run: How Britain Saved the World's Greatest Scientist*, de Andrew Robinson, e *Einstein in America: The Scientist's Conscience in the Age of Hitler and Hiroshima*, de Jamie Sayen.

As ideias do famoso cientista sobre religião são expostas em *Einstein e a religião: física e teologia*, de Max Jammer. A Primeira Guerra Mundial é tratada em *Einstein's War: How Relativity Triumphed Amid the Vicious Nationalism of World War I*, de Matthew Stanley. Pode-se encontrar mais sobre o FBI em *The Einstein File: J. Edgar Hoover's Secret War Against the World's Most Famous Scientist*, de Fred Jerome. Foi por meio dos pedidos de acesso à informação feitos por Jerome que o dossiê de Einstein no FBI foi divulgado para o público.

Existem muitas explicações da ciência einsteiniana para escolher, a começar pelo livro dele próprio, *A Teoria da Relatividade Especial e Geral*. Além dele, *Relativity: A Very Short Introduction*, de Russell Stannard, é um bom ponto de partida. *Einstein 1905: The Standard of Greatness*, de John S. Rigden, é uma explicação maravilhosamente detalhada e, ainda assim, compreensível, dos artigos científicos do *annus mirabilis* de Einstein; e ainda mais específico é *$E = mc^2$: uma biografia da equação que mudou o mundo e o que ela significa*, de David Bodanis. Para reflexões sobre Einstein por seus colegas, veja *Páginas de reflexão e autorretrato*, de Werner Heisenberg;

Writings on Physics and Philosophy, de Wolfgang Pauli; ou *Einstein: A Centenary Volume*, organizado por A. P. French.

E a lista poderia seguir indefinidamente aqui. Vale a pena notar que, dos incontáveis livros que têm Einstein como tema, ainda não encontrei nenhum que não fosse sagaz e útil.

Parte da satisfação de escrever este livro foi a oportunidade de examinar em detalhes aspectos menores – poderíamos até chamar de triviais – da vida de Einstein que seria inadequado incluir em uma exploração mais abrangente e tradicional. A história de Einstein e Marian Anderson veio de *My Lord, What a Morning: An Autobiography*; a anedota com Jacob Epstein é do seu *Let There Be Sculpture*; o incidente com William Golding é relembrado em seu ensaio "Thinking as a Hobby"; as interessantes opiniões de Bertrand Russell aparecem em uma entrevista com John Chandos, na casa de Russell, no norte do País de Gales, em 1961; a história da visita de C. P. Snow a Einstein nas férias vem do ensaio "On Albert Einstein"; e Jerome Weidman, no ensaio "The Night I Met Einstein", fala da gentileza de Einstein como professor de música. O período de Einstein entre as estrelas de Hollywood encontra-se em *História da minha vida*, de Charlie Chaplin, assim como *Sunshine and Shadow*, de Mary Pickford. As informações sobre o desenvolvimento da lâmpada elétrica no primeiro capítulo vieram de várias fontes, entre elas as revistas *Nature* e *IEEE Industrial Electronics Magazine*, a *Enciclopédia Britânica* e os papéis de Thomas Edison; mais sobre a nave espacial *Albert Einstein* pode ser encontrado nos sites da Agência Espacial Europeia, da Nasa e collectSPACE e no livro *The Road to Relativity: The History and Meaning of Einstein's 'The Foundation of General Relativity'*, de Hanoch Gutfreund e Jürgen Renn; a macabra história do cérebro de Einstein é contada em detalhes por Carolyn Abraham em *Possessing Genius: The Bizarre Odyssey of Einstein's Brain*.

Tirei "Caminhada até o trabalho, 1925" de um ensaio escrito por Esther Salaman para a revista *Listener*, em 1955. Assim como os capítulos "Um dia de trabalho, ..." ele é levemente ficcionalizado. Juntei informações sobre aquele ano e usei uma falsa coesão narrativa para criar um dia representativo daquela época na vida de Albert. Por exemplo, coloquei Einstein dizendo que uma ideia é "tão simples que Deus não poderia ter deixado passar" a seus assistentes Bergmann e Bargmann, quando na verdade ele teria dito isso a outro assistente, Ernst Straus. No entanto, minha meta continua sendo ser factual – a palestra sobre rinocerontes citada em "Um dia de trabalho, 1904", por exemplo, foi encontrada no *News from the Society of Natural Sciences in Bern from the Year 1904*, tendo ocorrido em 22 de outubro.

Aqui e ali a pesquisa desses episódios menores me levou a lugares interessantes. A amizade de Einstein com David Rothman e as anedotas sobre seu período na península de North Fork, em Long Island, podem ser encontradas em *My Father and Albert Einstein*, de Joan Rothman Brill; em *Letters from a Life, Vol. 2, 1939-45: Selected Letters and Diaries of Benjamin Britten*, organizado por Donald Mitchell e Philip Reed; e em informações detidas no Museu Histórico de Southold. Em Southold, perto da antiga loja de departamentos Rothman's, hoje fica a Einstein Square, onde banquinhos de madeira bruta cercam um pedestal em que há um busto de mármore branco de um Einstein idoso, com grande papada. Tanto um mural quanto uma placa proclamam que as férias de Einstein por ali foram "o verão mais feliz de sua vida".

Caso alguém se interesse, vale a pena viajar até Potsdam para ver a Torre Einstein, até porque ela fica no absolutamente fascinante Parque Científico Albert Einstein, repleto de prédios científicos em funcionamento, dispersos por um campus arborizado. Nele, observatórios de tijolos góticos pontuam a paisagem como castelos de magos, e podem-se ver abrigos enferrujados e inexplicáveis que ajudam de alguma forma a calcular a latitude e a longitude, assim como 21 tipos diferentes de termômetros industriais protegidos por uma cerca de estacas, como se pudessem fugir.

Em minha pesquisa lancei mão de diversos artigos de revistas, além de muitas reportagens de jornais. O YouTube também proporcionou filmes e entrevistas fascinantes – que me revelaram, entre outras coisas, que a voz de Albert era muito mais aguda do que eu imaginava. Os Arquivos de Albert Einstein, na Universidade Hebraica de Jerusalém, foram excepcionalmente úteis, assim como os Arquivos de Estado de Zurique, os Arquivos Secretos de Estado da Fundação do Patrimônio Cultural Prussiano, a Biblioteca Niels Bohr, os arquivos do Instituto Americano de Física, os arquivos do ETH de Zurique, o Instituto de Estudos Avançados e a Sociedade Max Planck.

Há uma série de pessoas sem as quais esta obra não teria sido possível, em especial: Michael Dine, que gentilmente revisou as partes científicas deste livro, deixou a física mais clara e explicou algumas questões técnicas da cosmologia; meu agente, Toby Mundy; e meus editores, Georgina Laycock, Caroline Westmore, Katharine Morris, Rick Horgan e Olivia Bernhard e suas equipes na John Murray and Scribner. Obrigado por suas alterações e comentários inteligentes, que ajudaram a moldar e a aperfeiçoar meus diversos manuscritos. Obrigado também a Juliet Brightmore, pela excepcional pesquisa de imagens e por me tranquilizar. Meus sinceros agradecimentos aos Arquivos de Albert Einstein da Universidade Hebraica de Jerusalém, especialmente a Chaya Becker e a Lisa M. Black, da Princeton University Press. Também a meus colegas do *Times Literary Supplement*, em especial Robert Potts, que tiveram uma flexibilidade e uma gentileza maravilhosas enquanto eu realizava este projeto. E, é claro, obrigado à minha esposa, Isabelle. Sem sua tolerância diante dos recortes biográficos e explicativos e sem sua compreensão, questionamento e paciência, eu certamente não teria chegado aqui.

CRÉDITOS

Texto

Todas as utilizações de *The Collected Papers of Albert Einstein* e Albert Einstein Archives: © 1987-2021, Universidade Hebraica de Jerusalém, publicados pela Princeton University Press e republicados com autorização. Citação do *Baltimore Afro-American*: cortesia do AFRO American Newspaper Archives. Citação da carta de Max Born de 15 de julho de 1944: cortesia de Sebastian Born/Espólio Literário de Max Born. Citações de Alice Calaprice (org.), *Dear Professor Einstein*, reproduzidas com permissão de Rowman and Littlefield Publishing Group Inc. por intermédio de PLSclear. Citação de Subrahmanyan Chandrasekhar, "Verifying the Theory of Relativity", *Bulletin of the Atomic Scientists*, reproduzida com autorização de Taylor & Francis Ltd e do *Bulletin of the Atomic Scientists*. Citações de *História da minha vida*, de Charles Chaplin © Bubbles Incorporated S.A. Citação de *Commentary*, cortesia de Stephanie Roberts/*Commentary*. Citação de Jacob Epstein, *Let There Be Sculpture: An Autobiography* © Espólio de sir Jacob Epstein/Tate. Citações da carta de Sigmund Freud de 1º a 8 de setembro de 1932, por autorização da The Marsh Agency Ltd em nome dos direitos de autor de Sigmund Freud. Citação de William Golding, "Thinking as a Hobby", por autorização de William Golding Limited. Citação de *The Listener*, cortesia de Ralph Montague/Immediate Media Company. Citações de Carl Seelig, *Albert Einstein: A Documentary Biography*, e Carl Seelig, *Albert Einstein: Leben und Werk eines Genies unserer Zeit*, autorização de Robert Walser Centre. Citação do *The Times*, 7 de novembro de 1911 © The Times/News Licensing. Citação de "The Night I Met Einstein", por Jerome

Weidman, originalmente publicada no *Reader's Digest* © 1995 Trusted Media Brands, Inc. Utilizada sob autorização. Todos os direitos reservados.

Fotos

Partícula 1: Wikimedia Commons/Domínio público.
Partícula 2: Cortesia de ETH-Bibliothek Zürich/Bildarchiv/Portr 03143-A/ Marca de domínio público.
Partícula 8: Royal Institution of Great Britain/Biblioteca de Fotos Científicas.
Partícula 9: Cortesia de ETH-Bibliothek Zürich/Bildarchiv/Portr 03142/ Marca de domínio público.
Partícula 11: Alamy Stock Photo/CPA Media Pte Ltd.
Partícula 14: Foto de Zander & Labisch/ullstein bild via Getty Images.
Partícula 17: Cortesia de ETH-Bibliothek Zürich/Bildarchiv/Hs 1457-71/ Marca de domínio público.
Partícula 18: Cortesia de ETH-Bibliothek Zürich/Bildarchiv/Portr 05937/ Marca de domínio público.
Partícula 24: Cortesia de ETH-Bibliothek Zürich/Bildarchiv/ Hs 1457-72/ Marca de domínio público.
Partícula 31: Alamy Stock Photo.
Partícula 33: Biblioteca do Congresso.
Partícula 40: Universitätsbibliothek Wien.
Partícula 52: Alamy Stock Photo/Granger Historical Picture Archive.
Partícula 59: Paul Ehrenfest. Wikimedia Commons/Domínio público.
Partícula 60: Cortesia de Leo Baeck Institute, Nova York. Referência da imagem: F 5322F.
Partícula 68: Alamy Stock Photo/Everett Historical Collection.
Partícula 70: The Shelby White and Leon Levy Archives Center, Instituto de Estudos Avançados, Princeton, Nova Jersey.
Partícula 73: Alamy Stock Photo/Süddeutsche Zeitung Photo.
Partícula 84: Cortesia de Leo Baeck Institute, Nova York. Referência da imagem: F 15280.
Partícula 91: Leonard McCombe/The LIFE Picture Collection/Shutterstock.
Partícula 99: Getty Images/Bettmann.

Todo esforço possível foi feito para localizar detentores de direitos. Porém, em caso de algum erro ou omissão, a editora terá prazer em incluir o devido crédito em novas impressões ou edições.

CITAÇÕES/NOTAS

Este conteúdo também pode ser encontrado em:
https://www.sextante.com.br/einsteinnoespacotempo/notas.pdf

As referências aos *Collected Papers of Albert Einstein*, volumes 1 a 16 (Nova Jersey: Princeton University Press, 1987-2021), estão indicadas a seguir com a abreviatura *CPAE*. Para cada uma delas indico o número do volume, seguido pelo número do item (quando necessário) e do número da página do respectivo suplemento da tradução inglesa.

As referências aos itens dos Albert Einstein Archives, da Universidade Hebraica de Jerusalém, estão indicadas como AEA, seguidas do número do objeto.

Introdução

1. ROSENTHAL-SCHNEIDER, Ilse. *Reality and Scientific Truth: Discussions with Einstein, von Laue, and Planck*. Detroit: Wayne State University Press, 1980, p. 74.
2. VALLENTIN, Antonina. *The Drama of Albert Einstein*. Nova York: Doubleday, 1954, p. 11.
3. EINSTEIN, Albert. *Letters to Solovine: 1906-1955*. Nova York: Philosophical Library, 1987, p. 7.
4. SEELIG, Carl. *Albert Einstein: A Documentary Biography*. Londres: Staples Press, 1956, p. 104.
5. Einstein para Pauline Winteler, maio 1897. *CPAE*, v. 1, item 34, p. 32.
6. EINSTEIN, Albert. "Notas autobiográficas". In: GUTFREUND, Hanoch; RENN, Jürgen (org.). *Einstein on Einstein: Autobiographical and Scientific Reflections*. Nova Jersey: Princeton University Press, 2020, p. 157.

Partícula 2

1. WINTELER-EINSTEIN, Maja. "Albert Einstein: A Biographical Sketch". *CPAE*, v. 1, p. xviii.
2. *Ibid.*
3. STRAUS, Ernst. "Reminiscências". In: HOLTON, Gerald; ELKANA, Yehuda (org.). *Albert Einstein, Historical and Cultural Perspectives: The Centennial Symposium in Jerusalem*. Nova Jersey: Princeton University Press, 1982, p. 419.
4. ERIKSON, Erik H. "Psychoanalytic Reflections on Einstein's Centenary". *Ibid.*, p. 172.
5. *CPAE*, v. 1, p. xviii.
6. *Ibid.*

Partícula 3

1. EINSTEIN, Albert. "Notas autobiográficas". In: GUTFREUND, Hanoch; RENN, Jürgen (org.). *Einstein on Einstein: Autobiographical and Scientific Reflections*. Nova Jersey: Princeton University Press, 2020, p. 159.
2. HOLTON, Gerald. "On Trying to Understand Scientific Genius". *American Scholar*, v. 41, n. 1, 1971-1972, pp. 95-110.

Partícula 4

1. CLARK, Ronald W. *Einstein: The Life and Times*. Nova York: Harper, 1972, p. 25.
2. REISER, Anton. *Albert Einstein: A Biographical Portrait*. Nova York: Albert & Charles Boni, 1930, p. 28.
3. EINSTEIN, Albert. "Notas autobiográficas". In: GUTFREUND, Hanoch; RENN, Jürgen (org.). *Einstein on Einstein: Autobiographical and Scientific Reflections*. Nova Jersey: Princeton University Press, 2020, p. 157.
4. *Ibid.*
5. *Ibid.*

Partícula 5

1. FRANK, Philipp. *Einstein: His Life and Times*. Boston: Da Capo Press, 2002, p. 8.
2. SEELIG, Carl. *Albert Einstein: A Documentary Biography*. Londres: Staples Press, 1956, p. 15.
3. Albin Herzog para Gustav Maier, 25 set. 1895. *CPAE*, v. 1, item 7, p. 7.
4. EINSTEIN, Albert. "Notas autobiográficas". In: GUTFREUND, Hanoch; RENN, Jürgen (org.). *Einstein on Einstein: Autobiographical and Scientific Reflections*. Nova Jersey: Princeton University Press, 2020, p. 144.
5. EINSTEIN, Albert. "Notas autobiográficas", AEA 29-212.1.
6. *Ibid.*

Partícula 6

1. Einstein para Marie Winteler, 18 fev. 1896. *CPAE*, v. 1, item 16g (In: v. 15, p. 7).
2. Einstein para Winteler, 3 fev. 1896. *CPAE*, v. 1, item 16b (In: v. 15, p. 3).
3. *Ibid.*, p. 4.
4. Pós-escrito de Einstein para Winteler, 21 abr. 1896. *CPAE*, v. 1, item 18, p. 13.
5. Winteler para Einstein, 4 a 25 nov. 1896. *CPAE*, v. 1, item 29, p. 29.
6. *Ibid.*
7. Winteler para Einstein, 30 nov. 1896. *CPAE*, v. 1, item 30, p. 30.
8. Einstein para Winteler, anterior a 21 maio 1897. *CPAE*, v. 1, item 33ª (In: v. 15, p. 14).
9. Einstein para Pauline Winteler, maio 1897. *CPAE*, v. 1, item 34, pp. 32-33.

Partícula 7

1. HADAMARD, Jacques S. *An Essay on the Psychology of Invention in the Mathematical Field*. Mineola: Dover, 1945, p. 142.
2. EINSTEIN, Albert. "Notas autobiográficas". In: GUTFREUND, Hanoch; RENN, Jürgen (org.). *Einstein on Einstein: Autobiographical and Scientific Reflections*. Nova Jersey: Princeton University Press, 2020, p. 144.
3. *Ibid.*

Partícula 8

1 SALAMAN, Esther. "A Talk with Einstein". *The Listener*, 8 set. 1955, pp. 370-371.

Partícula 9

1 EINSTEIN, Albert. "Notas autobiográficas". In: GUTFREUND, Hanoch; RENN, Jürgen (org.). *Einstein on Einstein: Autobiographical and Scientific Reflections*. Nova Jersey: Princeton University Press, 2020, p. 145.
2 SEELIG, Carl. *Albert Einstein: Leben und Werk eines Genies unserer Zeit*. Zurique: Europa Verlag, 1960, p. 55.
3 Einstein para Elizabeth Grossmann, 20 set. 1936, AEA 11-481.
4 EINSTEIN, Albert. "Notas autobiográficas". In: GUTFREUND, Hanoch; RENN, Jürgen (org.). *Einstein on Einstein: Autobiographical and Scientific Reflections*. Nova Jersey: Princeton University Press, 2020, p. 145.
5 SEELIG, Carl. *Albert Einstein: A Documentary Biography*. Londres: Staples Press, 1956, p. 28.
6 *Ibid.*
7 EINSTEIN, Albert. "Notas autobiográficas". In: GUTFREUND, Hanoch; RENN, Jürgen (org.). *Einstein on Einstein: Autobiographical and Scientific Reflections*. Nova Jersey: Princeton University Press, 2020, p. 145.
8 POINCARÉ, Henri. *Science and Hypothesis*. Londres: Walter Scott, 1905, p. 90.
9 Transcrição de registro e notas da ETH. *CPAE*, v. 1, item 28, p. 27.
10 SEELIG, Carl. *Albert Einstein: Leben und Werk eines Genies unserer Zeit*. Zurique: Europa Verlag, 1960, p. 65.
11 *Ibid.*

Partícula 10

1 Einstein para Heinrich Zangger, 21 dez. 1926. *CPAE*, v. 15, item 436, p. 414.
2 Einstein para Mileva Marić, 27 mar. 1901. *CPAE*, v. 1, item 94, p. 161.

Partícula 11

1 Mileva para Einstein, posterior a 20 out. 1897. *CPAE*, v. 1, item 36, p. 34.
2 TRBUHOVIĆ-GJURIĆ, Desanka. *Im Schatten Albert Einsteins: Das tragische Leben der Mileva Einstein-Marić*. Berna: Verlag Paul Haupt, 1993, p. 53.
3 Einstein para Mileva, 10 ago. 1899. *CPAE*, v. 1, item 52, p. 131.
4 Einstein para Mileva, 13 set. 1900. *CPAE*, v. 1, item 75, p. 149.
5 Einstein para Mileva, 16 abr. 1898. *CPAE*, v. 1, item 40, p. 124.
6 Einstein para Mileva, 13 (20) mar. 1897. *CPAE*, v. 1, item 45, p. 126.
7 MICHELMORE, Peter. *Einstein: Profile of the Man*. Nova York: Dodd, Mead, 1962, p. 43.
8 SEELIG, Carl. *Albert Einstein: A Documentary Biography*. Londres: Staples Press, 1956, p. 38.
9 Einstein para Mileva, 12 dez. 1901. *CPAE*, v. 1, item 127, p. 186.
10 Mileva para Einstein, 1900. *CPAE*, v. 1, item 61, p. 138.

Partícula 12

1 Esta citação e todas as subsequentes: Einstein para Mileva, 29 jul. 1900. *CPAE*, v. 1, item 68, p. 141.

Partícula 13

1. Einstein para Mileva, 4 abr. 1901. *CPAE*, v. 1, item 96, p. 163.
2. Einstein para Wilhelm Ostwald, 19 mar. 1901. *CPAE*, v. 1, item 92, p. 159.
3. Einstein para Ostwald, 3 abr. 1901. *CPAE*, v. 1, item 95, p. 162.

Partícula 14

1. Caderneta do serviço militar. *CPAE*, v. 1, item 91, p. 158.

Partícula 15

1. Einstein para Mileva, 30 abr. 1901. *CPAE*, v. 1, item 102, p. 167.
2. Einstein para Mileva, segunda quinzena de maio de 1901. *CPAE*, v. 1, item 110, p. 173.
3. Mileva para Helene Savić, segunda quinzena de maio de 1901. *CPAE*, v. 1, item 109, p. 172.
4. *Ibid.*
5. Einstein para Mileva, segunda quinzena de maio de 1901. *CPAE*, v. 1, item 107, p. 171.

Partícula 16

1. Einstein para Mileva, 28 maio 1901. *CPAE*, v. 1, item 111, p. 174.
2. *Ibid.*
3. Einstein para Mileva, 4 fev. 1902. *CPAE*, v. 1, item 134, p. 191.

Partícula 17

1. Anúncio de aulas particulares. *CPAE*, v. 1, item 135, p. 192.
2. EINSTEIN, Albert. *Letters to Solovine: 1906-1955*. Nova York: Philosophical Library, 1987, p. 6.
3. *Ibid.*, p. 7.
4. *Ibid.*, p. 8.
5. SOLOVINE, Maurice. "Dedicatória à Academia Olympia, A.D. 1903". *CPAE*, v. 5, item 3, p. 5.
6. EINSTEIN, Albert. *Letters to Solovine: 1906-1955*. Nova York: Philosophical Library, 1987, p. 11.
7. *Ibid.*
8. *Ibid.*, p. 12.
9. *Ibid.*, p. 14.

Partícula 18

1. FLÜCKIGER, Max. *Albert Einstein in Bern: das Ringen um ein neues Weltbild: eine dokumentarische Darstellung über den Aufstieg eines Genies*. Berna: Paul Haupt, 1974, p. 58.

Partícula 20

1. EINSTEIN, Albert. "Notas autobiográficas". In: GUTFREUND, Hanoch; RENN, Jürgen (org.). *Einstein on Einstein: Autobiographical and Scientific Reflections*. Nova Jersey: Princeton University Press, 2020, p. 169.
2. EINSTEIN, Albert. "On a Heuristic Point of View Concerning the Production and Transformation of Light", 17 mar. 1905. *CPAE*, v. 2, item 14, p. 100.

Partícula 21

1   Einstein para Conrad Habicht, 18 ou 25 maio 1905. *CPAE*, v. 5, item 27, p. 19.
2   *Ibid.*, p. 20.

Partícula 22

1   EINSTEIN, Albert. "On the Electrodynamics of Moving Bodies", 30 jun. 1905. *CPAE*, v. 2, item 23, p. 141.
2   *Ibid.*, p. 140.
3   EINSTEIN, Albert. "Como criei a teoria da relatividade", palestra em Quioto, 14 dez. 1922. *CPAE*, v. 13, item 399, p. 637.
4   REISER, Anton. *Albert Einstein: A Biographical Portrait*. Nova York: Albert & Charles Boni, 1930, p. 68.
5   *CPAE*, v. 13, item 399, p. 637.
6   EINSTEIN, Albert. "The Principal Ideas of the Theory of Relativity", dez. 1916. *CPAE*, v. 6, item 44a (In: v. 7, p. 5).
7   EINSTEIN, Albert. "On the Electrodynamics of Moving Bodies", 30 jun. 1905. *CPAE*, v. 2, item 23, p. 171.

Partícula 23

1   NORDMANN, Charles. "With Einstein on the Battle Fields". *L'Illustration*, 15 abr. 1922.
2   Einstein para Habicht, 20 jul. 1905-verão de 1915. *CPAE*, v. 5, item 30, p. 21.
3   Einstein para Habicht, 30 jun.-22 set. 1905. *CPAE*, v. 5, item 28, p. 21.
4   EINSTEIN, Albert. "Does the Inertia of a Body Depend upon its Energy Content?", 27 set. 1905. *CPAE*, v. 2, item 24, p. 174.

Partícula 24

1   Einstein para Alfred Schnauder, 5 jan.-11 maio 1907. *CPAE*, v. 5, item 43, p. 28.
2   Einstein para Maurice Solovine, 27 abr. 1906. *CPAE*, v. 5, item 36, p. 25.
3   WHITROW, G. J. (org.). *Einstein, the Man and His Achievement: A Series of Broadcast Talks*. Londres: BBC, 1967, p. 19.

Partícula 25

1   Max Planck para Einstein, 6 jul. 1907. *CPAE*, v. 5, item 47, p. 31.
2   Jakob Laub para Einstein, 1º mar. 1908. *CPAE*, v. 5, item 91, p. 63.
3   SEELIG, Carl. *Albert Einstein: A Documentary Biography*. Londres: Staples Press, 1956, p. 131.

Partícula 26

1   REID, Constance. *Hilbert*. Berlim: Springer, 1970, p. 105.
2   Palestra de Hermann Minkowski na Universidade de Colônia, 21 set. 1908.
3   PAIS, Abraham. *Subtle is the Lord: The Science and the Life of Albert Einstein*. Oxford: Oxford University Press, 1982, p. 152.
4   Arnold Sommerfeld. In: SCHILPP, Paul Arthur (org.). *Albert Einstein: Philosopher-Scientist*. Evanston: The Library of Living Philosophers, 1949, v. 1, p. 102.

Partícula 27

1. Einstein para Laub, 19 maio 1909. *CPAE*, v. 5, item 161, p. 120.
2. REISER, Anton. *Albert Einstein: A Biographical Portrait*. Nova York: Albert & Charles Boni, 1930, p. 72.
3. *CPAE*, v. 5, item 161, p. 120.
4. Alfred Kleiner, relatório ao corpo docente, 4 mar. 1909. Arquivo da Universidade de Zurique.
5. *CPAE*, v. 5, item 161, p. 120.

Partícula 28

1. Einstein para Anna Meyer-Schmid, 12 maio 1909. *CPAE*, v. 5, item 154, p. 115.
2. Einstein para George Meyer, 7 jun. 1909. *CPAE*, v. 5, item 166, p. 127.
3. Einstein para Mileva, 28 set. 1899. *CPAE*, v. 1, item 57, p. 136.
4. Einstein para Winteler, 15 set. 1909. *CPAE*, v. 5, item 177a (In: v. 15, p. 16).
5. Einstein para Winteler, 7 mar. 1910. *CPAE*, v. 5, item 198a (In: v. 15, pp. 16-17).
6. Einstein para Winteler, 7 ago. 1910. *CPAE*, v. 5, item 218ª (In: v. 15, p. 17).

Partícula 29

1. SEELIG, Carl. *Albert Einstein: A Documentary Biography*. Londres: Staples Press, 1956, p. 100.
2. *Ibid.*, p. 102.
3. REICHINSTEIN, David. *Albert Einstein: A Picture of His Life and His Conception of the World*. Londres: Edward Goldston, 1934, p. 48.
4. SEELIG, Carl. *Albert Einstein: A Documentary Biography*. Londres: Staples Press, 1956, p. 104.

Partícula 30

1. Einstein para Michele Besso, 13 maio 1911. *CPAE*, v. 5, item 267, p. 187.
2. FRANK, Philipp. *Einstein: His Life and Times*. Boston: Da Capo Press, 2002, p. 85.

Partícula 31

1. *Le Journal*, 4 nov. 1911.
2. *Le Petit Journal*, 5 nov. 1911.
3. Einstein para Zangger, 7 nov. 1911. *CPAE*, v. 5, item 303, p. 219.
4. *L'Oeuvre*, 23 nov. 1911.
5. Einstein para Marie Curie, 23 nov. 1911. *CPAE*, v. 5, item 312a (In: v. 8, p. 6).

Partícula 32

1. EINSTEIN, Albert. "Fundamental Ideas and Methods of the Theory of Relativity, Presented in Their Development", 1920, esboço de um artigo que seria publicado pela *Nature*. *CPAE*, v. 7, item 31, p. 136. Pode-se traduzir também como "pensamento mais afortunado".
2. *CPAE*, v. 13, item 399, p. 638 do volume original.
3. KOLLROS, Louis. *Helvetica Physica Acta*, supl. 4, 1956, p. 271.
4. Einstein para Zangger, 10 mar. 1914. *CPAE*, v. 5, item 513, p. 381.

Partícula 33

1. Einstein para Elsa Löwenthal, 30 abr. 1912. *CPAE*, v. 5, item 389, p. 291.

2 Einstein para Löwenthal, 21 maio 1912. *CPAE*, v. 5, item 399, p. 300.
3 Einstein para Löwenthal, 11 ago. 1913. *CPAE*, v. 5, item 465, p. 348.
4 Einstein para Löwenthal, 2 dez. 1913. *CPAE*, v. 5, item 488, p. 365.
5 Einstein para Löwenthal, 16 out. 1913. *CPAE*, v. 5, item 478, p. 357.
6 Einstein para Löwenthal, 10 out. 1913. *CPAE*, v. 5, item 476, p. 356.
7 Einstein para Löwenthal, 22 nov. 1913. *CPAE*, v. 5, item 486, p. 363.
8 Einstein para Löwenthal, após 2 dez. 1913. *CPAE*, v. 5, item 489, p. 366.

Partícula 34

1 Einstein para Löwenthal, posterior a 11 ago. 1913. *CPAE*, v. 5, item 466, p. 348.
2 Einstein, para o Clube de Fumantes de Cachimbo de Montreal, citado pelo *The New York Times*, 12 mar. 1950, AEA 60-125.

Partícula 35

1 EINSTEIN, Albert. "Memorandum to Mileva Einstein-Marić, with Comments", 18 jul. 1914. *CPAE*, v. 8, item 22, pp. 32-33.
2 Einstein para Mileva, *circa* 18 jul. 1914. *CPAE*, v. 8, item 23, p. 33.
3 Einstein para Löwenthal, 26 jul. 1914. *CPAE*, v. 8, item 27, p. 36.

Partícula 36

1 Bertrand Russell, entrevista a John Chandos, 11 e 12 abr. 1961.

Partícula 37

1 Einstein para Helene Savić, 17 dez. 1912. *CPAE*, v. 5, item 424, p. 325.
2 Einstein para Paul Ehrenfest, 19 ago. 1914. *CPAE*, v. 8, item 34, p. 41.
3 EINSTEIN, Albert. "My Opinion on the War", 23 out.-11 nov. 1915. *CPAE*, v. 6, item 20, pp. 96-97.

Partícula 38

1 Einstein para Ehrenfest, 17 jan. 1916. *CPAE*, v. 8, item 182, p. 179.
2 PAIS, Abraham. *Subtle is the Lord: The Science and the Life of Albert Einstein*. Oxford: Oxford University Press, 1982, p. 253.

Partícula 39

1 CHAPLIN, Charles. *My Autobiography*. Nova York: Simon & Schuster, 1964, pp. 320-321.

Partícula 40

1 Einstein para Kathia Adler, 20 fev. 1917, AEA 43-3.
2 "Friedrich Adler als Physiker. Eine Unterredung mit A. Einstein". *Vossische Zeitung*, 23 maio 1917, edição matutina, p. 2.

Partícula 41

1 Karl Schwarzschild para Einstein, 22 dez. 1915. *CPAE*, v. 8, item 169, p. 164.

Partícula 42

1. Na verdade, na citação original, Einstein chamou a constante cosmológica de seu "maior equívoco". GAMOW, George. *My World Line: An Informal Autobiography*. Nova York: Viking, 1970, p. 44.
2. EINSTEIN, Albert. "Cosmological Considerations in the General Theory of Relativity", 15 fev. 1917. *CPAE*, v. 6, item 43, p. 424.
3. *Ibid.*, p. 432.
4. EINSTEIN, Albert. "Do Gravitational Fields Play an Essential Part in the Structure of the Elementary Particles of Matter?", 24 abr. 1919. *CPAE*, v. 7, item 17, p. 83.
5. EINSTEIN, Albert. "On the Method of Theoretical Physics", AEA 96-38. In: *Ideas and Opinions*. Nova York: Bonanza, 1954, p. 274.
6. CERF, Bennett. *Try and Stop Me: A Collection of Anecdotes and Stories, Mostly Humorous*. Nova York: Simon & Schuster, 1944, p. 163.

Partícula 43

1. Ilse Einstein para Georg Nicolai, 22 maio 1918. *CPAE*, v. 8, item 545, p. 564.

Partícula 44

1. EINSTEIN, Albert. "Assimilation and Anti-Semitism". *CPAE*, 3 abr. 1920, v. 7, item 34, p. 154.
2. EINSTEIN, Albert. "A Confession". *CPAE*, 5 abr. 1920, v. 7, item 37, p. 159.
3. Einstein para Julius Katzenstein, 27 dez. 1931, AEA 78-936.
4. EINSTEIN, Albert. "Why do They Hate the Jews". *Collier's*, 26 nov. 1938.
5. BLUMENFELD, Kurt. "Einstein and Zionism". In: SEELIG, Carl. *Albert Einstein: A Documentary Biography*. Londres: Staples Press, 1956, p. 74.
6. EINSTEIN, Albert. "Jewish Recovery", AEA 28-164. In: *Ideas and Opinions*. Nova York: Bonanza, 1954, p. 184.
7. CLARK, Ronald W. *Einstein: The Life and Times*. Nova York: Harper, 1972, p. 318.

Partícula 46

1. CHANDRASEKHAR, Subrahmanyan. "Verifying the Theory of Relativity". *Bulletin of the Atomic Scientists*, v. 31, item 6, jun. 1975, pp. 17-22.
2. *The Times*, 7 nov. 1919.
3. *Ibid.*
4. *Ibid.*
5. *Ibid.*
6. *Ibid.*
7. *The New York Times*, 9 nov. 1919.
8. *The New York Times*, 10 nov. 1919.
9. CHANDRASEKHAR, Subrahmanyan. *Eddington: The Most Distinguished Astrophysicist of His Time*. Cambridge: Cambridge University Press, 1983, p. 30.
10. *The New York Times*, 3 dez. 1919.
11. Einstein para Zangger, 15 dez. 1919. *CPAE*, v. 9, item 217, p. 186.
12. *Berliner Illustrirte Zeitung*, 14 dez. 1919.

Partícula 47

1. Einstein para Besso, anterior a 30 maio 1921. *CPAE*, v. 12, item 141, p. 103.

2   POPKIN, Zelda. *Open Every Door*. Nova York: Dutton, 1956, p. 136.
3   SEELIG, Carl. *Albert Einstein: A Documentary Biography*. Londres: Staples Press, 1956, p. 136.
4   *The New York Times*, 13 abr. 1921.
5   Entrevista de Harlow Shapley a Charles Weiner e Helen Wright em 8 de junho de 1966. Biblioteca & Arquivos de Niels Bohr, Instituto Americano de Física, College Park, MD, Estados Unidos. Disponível em : https://www.aip.org/history-programs/niels-bohr-library/oral-histories/4888-1.
6   Einstein para Besso, anterior a 30 maio 1921. *CPAE*, v. 12, item 141, p. 103.

Partícula 48

1   EINSTEIN, Albert. "Notas autobiográficas". In: GUTFREUND, Hanoch; RENN, Jürgen (org.). *Einstein on Einstein: Autobiographical and Scientific Reflections*. Nova Jersey: Princeton University Press, 2020, p. 169.
2   Einstein para Niels Bohr, 2 mar. 1955, AEA 33-204.
3   Niels Bohr entrevistado em Tisvilde por Aage Bohr e Léon Rosenfeld, 12 jul. 1961. Arquivo Niels Bohr, Copenhague.

Partícula 49

1   EINSTEIN, Albert. Palestra ministrada à Assembleia de Naturalistas Nórdicos em Gotemburgo, em 11 jul. 1923. *CPAE*, v. 14, item 75, pp. 74-81.

Partícula 50

1   EINSTEIN, Albert. "Diário de viagem: Japão, Palestina, Espanha", p. 6v-7v, 28 de outubro. *CPAE*, v. 13, item 379, p. 301.
2   "Diário de viagem", p. 13, 10 nov. *CPAE*, v. 13, item 379, p. 305.
3   "Diário de viagem", p. 29v, 5 jan. *CPAE*, v. 13, item 379, p. 318.
4   "Diário de viagem", p. 22v, 5 dez. *CPAE*, v. 13, item 379, p. 312.
5   "Diário de viagem", p. 24v, 10 dez. *CPAE*, v. 13, item 379, p. 314.
6   "Diário de viagem", p. 23, 5 dez. *CPAE*, v. 13, item 379, pp. 312-313.
7   "Diário de viagem", p. 34, 3 fev. *CPAE*, v. 13, item 379, pp. 321-322.

Partícula 51

1   Einstein a um entregador, 1922, AEA 124-552.
2   Einstein a um entregador, 1922, AEA 124-553.

Partícula 52

1   FRANK, Philipp. *Einstein: His Life and Times*. Boston: Da Capo Press, 2002, p. 191.
2   WHITTICK, Arnold. *Erich Mendelsohn*. Londres: Faber & Faber, 1940, p. 64.

Partícula 53

1   Este capítulo se baseia em: SALAMAN, Esther. "A Talk with Einstein". *The Listener*, v. 54, item 1.384, 8 set. 1955, pp. 370-371.

Partícula 54

1   Einstein para Hans Albert Einstein, 13 out. 1916. *CPAE*, v. 8, item 263, pp. 252-253.

2   Einstein para Mileva, 23 dez. 1925. *CPAE*, v. 15, item 135, p. 156.
3   Einstein para Hans Albert Einstein, 23 fev. 1927. *CPAE*, v. 15, item 484, p. 483.
4   Einstein para Mileva, 17 out. 1925. *CPAE*, v. 15, item 88, p. 101.
5   *CPAE*, v. 15, item 484, p. 483.
6   MICHELMORE, Peter. *Einstein: Profile of the Man*. Nova York: Dodd, Mead, 1962, p. 131.

Partícula 55

1   Ann para Einstein, 1951, AEA 42-653. In: CALAPRICE, Alice (org.). *Dear Professor Einstein: Albert Einstein's Letters to and from Children*. Amherst: Prometheus, 2002, p. 188.
2   Anna Louise (Falls Church, Virgínia) para Einstein, 8 fev. 1950, AEA 42-642. In: *Ibid.*, p. 175.
3   Frank (Bristol, Pensilvânia) para Einstein, 25 mar. 1950, AEA 42-644. In: *Ibid.*, p. 178.
4   Kenneth (Asheboro, Carolina do Norte) para Einstein, 19 ago. 1947, AEA 42-618.1. In: *Ibid.*, p. 144.
5   Peter (Chelsea, Massachusetts) para Einstein, 13 mar. 1947, AEA 616.1. In: *Ibid.*, p. 141.
6   John (Culver, Indiana) para Einstein, 1952, AEA 42-663. In: *Ibid.*, p. 193.
7   June (Colúmbia Britânica, Canadá) para Einstein, 3 jun. 1952, AEA 42-662. In: *Ibid.*, p. 197.
8   Myfanwy (África do Sul) para Einstein, 10 jul. 1946, AEA 42-611. In: *Ibid.*, p. 149.
9   Einstein para Myfanwy (África do Sul), 25 ago. 1946, AEA 42-612. In: *Ibid.*, p. 153.
10 Einstein para o quinto ano da Escola Elementar Farmingdale, 26 mar. 1955, AEA 42-722. In: *Ibid.*, p. 219.

Partícula 56

1   A formulação usada por Einstein muitas vezes foi diferente dessa, embora ele tenha usado várias versões da mesma metáfora. Para exemplos, ver Einstein para Max Born, 4 dez. 1926. *CPAE*, v. 15, item 426, p. 403; Niels Bohr. In: SCHILPP, Paul Arthur (org.). *Albert Einstein: Philosopher-Scientist*. Evanston: The Library of Living Philosophers, v. 1, p. 218; Einstein para Born, 7 set. 1944, AEA 8-207.
2   HEISENBERG, Werner. *Encounters with Einstein: And Other Essays on People, Places, and Particles*. Nova Jersey: Princeton University Press, 1989, p. 117.

Partícula 57

1   Einstein para Ehrenfest, 20 nov. 1925. *CPAE*, v. 15, item 114, p. 136.
2   HEISENBERG, Werner. *Physics and Beyond: Encounters and Conversations*. Nova York: Harper & Row, 1971, p. 63.
3   FRANK, Philipp. *Einstein: His Life and Times*. Boston: Da Capo Press, 2002, p. 216.

Partícula 58

1   KESSLER, Harry. *Berlin in Lights: The Diaries of Count Harry Kessler, 1918-1937*. Londres: Weidenfeld & Nicolson, 1971, p. 281.

Partícula 59

1   PAULI, Wolfgang. *Writings on Physics and Philosophy*. Berlim: Springer, 1994, p. 121.
2   Paul Ehrenfest para S. A. Goudsmit, G. E. Uhlenbeck e G. H. Dieke, 3 nov. 1927. In: KALCKAR, Jørgen (org.). *Niels Bohr Collected Works: Foundations of Quantum Physics I (1926-1932)*. Holanda do Norte: Elsevier Science Publisher B. V., 1985, v. 6, pp. 415-418.

3 ROSENFELD, Léon. "Some Concluding Remarks and Reminiscences". In: *Proceedings, 14th Solvay Conference on Physics: Fundamental Problems in Elementary Particle Physics: Brussels, Belgium, October, 1967*. Nova York: Interscience, 1968, p. 232.

Partícula 60

1 *The New York Times*, 27 mar. 1972.
2 SAYEN, Jamie. *Einstein in America: The Scientist's Conscience in the Age of Hitler and Hiroshima*. Nova York: Crown, 1985, p. 130.
3 GRÜNING, Michael. *Ein Haus für Albert Einstein: Erinnerungen, Briefe, Dokumente*. Berlim: Verlag der Nation, 1990, p. 51.

Partícula 61

1 A carta que ele escreveu se perdeu. Relatado no *Berliner Tageblatt*, 14 maio 1929, e relembrado pelo arquiteto Konrad Wachsmann. Ver GRÜNING, Michael. *Ein Haus für Albert Einstein: Erinnerungen, Briefe, Dokumente*. Berlim: Verlag der Nation, 1990, p. 122ff.

Partícula 62

1 "Einstein Believes in Spinoza's God". *The New York Times*, 24 abr. 1929; também Einstein para Herbert S. Goldstein, 25 abr. 1929, AEA 33-272.
2 SPINOZA, Benedict de. *The Ethics*, parte I, proposição XVII, nota.
3 EINSTEIN, Albert. "What I Believe". *Forum and Century*, v. 84, n. 4, out. 1930, AEA 78-645.
4 SPINOZA, Benedict de. *The Ethics*, parte I, proposição XXIX, prova.
5 Einstein para Eduard Büsching, 25 out. 1929, AEA 33-275.
6 EINSTEIN, Albert. "Meu credo", à Liga Alemã de Direitos Humanos, Berlim, outono de 1932, AEA 28-218.
7 VIERECK, George Sylvester. *Glimpses of the Great*. Londres: Duckworth, 1930, p. 373.

Partícula 63

1 *Daily Chronicle*, 26 jan. 1929.
2 Einstein para Wolfgang Pauli, 22 jan. 1932, AEA 19-169.
3 Einstein para Solovine, 25 nov. 1948, AEA 21-256.

Partícula 64

1 TOYNBEE, Arnold J. *Acquaintances*. Oxford: Oxford University Press, 1967, p. 268.
2 Einstein para Elsa Einstein, maio 1931; parte da correspondência selada divulgada em 2006, AEA 143-242.
3 Einstein para Margot Einstein, maio 1931; parte da correspondência selada divulgada em 2006, AEA 143-292.
4 Einstein para Ethel Michanowski, 24 maio 1931, AEA 84-104.
5 Elsa Einstein para Hermann Struck e esposa, 1929. Arquivos da Max Planck Society, Va. Abt., Rep. 2, Nr. 50.

Partícula 65

1 GOLDING, William. "Thinking as a Hobby". *Holiday*, ago. 1961, pp. 8, 10-13.

Partícula 66

1. Einstein para Sigmund Freud, 22 mar. 1929. *CPAE*, v. 16, item 465, p. 416.
2. Einstein para Sigmund Freud, 30 jul. 1932, AEA 32-543.
3. Freud para Einstein, 1º a 8 set. 1932, AEA 32-548.

Partícula 67

1. Memorando da Woman Patriot Corporation ao Departamento de Estado dos Estados Unidos, 22 nov. 1932, pertencente ao dossiê de Einstein no FBI, seção 1. Disponível em: https://vault.fbi.gov/Albert%20Einstein.
2. Ver *The New York Times*, 6 dez. 1932, pp. 1, 18.

Partícula 68

1. PICKFORD, Mary. *Sunshine and Shadows*. Nova York: Doubleday, 1955, pp. 230-231.
2. CHAPLIN, Charles. *My Autobiography*. Nova York: Simon & Schuster, 1964, pp. 322-323.

Partícula 69

1. *The New York Times*, 12 dez. 1930.
2. Elsa Einstein para Antonina Vallentin, Caputh, 6 jun. 1932, AEA 79-212.
3. Einstein à Academia Prussiana, 28 mar. 1933, AEA 36-55.
4. Max Planck para Heinrich von Ficker, 31 mar. 1933. Arquivos Secretos do Estado Prussiano, GStA PK, I. HA Rep. 76 Kultusministerium, Vc Sekt. 2 Tit. XXIII Litt. F Nr. 2 Bd. 16. Apontamentos e salário dos membros da Academia de Ciências em Berlim, v. 16, 1933-1934.
5. Einstein para Planck, 6 abr. 1933, AEA 19-392.

Partícula 70

1. VALLENTIN, Antonina. *The Drama of Albert Einstein*. Nova York: Doubleday, 1954, p. 196.
2. Einstein para Besso, 21 out. 1932, AEA 7-370.
3. Einstein para Carl Seelig, 4 jan. 1954, AEA 39-59.

Partícula 71

1. Lady Margaret Proby para Oliver Locker-Lampson, 25 out. 1914, Norfolk Records Office, Norwich, caixa não catalogada/2190/1.
2. *Daily Mirror*, 30 set. 1930.
3. Einstein para Elsa Einstein, 21 jul. 1933, AEA 143-250.
4. Oliver Locker-Lampson, discurso na Câmara dos Comuns, 26 jul. 1933.

Partícula 72

1. NATHAN, Otto; NORDEN, Heinz (org.). *Einstein on Peace*. Nova York: Schocken, 1960, p. 227.
2. Einstein para Alfred Nahon, 20 jul. 1933, AEA 51-227.

Partícula 73

1. *Manchester Guardian*, 8 set. 1933.
2. *The New York Times*, 9 set. 1933.

3   *The New York Times*, 11 set. 1933.
4   MARIANOFF, Dimitri; WAYNE, Palma. *Einstein: An Intimate Study of a Great Man* Nova York: Doubleday, Doran, 1944, p. 161.

Partícula 74

1   O relato de Epstein sobre as sessões de pose de Einstein: EPSTEIN, Jacob. *Let There Be Sculpture: An Autobiography*. Londres: Michael Joseph, 1940, pp. 94-96.

Partícula 75

1   Einstein para a rainha Elisabeth da Bélgica, 20 nov. 1933, AEA 32-369.
2   EISENHART, Churchill. "Albert Einstein, As I Remember Him". *Journal of the Washington Academy of Sciences*, v. 54, item 8, 1964, p. 325.

Partícula 76

1   Einstein para Max Born, 3 mar. 1947. In: *The Born-Einstein Letters: Correspondence Between Albert Einstein and Max and Hedwig Born from 1916-1955, with Commentaries by Max Born*. Londres: Macmillan, 1971, p. 158.

Partícula 77

1   VALLENTIN, Antonina. *The Drama of Albert Einstein*. Nova York: Doubleday, 1954, p. 238.
2   *Ibid.*
3   BUCKY, Peter A. *The Private Albert Einstein*. Kansas: Andrews and McMeel, 1992, p. 13.
4   Einstein para Hans Albert Einstein, 4 jan. 1937, AEA 75-926.

Partícula 78

1   SNOW, C. P. "On Albert Einstein". *Commentary*, mar. 1967.

Partícula 79

1   EHLERS, Anita. *Liebes Hertz!: Physiker und Mathematiker in Anekdoten*. Heidelberg: Springer-Verlag, 1994, p. 162.
2   HOFFMANN, Banesh; DUKAS, Helen. *Albert Einstein: Creator and Rebel*. Nova York: Viking, 1972, p. 252.
3   *Ibid.*

Partícula 80

1   *Baltimore Afro-American*, 11 maio 1946.
2   *Daily Princetonian*, 16 abr. 1937.
3   ANDERSON, Marian. *My Lord What a Morning*. Nova York: Viking, 1956, p. 267.

Partícula 81

1   Todos os trechos são do dossiê de Einstein no FBI, seção 1.

Partícula 82

1   WEIDMAN, Jerome. "The Night I Met Einstein". *Reader's Digest*, nov. 1955.

Partícula 83

1   HOFFMANN, Banesh; DUKAS, Helen. *Albert Einstein: Creator and Rebel*. Nova York: Viking, 1972, p. 228.

Partícula 84

1   BRILL, Joan Rothman. *My Father and Albert Einstein: Biography of a Department Store Owner, Whose Thirst for Knowledge Enabled His Close Friendship with a Genius Who Changed Man's Concepts of the Universe*. Bloomington: iUniverse, 2008, p. 6.

Partícula 85

1   MOORE, Ruth. *Niels Bohr: The Man, His Science, and the World They Changed*. Nova York: Knopf, 1966, p. 268.
2   Einstein para Franklin Roosevelt, 2 ago. 1939, AEA 33-143.
3   *Ibid.*
4   Alexander Sachs perante audiência da comissão especial do Senado americano sobre energia atômica, 27 nov. 1945.

Partícula 86

1   Resolução Conjunta 309, segunda sessão do 73º Congresso, 28 mar. 1934, AEA 50-673.
2   "Einstein Is Sworn as Citizen of U.S.". *The New York Times*, 2 out. 1940.

Partícula 87

1   Born para Einstein, 15 jul. 1944, AEA 8-206.
2   Einstein para Born, 7 set. 1944, AEA 8-207.

Partícula 88

1   STRAUS, Ernst G. "Memoir". In: FRENCH, A. P. (org.). *Einstein: A Centenary Volume*. Cambridge: Harvard University Press, 1979, p. 31.

Partícula 89

1   PAIS, Abraham. *Niels Bohr's Times: In Physics, Philosophy, and Polity*. Oxford: Oxford University Press, 1991, pp. 12-13.

Partícula 90

1   Einstein para William Frauenglass, 16 maio 1953, AEA 41-112.
2   *The New York Times*, 14 jun. 1953.
3   Einstein para a *Reporter Magazine*, nov. 1954, AEA 90-187.
4   Stanley Murray para Einstein, 11 nov. 1954, AEA 41-858.

Partícula 91

1. MORGENSTERN, Oskar. "Account of Kurt Gödel's Naturalization", 13 set. 1971, coleção de Dorothy Morgenstern Thomas relativa a Kurt Gödel, do Shelby White and Leon Levy Archives Center, Instituto de Estudos Avançados, Princeton, Nova Jersey, Estados Unidos.

Partícula 92

1. "Israel: Einstein Declines". *Time*, 1º dez. 1952.
2. SAYEN, Jamie. *Einstein in America: The Scientist's Conscience in the Age of Hitler and Hiroshima*. Nova York: Crown, 1985, p. 247.
3. *Ibid.*, p. 246.
4. Abba Eban para Einstein, 17 nov. 1952, AEA 41-84.
5. Einstein para Eban, 18 nov. 1952, AEA 28-943.
6. Navon. In: HOLTON, Gerald; ELKANA, Yehuda (org.). *Albert Einstein, Historical and Cultural Perspectives: The Centennial Symposium in Jerusalem*. Nova Jersey: Princeton University Press, 1982, p. 295.
7. De um discurso de Einstein no Hotel Commodore, em Nova York, 17 abr. 1938. Publicado no *New Palestine*, 29 abr. 1938, AEA 28-427.

Partícula 93

1. Einstein para Vero e Bice Besso, 21 mar. 1955, AEA 7-245.

Partícula 94

1. Einstein para a rainha Elisabeth da Bélgica, 12 jan. 1953, AEA 32-405.
2. DUKAS, Helen. "Einstein's last days", abr. 1955, AEA 39-71.

Partícula 97

1. TELLER, Edward; SHOOLERY, Judith L. *Memoirs: A Twentieth-century Journey in Science and Politics*. Oxford: Perseus, 2001, p. 352.
2. *Atlantic Monthly*, nov. 1945.
3. *Today with Mrs. Roosevelt*, 12 fev. 1950, AEA 96-318. In: NATHAN, Otto; NORDEN, Heinz (org.). *Einstein on Peace*. Nova York: Schocken, 1960, p. 521.

Partícula 98

1. EINSTEIN, Albert. "Notas autobiográficas". In: GUTFREUND, Hanoch; RENN, Jürgen (org.). *Einstein on Einstein: Autobiographical and Scientific Reflections*. Nova Jersey: Princeton University Press, 2020, p. 148.
2. EINSTEIN, Albert. "What I Believe", AEA 78-645. In: *The World as I See It*. Nova York: Philosophical Library, 1949, p. 5. [Ed. bras.: *Como vejo o mundo*. Rio de Janeiro: Nova Fronteira, 2017.]

Partícula 99

1. SCHREIBER, Georges. *Portraits and Self-Portraits*. Boston: Houghton Mifflin, 1936.

CONHEÇA ALGUNS DESTAQUES DE NOSSO CATÁLOGO

- Augusto Cury: Você é insubstituível (2,8 milhões de livros vendidos), Nunca desista de seus sonhos (2,7 milhões de livros vendidos) e O médico da emoção

- Dale Carnegie: Como fazer amigos e influenciar pessoas (16 milhões de livros vendidos) e Como evitar preocupações e começar a viver

- Brené Brown: A coragem de ser imperfeito – Como aceitar a própria vulnerabilidade e vencer a vergonha (600 mil livros vendidos)

- T. Harv Eker: Os segredos da mente milionária (2 milhões de livros vendidos)

- Gustavo Cerbasi: Casais inteligentes enriquecem juntos (1,2 milhão de livros vendidos) e Como organizar sua vida financeira

- Greg McKeown: Essencialismo – A disciplinada busca por menos (400 mil livros vendidos) e Sem esforço – Torne mais fácil o que é mais importante

- Haemin Sunim: As coisas que você só vê quando desacelera (450 mil livros vendidos) e Amor pelas coisas imperfeitas

- Ana Claudia Quintana Arantes: A morte é um dia que vale a pena viver (400 mil livros vendidos) e Pra vida toda valer a pena viver

- Ichiro Kishimi e Fumitake Koga: A coragem de não agradar – Como se libertar da opinião dos outros (200 mil livros vendidos)

- Simon Sinek: Comece pelo porquê (200 mil livros vendidos) e O jogo infinito

- Robert B. Cialdini: As armas da persuasão (350 mil livros vendidos)

- Eckhart Tolle: O poder do agora (1,2 milhão de livros vendidos)

- Edith Eva Eger: A bailarina de Auschwitz (600 mil livros vendidos)

- Cristina Núñez Pereira e Rafael R. Valcárcel: Emocionário – Um guia lúdico para lidar com as emoções (800 mil livros vendidos)

- Nizan Guanaes e Arthur Guerra: Você aguenta ser feliz? – Como cuidar da saúde mental e física para ter qualidade de vida

- Suhas Kshirsagar: Mude seus horários, mude sua vida – Como usar o relógio biológico para perder peso, reduzir o estresse e ter mais saúde e energia

sextante.com.br